普通高等教育"十二五"规划教材

建筑装饰工程概预算

主　编　卢成江
副主编　程有坤　王　未　李一珩

北京
冶金工业出版社
2023

内 容 提 要

本书是根据“建筑装饰工程概预算”课程教学大纲的基本要求，结合装饰工程预算人员实际工作能力的需要而编写的，主要内容包括：建筑装饰工程概预算基础知识、建筑装饰工程费用构成与预算编制、建筑装饰装修工程定额、建筑装饰工程量计算、建筑装饰工程用料计算、建筑装饰工程工程量清单计价、建筑装饰装修工程结算及建筑装饰工程概预算软件应用。每章均有教学提示、学习要求和小结，在定额编制、材料用量计算、工程量计算、概预算编制、工程量清单计价等内容中配有例题或实例，每章章末均附有相应的思考题，以便读者学习和掌握建筑装饰工程概预算的方法和技巧。

本书可作为高等院校建筑装饰工程、环境艺术设计、工业设计及工程管理等专业的教学用书，也可作为建筑装饰企业项目经理、设计人员、施工管理人员自学、岗位培训的参考书。

图书在版编目(CIP)数据

建筑装饰工程概预算/卢成江主编. —北京：冶金工业出版社，2012.4 (2023.8 重印)

ISBN 978-7-5024-5877-5

Ⅰ. ①建… Ⅱ. ①卢… Ⅲ. ①建筑装饰—建筑概算定额—高等学校—教材 ②建筑装饰—建筑预算定额—高等学校—教材 Ⅳ. ①TU723.3

中国版本图书馆 CIP 数据核字(2012)第 038525 号

建筑装饰工程概预算

出版发行 冶金工业出版社　　**电　　话** (010)64027926
地　　址 北京市东城区嵩祝院北巷 39 号　　**邮　　编** 100009
网　　址 www.mip1953.com　　**电子信箱** service@mip1953.com

责任编辑 杨 敏　美术编辑 彭子赫　版式设计 孙跃红
责任校对 石 静　责任印制 禹 蕊
北京捷迅佳彩印刷有限公司印刷
2012 年 4 月第 1 版，2023 年 8 月第 8 次印刷
787mm×1092mm 1/16；15 印张；358 千字；225 页
定价 32.00 元

投稿电话 (010)64027932　投稿信箱 tougao@cnmip.com.cn
营销中心电话 (010)64044283
冶金工业出版社天猫旗舰店 yjgycbs.tmall.com
(本书如有印装质量问题，本社营销中心负责退换)

前　言

随着社会需求和建筑行业的快速发展，建筑装饰装修越来越成为建筑工程施工的重中之重，建筑装饰装修技术和材料的不断更新，也对建筑装饰工程概预算提出了更高的要求，其应用领域也不断扩大。建筑装饰工程费用是建筑工程造价的重要组成部分，也是建设项目总费用的一部分。做好建筑装饰工程的概预算工作，是合理筹措、节约和控制建筑装饰工程投资，提高项目投资效率的重要手段和必然选择。因此，合理、准确地确定建筑装饰工程造价，是工程造价管理部门和工程造价计价人员的一项重要任务。

本书根据“建筑装饰工程概预算”课程教学大纲的基本要求，结合装饰工程预算人员实际工作能力的需要，以现行的建设工程文件为依据，并参考有关资料，结合编者在实际工程和教学实践中的体会与经验编写而成。本书以实际操作为主导，坚持理论知识与实际技能相结合，旨在帮助读者打下扎实的理论基础并具备实际上岗应用能力。本书具有内容通俗易懂、语言简练、重点突出、应用性强、适用面广等特点。

本书共分8章，由哈尔滨理工大学卢成江担任主编，哈尔滨理工大学程有坤、哈尔滨工业大学王未、黑龙江省大齐高等级公路管理处李一珩担任副主编。具体编写分工如下：第1章、第2章由黑龙江工程学院宁慧燕编写，第3章、第7章由王未编写，第4章由李一珩编写，第5章由卢成江编写，第6章由程有坤编写，第8章由黑龙江工程学院文丽华编写。

本书可作为普通高等院校建筑装饰工程技术专业、环境艺术设计专业、工业设计专业及工程管理等专业的教学用书，也可作为建筑装饰企业项目经理、设计人员、施工管理人员自学、岗位培训的参考书。

在编写过程中，参考了有关文献，在此向文献作者表示衷心的感谢！

由于编者水平所限，不妥之处，恳请广大读者和专家批评指正。

编　者
2011年12月

目　录

1　建筑装饰工程概预算基础知识

教学提示：本章介绍了建筑装饰工程概预算的基础知识，包括建筑业在国民经济中的作用，建筑业的组成，建筑装饰工程概预算与基本建设的关系及其基本概念、分类及作用等。

学习要求：学习完本章内容，学生应对建筑装饰工程概预算的基础知识有一定了解，熟练掌握概预算的基本概念、分类及其作用。

建筑装饰工程概预算，是指在执行工程建设程序过程中，根据不同的设计阶段设计文件的具体内容和国家规定的定额指标以及各种取费标准，预先计算和确定每项新建、扩建、改建和重建工程中的装饰工程所需全部投资额的经济文件。建筑装饰工程按不同的建设阶段和不同的作用，编制设计概算、施工图预算（预算造价）、施工预算和工程决（结）算。在实际工作中，人们常将装饰装修工程设计概算和施工图概算统称为建筑装饰装修工程预算或装饰装修工程概预算。它是装饰工程在不同建设阶段经济上的反映，是按照国家规定的特殊的计划程序，预先计算和确定装饰工程价格的计划文件。

根据我国现行的设计和概预算文件编制及管理方法，对工业与民用建设工程项目作了如下规定：（1）采用两阶段设计的建设项目，在扩大初步设计阶段，必须编制设计概算；在施工图设计阶段，必须编制施工图预算。（2）采用三阶段设计的建设项目，除在初步设计、施工图设计阶段必须编制相应的概算和施工图预算外，还必须在技术设计阶段编制修正概算。因此，不同设计阶段的装饰工程，也必须编制相应的概算和预算。

建筑装饰工程概预算所确定的投资额，实质上就是建筑装饰工程的计划价格。这种计划价格在工程建设工作中通常又称为“概算造价”或“预算造价”。

1.1　建筑业基础知识

1.1.1　建筑业在国民经济中的作用

建筑业是从事建筑安装工程的勘察、设计、施工、设备安装和建筑工程更新维修等生产活动的一个物质生产部门。

建筑业从事生产的建筑工程，包括各类建筑物和构筑物的建造，各类管线、输电线、电信导线及设备的基础、工作台、工业炉的修筑，金属结构工程，土地平整工程，场地清理工程，绿化工程，矿井开凿工程，天然气及石油钻井工程，水利工程，防空工程，防洪工程，铁路、公路、桥梁修筑工程等。

建筑业从事的安装工程，包括生产、动力、起重、运输、传动、医疗、实验等所需的机械设备的装配和装置工程，工作台、工作梯的装配工程，管线的敷设、绝缘、保温、油漆工程，单项设备调试、试车及设备联合调试、试车等。

国民经济的发展，国家实力的增长，再生产规模的扩大以及更新改造的程度，从一定意义上来说，取决于建筑业工作的数量与质量。

建筑业在国民经济整体中与工业、农业一样占有重要的地位，是国民经济的支柱产业之一。

建筑业在国民经济中的作用主要表现在以下几个方面：

(1) 建筑业为国民经济各部门进行再生产提供物质基础。工业企业进行生产需要厂房，生产设备多数需要基础和安装，堆放材料和成品需要仓库，一些工业生产还需要炉、窑、塔等；为了大力发展能源和交通运输事业，需要现代化的铁路、公路、码头、机场、通信设施等；水利工程需要建坝、堤等，所有这些建筑物、构筑物都是建筑业提供的建筑产品，建筑业为建立我国完整的工业体系和国民经济体系，为工业、农业、科技和国防现代化做出了巨大贡献。

(2) 建筑业是工业、交通运输等部门的重要市场。建筑产品的生产，需要大量的材料、物资和设备，这就使建筑业不但成为建筑材料工业的主要市场，而且也是重工业产品的重要市场。建筑业的发展带动了建筑机械、建材、钢铁、化工、轻工、电子、运输等相关产业的发展，并与各产业部门起到相互促进作用。

(3) 建筑业为劳动就业提供重要场所。建筑业是劳动密集型行业。我国人力资源丰富，是发展建筑业的有利条件。目前建筑业本身已形成一支拥有勘察、设计、建筑安装、建筑制品、建筑机械、房地产开发、科研教育的综合能力，能满足能源、交通、原材料等各类工程建设需要的门类齐全、专业配套、解决工程建设中各种复杂技术问题、城乡结合的3000多万人的产业大军。

(4) 建筑业是为国家增加积累的部门。建筑业在为国家提供建筑产品的同时，也为国家提供积累。我国的建筑业作为独立的产业部门，在促进国民经济发展和为国家增加积累、增加收入方面发挥了重要作用。

(5) 建筑业是创收外汇的重要部门。我国建筑业从1979年开始进入国际承包工程与劳务合作市场，为国家创收的外汇逐年增加，并培养锻炼了一大批熟悉国际工程承包业务的管理人才。我国的建筑技术已跻身于世界先进行列。

(6) 建筑业为不断改善人民居住条件和提高文化生活水平提供各种设施。居住条件作为实现小康生活水平的重要目标，已引起高度重视，安居工程已启动，全国已出现一批布局合理、设施完善、具有地方特色的小城镇，对于提高村镇建设总体水平发挥了良好的典型示范作用，大大加快了农村工业化和城市化进程。随着住宅建设，相应建造了一大批配套设施，为改善人民居住条件和提高文化生活水平，提供了巨大的物质基础。

由于建筑业有自己独特的产品和生产特点，又具有独立的物质生产部门必备的条件，为人民生活和经济发展提供必要物质基础，增加积累，为社会提供大量就业机会，因而建筑业与工业、农业、交通运输、商业并列成为五大物质生产部门。

1.1.2 建设项目划分

1.1.2.1 建筑业的组成

(1) 土木工程建筑业。包括从事铁路、公路、码头、机场等交通设施，电站、厂房等工业设施，剧院、商场等公用或是民用建筑上的施工及修缮的建筑企业。

(2) 线路、管道和设备安装业。包括专门从事电力、通信、石油、暖气的安装及设计工作的企业。

(3) 勘察设计业。包括各专业的独立勘察设计单位。

1.1.2.2 建设项目划分

基本建设项目是按照建设工程管理和合理确定建设产品工程造价的需要，划分为建设项目、单项工程、单位工程、分部工程、分项工程五个项目层次。

1.1.3 建筑产品的特点

建筑产品和其他产品一样，具有商品的属性。但建筑产品由于本身及其生产过程的特殊性，具有不同于其他一般商品的特点，具体表现在：

(1) 建筑产品的固定性和施工生产的流动性。由于建筑物、构筑物的基础与土地相连，建筑产品形成以后，便不可移动。建筑产品的固定性便决定了施工人员和施工机械的不断流动。

(2) 建筑产品的多样性和生产的单件性。建筑产品不能批量生产，绝大多数建筑产品都各不相同，需要单独设计、单独施工。建筑产品由于是依据工程建设单位（业主）的特定要求设计、施工的，所以各个建筑产品的形态、布局等都各具特色，不尽相同。因此，无论设计、施工，发包方都只能在建筑产品生产之前，以招标、竞争的方式，确定建筑产品的生产单位，业主选择的不是产品，而是产品的生产单位。

(3) 建筑产品的价值量大，生产周期长。建筑产品价值少则几万元，多则几十万元甚至几十亿元，因而投资比较大。由于建筑产品的生产过程要经过勘察、设计、施工、安装等诸多环节，同时又受到外界条件的制约及工序繁杂等诸多因素影响，一个建筑产品的生产周期需要几个月到几年，有的甚至更长。

综上所述，由于建筑产品具有生产历时长，产品及生产条件多样，受各种外界影响较多，价格因素变化较大等特点，故建筑产品的价格会经常变化。

1.2 概预算与基本建设

国家经济建设的主题，就是通过不断进行固定资产的建设，来增强我国的经济实力和社会事业的发展，满足人们物质文化生活的需要。不断提高经济效益，提供相当规模的生产能力和效益，是从事建筑业固定资产投资建设的核心问题，也是一切从事概预算工作和工程建设管理人员的一项根本任务。

1.2.1 固定资产与固定资产投资

1.2.1.1 固定资产

固定资产是使用年限在一年以上、单位价值在规定限额以上的主要劳动资料（包括生产用房屋建筑物、机械设备、工具用具等）和非生产用房屋建筑物、设备等。凡不符合上述使用年限、单位价值限额两项条件的劳动资料，一般称为低值易耗品。低值易耗品与劳动对象统称为流动资产。

固定资产与流动资产在生产过程中具有不同的作用，其再生产过程和价值周转方式也不相同。固定资产在消耗过程中，不改变原有的实物形态，多次服务于产品生产过程。其自身价值在生产服务过程中逐步转移到产品价值中去，并在产品经营过程中以折旧的方式来保证固定资产价值的补偿和实物形态的更新。

为了满足社会生产和发展的需要，人们必须进行固定资产再生产。固定资产在使用过程中不断被消耗，又不断得到补偿、更新和扩大。固定资产的建设、消耗、补偿、更新是一个反复的连续过程。固定资产再生产又可分为简单再生产与扩大再生产。两者的主要区别在于：简单再生产是指固定资产的更新和替换，只能维持原有的固定资产规模、生产能力或工程效益；扩大再生产能在原有固定资产的规模上增添新的固定资产，以使生产能力或工程效益不断增加。

1.2.1.2　固定资产投资

固定资产投资是以货币形式表现的计划期内建造、购置、安装或更新生产性和非生产性固定资产的工作量。1967 年以前，我国将所有的固定资产投资统称为基本建设；1967 年以后为了从计划、统计上将新建企业投资与原有企业投资分开，区别不同的投资性质和资金来源渠道，规定将固定资产投资分为基本建设投资和更新改造措施投资两大类别。基本建设的投资来源，主要是国家预算内基本建设拨款、自筹资金和国内外基本建设贷款，以及其他专项资金。更新改造措施的投资来源，是利用企业基本折旧基金、国家更新改造措施拨款、企业自由资金、国内外技术改造贷款等。

1.2.2　基本建设及其分类

基本建设是形成新增固定资产的经济活动，主要是指固定资产扩大再生产，是一项建立物质基础的工作，也是国家预算内投资的主渠道。它是通过建筑业的生产活动和有关部门的经济活动，把大量资金、建筑材料、机械设备等，经过购置、建筑与安装等活动形成新的生产能力或工程效益的过程，同时还应包括与此相联系的工作，如筹建机构、征用土地、勘察设计、生产职工的培训等。按其经济内容可分为生产性建设和非生产性建设两种。基本建设投资是指用于基本建设的资金，即以货币表现的基本建设工作量。基本建设的规模和速度，反映了国家的经济实力，与实现四个现代化和提高人民物质、文化生活水平关系极大。

基本建设的主要作用是：不断为各经济建设部门提供新的生产能力或工程效益；改善部门经济结构、产业结构和地区生产力的合理布局；用先进的科学技术改造国民经济，增强国防实力，提高社会生产技术水平；满足人民群众不断增长的物质文化生活需要。基本建设投资活动的最终结果，是完成某项基本建设项目（或称建设项目，或称基本建设单位）。项目建设是社会化大生产，工程规模大，内容多，涉及面广，投资额巨大，内外关系错综复杂，要求在大范围内紧密协调配合。在我国社会主义市场经济条件下，与我国宏观经济发展密切相关的基本建设活动必须严格遵循国家规定的基本建设程序，又要纳入社会主义市场经济的范畴，使其符合市场经济发展的客观经济规律。

基本建设项目分类如下：

(1) 按建设性质可分为新建、扩建、改建、迁建和恢复等建设项目；

(2) 按建设规模可分为大型、中型和小型建设项目；

(3) 按建设阶段可分为筹建项目、施工项目、竣工项目和建成投产项目；

(4) 按建设项目的资金来源和投资渠道可分为国家投资、银行贷款筹资、引进外资和长期资金市场筹资等建设项目；

(5) 按隶属关系可分为部直属项目、地方部门项目和企业自筹建设项目等。

在上述按建设性质的分类中，所谓新建项目是指新建的项目，或对原有项目重新进行总体设计，并使其新增固定资产价值超过原有固定资产价值三倍以上的建设项目。所谓扩建项目是指原有企业或事业单位，为了扩大原有主要产品的生产能力（或效益），或增加新产品生产能力而建设新的主要车间或其他工程项目。改建项目是指原有企业为了提高生产效益，改进产品质量或调整产品结构，对原有设备或工程进行改造的项目。有的企业为了平衡生产能力，须增建一些附属、辅助车间或非生产性工程，也可列为改建项目。迁建项目是指原有企业、事业单位，由于某些原因报经上级批准进行搬迁建设，不论规模是维持原状还是扩大建设，均算迁建项目。恢复项目是指企业、事业单位因受自然灾害、战争等特殊原因，使原有固定资产已全部或部分报废，须按原来规模重新建设，或在恢复中同时进行扩建的项目，均称为恢复项目。

1.2.3 建设项目的分解及价格的形成

一个建设项目是一个完整配套的综合性产品，可分解为诸多个项目，如图 1-1 所示。

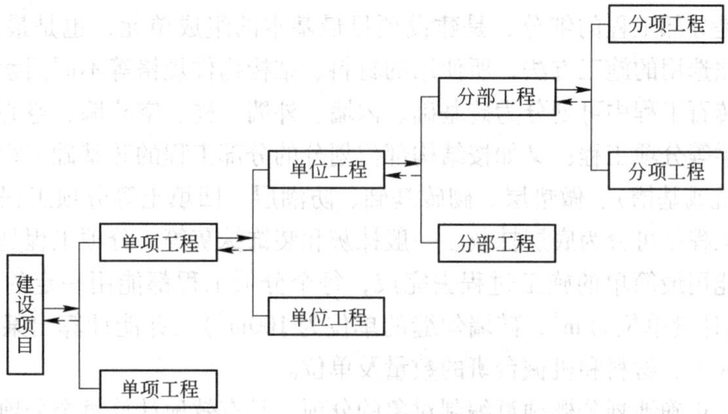

图 1-1 项目分解示意图

——► 项目分解方向；◄-- 造价形成方向

1.2.3.1 建设项目

建设项目一般是指有一个设计任务书，按一个总体设计进行施工，经济上实行独立核算，行政上有独立组织建设的管理单位，并且是由一个或一个以上的单项工程组成的新增固定资产投资项目，如一个工厂、一个矿山、一条铁路、一所医院、一所学校等。建设项目的价格，一般是由编制设计总概算（又称设计预算）或修正概算来确定的。

1.2.3.2 单项工程

单项工程（或称工程项目）是指能够独立设计、独立施工，建成后能够独立发挥生产能力或工程效益的工程项目，如生产车间、办公楼、影剧院、教学楼、食堂、宿舍楼等。它是建设项目的组成部分，其工程产品价格是由编制单项工程综合概（预）算确定的。

1.2.3.3　单位工程

单位工程是可以独立设计，也可以独立施工，但不能独立形成生产能力与发挥效益的工程。它是单项工程的组成部分，如一个车间由土建工程和设备安装工程组成。人们常称的建筑工程，包括一般土建工程、工业管道工程、电器照明工程、卫生工程、庭院工程等单位工程。设备安装工程也可包括机械设备安装工程、通风设备安装工程、电器设备安装工程和电梯安装等单位工程。有的单项工程只有一个单位工程，那么这个工程项目既是单项工程，又是单位工程。单位工程是编制设计总概算、单项工程综合概（预）算的基本依据。单位工程价格一般可由编制施工图预算（或单位工程设计概算）确定。

1.2.3.4　分部工程

分部工程是单位工程的组成部分。它是按照建筑物或构筑物的结构部位或主要的工种工程划分的工程分项，如基础工程、主体工程、钢筋混凝土工程、楼地面工程、屋面工程等。按照工程部位、设备种类和型号及使用材料的不同，可将房屋的装饰工程分为抹灰工程、门窗工程、吊顶工程、轻质隔墙工程、饰面板工程、幕墙工程、涂饰工程、裱糊和软包工程、楼地面工程、细部工程等。分部工程费用是单位工程价格的组成部分，也是按分部工程发包时确定承发包合同价格的基本依据。

1.2.3.5　分项工程

分项工程是分部工程的细分，是建设项目最基本的组成单元，也是最简单的施工过程。一般是按照选用的施工方法，所使用的材料、结构构件规格等不同因素划分的施工分项。例如，在砖石工程中可划分为砖基础、内墙、外墙、柱、空斗墙、空心砖墙、墙面勾缝和钢筋砖过梁等分项工程；又如按结构部位划分的分部工程的砖基础工程，可划分为挖土方（即挖基坑或基槽）、做垫层、砌砖基础、防潮层、回填土等分项工程。墙面抹灰工程，它的分项工程就可分为底层抹灰、一般抹灰和装饰抹灰等。分项工程是概预算分项中最小的分项都能用最简单的施工过程去完成，每个分项工程都能用一定的计量单位计算（如基础和墙的计量单位为 m^3，砖墙勾缝的单位为 $100m^2$），并能计算出某一定量分项工程所需耗用的人工、材料和机械台班的数量及单位。

综上所述，正确地划分概预算编制对象的分项，是有效地计算每个分项工程的工程实体数量（一般简称为“工程量”）、正确编制和套用概（预）算定额、计算每个分项工程的单位基价、准确可靠地编制工程概（预）算价格的一项十分重要的工作。划分建设项目一般是分析它包含几个单项工程（也可能一个建设项目只有一个单项工程），然后按单项工程、单位工程、分部工程、分项工程的顺序逐步细分，即由大项到细项的划分。概预算价格是形成（或计算分析）过程，是在首先确定划分项目的基础上，具体计算工作是由分项工程工程量开始，并计算其每个分项工程的单项基价，按分项工程、分部工程、单位工程、单项工程、建设项目的顺序计算和编制形成相应产品的价格（如图 1－1 所示）。

1.2.4　工程概预算与基本建设的关系

从实质上讲，工程概预算是建设工程项目计划价格（或计划造价）的广义概念，是以建设项目为主体，即围绕建设项目分层性的概预算造价体系，即建设项目总概算（或修正概算）、单项工程综合概（预）算、单位工程施工图预算（包括分部工程预算与分项工程基价）等计划价格体系。设计总概算（或称建设预算）是国家基本建设计划文件的重要组成部分，也是国家对基本建设实行科学管理和监督，有效控制投资额，提高投资综合效益的重要手段之一。基本建设项目是一种特殊的产品，耗资额巨大，其投资目标的实现是一个复杂的综合管理的系统过程，贯穿于基本建设项目实施的全过程，必须严格遵循基本建设的法规、制度和程序，按照概预算发生的各个阶段，使“编”、“管”结合，实行各实施阶段的全面管理与控制，如图 1-2 所示。

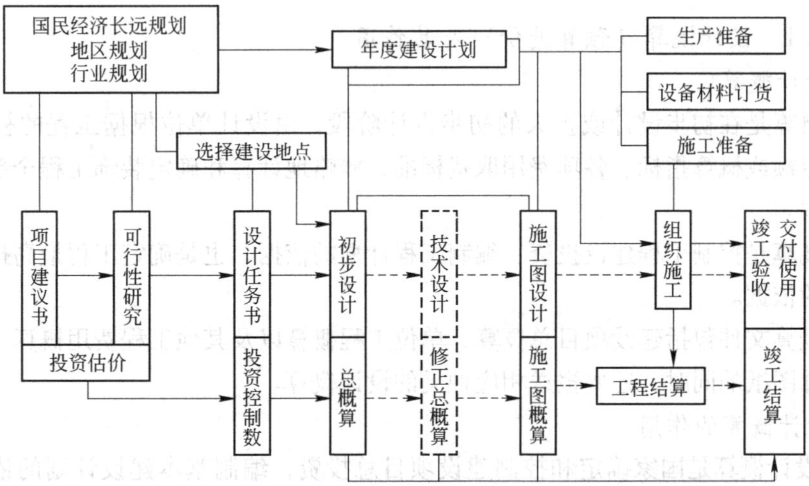

图 1-2 基本建设程序

图 1-2 说明了基本建设程序、概（预）算编制与管理的总体过程，以及工程概预算与基本建设不可分割的关系。工程概预算的编制和管理，是一切建设项目管理的重要内容之一，是实施建设工程造价管理，有效地节约建设投资，提高投资效益的最直接的重要手段和方法。在过去的一些项目建设中，常常出现投资高、质量差、经济效益低的问题，其“三算”对比的反应是预算高于概算，结算高于预算。应当肯定，出现这种不良结果的影响因素是多方面的，然而，重编制、轻管理特别是不注重动态的管理与控制，是最主要的问题。

工程概预算的编制和管理，起始于项目建议书和可行性研究阶段的投资估价之后，即初步设计完成之后，开始编制设计总概算。如果采用三阶段设计，应编制修正总概算（一般称修正概算）；当采用两阶段设计时，则将初步设计与技术设计阶段合并，称为扩大的初步设计阶段。此后须依次完成施工图预算、工程结算（包括工程预付材料价款结算或简称工程预付款结算，工程价款结算或称工程进度款结算，竣工结算）以及竣工决算。此外，随着建设项目规模、内容的不同，编制和管理过程也随之而变化。如果某建设项目只有一个单项工程，甚至只是一个单位工程，则工程概预算的编制和管理过程便分别简化为一个单项工程概（预）算或一个单位工程的设计概算（又可称设计预算）或施工图预算。单位工程设计概算和施工图预算的编制，是本书主要的讨论对象。

综上所述，工程概预算的编制和管理，是我国进行基本建设的一项极为重要的工作，同时也是有效地进行投资控制，不断提高投资经济效益的重要手段和方法。

1.3　概预算的概念、分类及作用

工程概预算，可以根据不同的建设阶段、工程对象（或范围）、承包结算方式进行分类。

1.3.1　按工程建设阶段分类

1.3.1.1　设计概算（预算造价）及其作用

A　设计概算

设计概算是在初步设计或扩大的初步设计阶段，由设计单位根据工程的初步设计图纸、概算定额或概算指标、各项费用取费标准，概略地计算和确定装饰工程全部建设费用的经济文件。

设计概算是控制工程建设投资、编制工程计划的依据，也是确定工程最高投资限额和分期拨款的依据。

设计概算文件包括建设项目总概算、单位工程概算以及其他工程费用概算。设计单位在报送设计图纸的同时，还要报送相应种类的设计概算。

B　设计概算的作用

（1）设计概算是国家确定和控制建设项目总投资，编制基本建设计划的依据。设计概算是初步设计文件的重要组成部分，经上级有关部门审批后，就成为该项工程建设的最高限额，建设过程中不能突破这一限额。

（2）设计概算是编制基本建设计划的依据。国家规定每个建设项目，只有当它的初步设计和概算文件被批准后，才能列入基本的建设年度计划。因此，基本建设年度计划以及基本建设物资供应、劳动力和建筑安装施工等计划，都是以批准的建设项目概算文件所确定的投资总额和其中的建筑安装、设备购置等费用数额以及工程实物量指标为依据编制的。

（3）设计概算是选择最佳设计方案的重要依据。一个建设项目及其单项工程或单位工程设计方案的确定，须建立在几个不同的可行方案的技术经济比较的基础上。另外，设计单位在进行施工图设计与编制施工图预算时，还必须根据批准的总概算，考核施工图的投资是否突破总概算确定的投资总额。

（4）它是实行建设项目投资大包干的依据。建设单位和建筑安装企业签订合同时，对于施工期限较长的大中型建设项目，应首先根据批准的计划、初步设计和总概算文件确定建设项目的承发包造价，签订施工总承包合同，据此进行施工准备工作。

（5）它是工程拨款、贷款和结算的重要依据。建设银行要以建设预算为依据办理基本建设项目的拨款、贷款和竣工结算。

（6）它是基本建设核算工作的重要依据。基本建设是扩大再生产增加固定资产的一种经济活动。为了全面反映其计划编制、执行和完成情况，就必须进行核算工作。

1.3.1.2 修正概算

修正概算是当采用三阶段设计时，在技术设计阶段，随着对初步设计内容的深化，对建设规模、结构性质、设备类型等方面可能进行必需的修改和变动，因此，对初步设计总概算应作相应的调整和变动。一般情况下，修正概算不能超过原已批准的概算投资额。修正概算的作用与设计概算的作用基本相同。

1.3.1.3 施工图预算及其作用

A 施工图预算

施工图预算是设计工作完成并经过图纸会审之后，由施工承包单位在开工前预先计算和确定的单项工程或单位工程全部建设费用的经济文件。它是根据施工图纸、施工组织设计（或施工方案）、预算定额、各项取费标准、建设地区的自然及技术经济条件等资料编制的。

B 施工图预算的作用

(1) 它是确定装饰装修工程预算造价的依据。装饰装修工程施工图预算经有关部门审批后，就正式确定为该工程的预算造价，即计划价格。

(2) 它是签订施工合同和进行工程结算的依据。施工企业根据审定批准的施工图预算，与建设单位签订工程施工合同。工程竣工后，施工企业就以施工图预算为依据向建设单位办理结算。

(3) 它是建设银行拨付价款的依据。建设银行根据审定批准后的施工图预算办理装饰装修工程的拨款。

(4) 它是企业编制经济计划的依据。施工企业的经常计划或施工技术财务计划的组成以及它们的相应计划指标体系中部分指标的确定，都必须以施工图预算为依据。

(5) 它是企业进行“两算”对比的依据。“两算”是指施工图预算和施工预算。施工企业常常通过“两算”的对比，进行正审，从中发现矛盾，并及时分析原因予以纠正。

1.3.1.4 施工预算及其作用

A 施工预算

施工预算是施工企业以施工图预算（或承包合同价）为目标确定的拟建单位工程（或分部、分项工程）所需的人工、材料、机械台班消耗量及其相应费用的技术经济文件。它是根据施工图计算的分项工程量、施工定额（或企业内部消耗定额）、单位工程施工组织设计或施工方案和施工现场条件等，通过资料分析、计算而编制的。

B 施工预算的作用

(1) 施工预算是施工企业对单位工程实行计划管理，编制施工作业计划的依据。它是施工企业对装饰装修工程实行计划管理，编制施工、材料、劳动力等计划的依据。编好施工作业计划是改进施工现场管理和执行施工计划的关键措施。

(2) 它是经常核算和考核的依据。施工预算中规定：为完成某部分或分项工程所需的人工、材料消耗量，要按施工定额计算。因管理不善而造成用工、用料量超过规定时，将意味着成本支出的增加，利润额的减少。因此，必须以施工预算规定的相应工程的用工用料为依据，对每一个分部或分项工程施工全过程的工料消耗进行有效的控制，以达到降低成本支出的目的。

(3) 它是检查与督促的依据。它是施工队向班组下达工程施工任务书和施工过程中检查与督促的依据。

(4) 它是施工单位进行“两算对比”和降低工程成本的依据。

1.3.1.5 竣工结算

竣工结算是指一个单项工程或单位工程全部竣工，并经过建设单位与有关部门验收后，施工企业编制的经建设银行审查同意，向建设单位办理最终结算的技术经济文件。它是由施工企业以施工图预算书（或承包合同）为依据，根据现场施工记录、设计变更通知书、现场变更签证、材料预算价格和有关取费标准等资料，在原定合同预算的基础上编制的。

竣工结算是工程结算中最终的一次性结算。除此以外，工程结算还可有中间结算，即定期结算（如月结算）、工程阶段（按工程形象进度）结算。其作用是使施工企业获得收入，补偿消耗，是进行分项核算的依据。

1.3.1.6 竣工决算（或竣工成本决算）

竣工决算可分为施工企业内部单位工程的成本决算和建设单位拟定决策对象的竣工决算。施工单位的单位工程成本决算，是以工程结算为依据编制的从施工准备到竣工验收后的全部施工费用的技术经济文件。用于分析该工程施工的最终实际效益。建设项目的竣工决算，是当所建项目全部完工并经过验收后，由建设单位编制的从项目筹建到竣工验收、交付使用全过程中实际支付的全部建设费用的经济文件。它的作用主要是反映基本建设实际投资额及其投资效果；是作为核定新增固定资产和流动资金价值，国家或主管部门验收小组验收与交付使用的重要财务成本依据。

1.3.2 按工程对象分类

1.3.2.1 单位工程概预算

单位工程概预算是以单位工程为编制对象编制的工程建设费用的技术经济文件，称为单位工程设计概预算或单位工程施工图预算（也可简称为工程预算）。

1.3.2.2 工程建设其他费用概预算

工程建设其他费用是以建设项目为对象，根据有关规定应在建设投资中支付的，除建筑安装工程费、设备购置费、工具及生产家具购置费和预备费以外的一些费用，如土地、青苗等补偿费、安置补助费、建设单位管理费、生产职工培训费等。工程建设其他费用概预算是根据设计文件和国家、地方主管部门规定的取费标准进行编制的，以独立的费用项目列入单项工程综合概预算或建设项目总概算中。

1.3.2.3 单项工程综合概预算

单项工程综合概预算是确定单项工程建设费用的综合性经济文件。它是由该建设项目的各单位工程概预算汇编而成。当建设项目只是一个单项工程，无须编制设计总概算时，工程建设其他费用概预算和预备费列入单项工程综合概预算中，以反映该项工程的全部费用。

1.3.2.4 建设项目总概算

建设项目总概算与设计总概算（或设计概算）相同。

1.3.3 按工程承包合同的结算方式分类

我国从 1984 年以来，改革了建筑业与基本建设管理体制，推行招标投标工程承包制。按照我国工程承包合同规定的结算方式的不同，工程概预算又可分为五类。

1.3.3.1 固定总价合同概预算

固定总价合同概预算，是指以设计图纸和工程说明书为依据计算和确定的工程总造价。此类合同也是按工程总造价一次包死的承包合同。其工程概预算是编制的设计总概算或单项工程综合概算。工程总造价的精确程度，取决于设计图纸和工程说明书的精细程度。如果图纸和说明书粗略，将使概预算总价难以精确，承发包双方可能承担较大的风险。因此，国外在采取固定总价合同承包方式时，常常是实行设计、施工总承包的办法，即将一个建设项目从规划、设计、施工到竣工后的生产服务总概算实行一揽子总承包。这样做不仅有利于推进科学技术的进步和改进建设项目管理，而且还能降低建设成本，创出最佳作品。

1.3.3.2 计量定价合同概预算

计量定价合同概预算，是以合同规定的工程量清单和单位价目表为基础，来计算和确定工程概预算造价。此种概预算编制的关键在于正确地确定每个分项工程的单价。这种定价方式风险较小，是国际工程施工承包中较为普遍的方式。

1.3.3.3 单价合同概预算

所谓单价合同是指根据工程项目的分项单价进行招标、投标时所签订的合同。其概预算造价的确定方法，是确定分部分项工程的单价，再根据以后给出的施工图纸计算工程量，结合已规定的单价计算和确定工程造价。显然，这种承包方式往往是设计、施工同时发包，施工承包商是在无图纸的条件下先报单价。这种单价，可以由投标单位按照招标单位提出的分项工程逐项开列，也可由招标单位提出，再由中标单位认可，或经双方协调修订后作正式报价单价。单价可固定不变，也可商定允许在实物工程量完成时，随工资和材料价格指数的变化进行合理的调整。调整办法应在合同中明文规定。

1.3.3.4 成本加酬金合同概预算

成本加酬金合同概预算，是指按合同规定的直接成本（人工、材料和机械台班费等），加上双方商定的总管理费用和计划利润来确定工程概预算总造价。这种合同承包方式，同样适用于没有提出施工图纸的情况下，或是在遭受毁灭性灾害或战争破坏后急待修复的工程项目。此种概预算方式，还可细分为成本加固定百分数、成本加固定酬金、成本加浮动酬金和目标成本加奖罚酬金四种方式。

1.3.3.5 统包合同概预算

统包合同概预算，是按照合同规定从项目可行性研究开始，直到交付使用和维修服务全过程的工程总造价。采用统包合同确定单价的步骤一般是：

（1）建设单位请投标单位进行拟建项目的可行性研究，投标单位在提出可行性研究报告时，同时提出完成初步设计和工程量表（包括概算）所需的时间和费用。

（2）建设单位委托中标单位做初步设计，同时着手组织现场施工的准备工作。

（3）建设单位委托做施工图设计，同时着手组织施工。

这种统包合同承包方式，每进行一个程序都要签订合同，并规定出应付中标单位的报酬金额。由于设计逐步深入，其统包合同的概算和预算也是逐步完成的。因此，一般只能争取阶段性的成本加酬金的结算方式。

在以上三种工程概预算分类及其编制方法中，按阶段分类的设计概算、施工图预算、施工预算及工程结算（包括竣工结算）、竣工决算的编制方法，是较常用的基本原理和编制方法。其他两类是上述编制原理和方法针对不同编制对象时的运用。为了使读者掌握概预算的基本原理和方法，本书各章以单位建筑工程，即以一般土建工程、水卫暖工程和电气照明工程为主，介绍其概预算定额、工程量计算、间接费及造价构成、编制方法等。

1.4 概（预）算书的编制程序和影响价格的因素

1.4.1 建设项目总概算书的编制程序

编制建设项目设计总概算书，首先应充分熟悉建设项目的总体设想和建设目标要求，并且根据国家的有关技术经济政策，对拟建项目作出正确的判断和决策。此外，还应了解和掌握国内外生产工艺发展水平，国家宏观经济发展趋势，建设市场的软、硬环境，施工现场的条件，以及项目建议书、可行性研究报告、投资估价书、有关设计图纸、概预算定额、现场设备、材料单价、计取费用标准、施工组织设计、技术规范、质量验收标准等。主要的编制程序如图 1－3 所示。

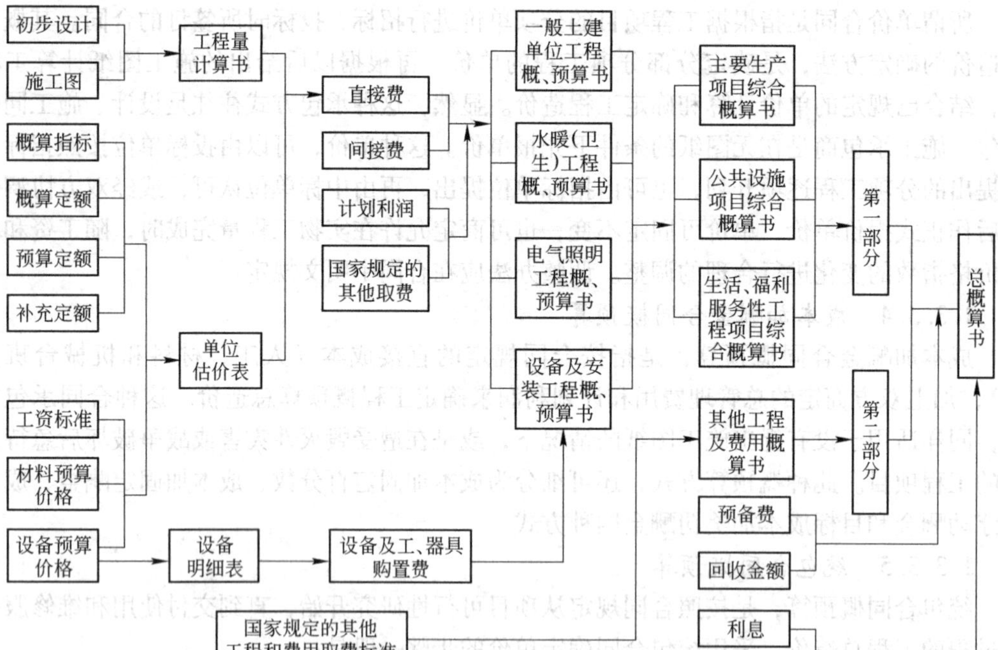

图 1－3 概（预）算书编制程度示意图

1.4.2 影响工程概预算费用的因素

影响概预算费用或建设项目投资的因素很多，主要因素有政策法规性因素、地区性与市场性因素、设计因素、施工因素和编制人员素质因素五个方面。

1.4.2.1 政策法规性因素

国家和地方政府主管部门对于基本建设项目的报批、审查、基本建设程序，及其投资费用的构成、计取，从土地的购置直到工程建设完成后的竣工验收、交付使用和竣工决算等各项建设工作的开展，都有严格而明确的规定，具有强制的政策法规性。基本建设和建筑产品价格的确定，属国家、企业和事业单位新增固定资产的投资经济范畴，在我国社会主义市场经济条件下，既有较强的计划性，又必须服从于商品经济的价值规律，是计划性与市场性相结合条件下的投资经济活动。建设项目的确立，既要受到国家宏观经济和地方与行业经济发展的制约，受到国家产业政策、产业结构、投资方向、金融政策和技术经济政策的宏观控制，又要受到市场需求关系、市场不规则和市场设备、原材料等生产资料价格上涨因素的冲击，受到社会和市场环境的制约。

在基本建设项目的具体实施中，国家为了严格控制基本建设的投资规模，合理布局生产力和有效地利用国家有限资源，把严格管理基本建设程序和建立、健全统一的概预算管理制度，作为合理确定建设工程造价，有效控制基本建设投资的重要手段。概预算的编制必须严格遵循国家和地方主管部门的有关政策、法规和制度，按规定的程序进行。确定的工程价格费用项目、概预算定额单价和人工、材料、机械台班消耗量，工程量计算规则、取费定额标准等，都应符合有关文件的规定，凡未经过规定的审批程序，不能擅自更改变动，并且只能在规定范围内调整。如对市场购置的材料差价，一般应根据当地定额站的有关规定和所提供的价格信息范围，按规定进行差价调整。概预算的编制和实施，还必须严格遵守报批、审核制度。当初步设计、设计总概算完成之后，必须按照国家规定的审批权限，经审批并列入基本建设计划施工图预算后方能生效。

1.4.2.2 地区性与市场性因素

建筑产品存在于不同的地域空间，其产品价格必然受到所在地区时间、空间、自然条件和社会与市场软硬环境的影响。建筑产品的价值是人工、材料、机具、资金和技术投入的结果。不同的区域和市场条件，对上述投入条件和工程造价的形式，都会带来直接的影响，如当地技术协作、物资供应、交通运输、市场价格和现场施工等建设条件，以及当地的定额水平，都将会反映到概预算价格之中。此外，由于地物地貌、地质与水文地质条件的不同，也会给概预算费用带来较大的影响，即使是同一设计图纸的建筑物或构筑物，也会在现场条件处理和基础工程费用上产生较大幅度的差异。

1.4.2.3 设计因素

设计图纸是编制概预算的基本依据之一，也是在建设项目决策之后的实施全过程中，影响建设投资的最关键性因素，且影响的投资差额巨大。特别是初步设计阶段，如对地理位置、占地面积、建设标准、建设规模、工艺设备水平，以及建筑结构选型和装饰标准等的确定，设计是否经济合理，对概预算造价都会带来很大的影响。一项优秀的设计可以大量节约投资。

1.4.2.4 施工因素

就我国目前所采取的概预算编制方法而言，在节约投资方面施工因素虽然没有设计的影响那样突出，但是施工组织设计（或施工方案）和施工技术措施等，也同施工图一样，是编制工程概预算的重要依据之一。它不仅对概预算的编制有较大的影响，而且通过加强施工阶段的工程造价管理（或投资控制），对控制概预算定额，保证建设项目预定目标的实现等，有着重要的现实意义。因此，工程建设的总体部署，采用先进的施工技术，合理运用新的施工工艺，采用新技术、新材料，合理布置施工现场，减少运输总量等，对节约投资有着显著的作用。

1.4.2.5 编制人员素质因素

工程概预算的编制和管理，是一项十分复杂而细致的工作。它要求工作人员：有强烈的责任感，始终把节约投资、不断提高经济效益放在首位；政策观念强，知识面宽，不但应具有建筑经济学、投资经济学、价格学、市场学等理论知识，而且要有较全面的专业理论与业务知识，如工程识图、建筑构造、建筑结构、建筑施工、建筑设备、建筑材料、建筑技术经济与建筑经济管理等理论知识以及相应的实际经验；必须充分熟悉有关概预算编制的政策、法规、制度、定额标准和与其相关的动态信息等。只有如此，才能准确无误地编制好工程概预算，防止"错、漏、冒"算问题的出现。

通过对影响因素的分析，说明建筑工程概预算的编制和管理，具有与其他工业产品定价不同的个性特征，如政策法规性、计划与市场的统一性、单个产品产价性、多次定价性和动态性等。

1.5 工程概预算的组成内容、区别与编制程序

工程概预算是建筑业和基本建设产品价值的货币表现的总称，是以建设项目为前提的计划造价体系，具有层次性和阶段性。概算和预算有不同之处，但在编制程序、内容方面有许多共同之处，甚至有着内在的联系（或相关性），如划分细目分项的相关性，又如概算定额与预算定额的相关性，即预算定额是综合概算定额的基础，但在具体的编制依据、程序、内容和方法等方面，又各有不同。初学工程概预算的读者，应特别注意其区别。

1.5.1 概预算的组成内容

1.5.1.1 设计概算的组成内容

设计概算是在初步设计或扩大的初步设计阶段，根据设计要求和以投资估算为依据编制的综合性概算，是设计文件的重要内容。

设计概算的内容可由三部分构成，如图1－4所示。即建设项目设计总概算费用，包括单项工程综合概算、工程建设其他费用概算和预备费等三大项费用。从图中还可以看到设计概算又可分为三级，即单位工程设计概算、单项工程综合概算、建设项目总概算。设计总概算三部分内容的具体费用构成如图1－5所示。

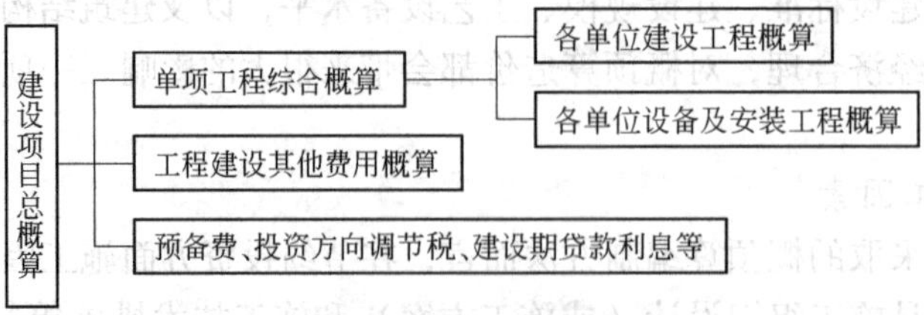

图1－4 设计概算的编制内容及相互关系

单位工程概算是确定单项工程中各个单位工程建设费用的文件，是编制单项工程综合概算的依据。单位工程概算可分为建筑工程概算和设备及安装工程概算两大类。建筑工程概算还可细分为一般土建工程概算、给排水工程概算、采暖工程概算、通风工程概算、电气照明工程概算、工业管道工程概算和特殊构筑物工程概算等。设备及安装工程概算也可

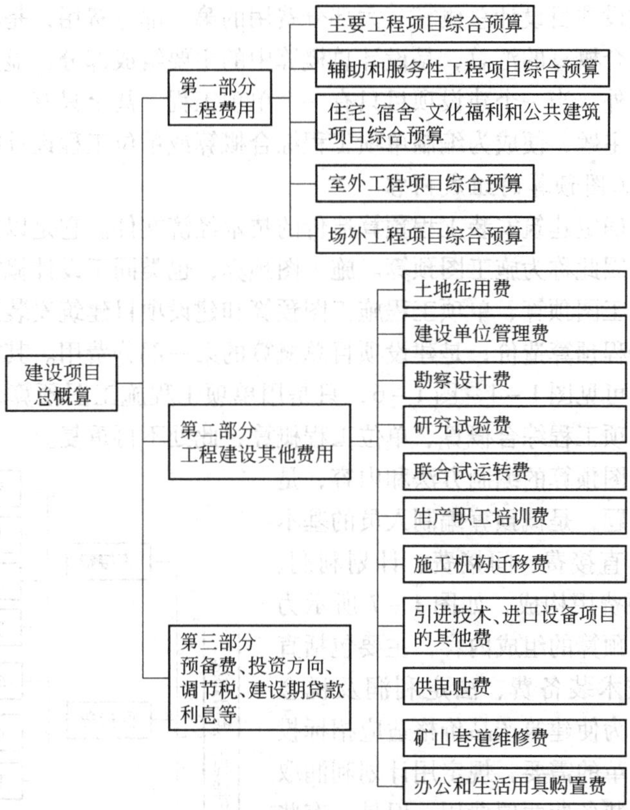

图1－5　建设项目总概算的组成内容

分为机械设备及安装工程概算和电气设备安装工程概算。

单项工程综合概算是确定一个单项工程所需要的建设费用的文件，是根据单项工程内各专业性单位工程概算汇总编制而成的。单项工程综合概算的组成内容如图1－6所示。

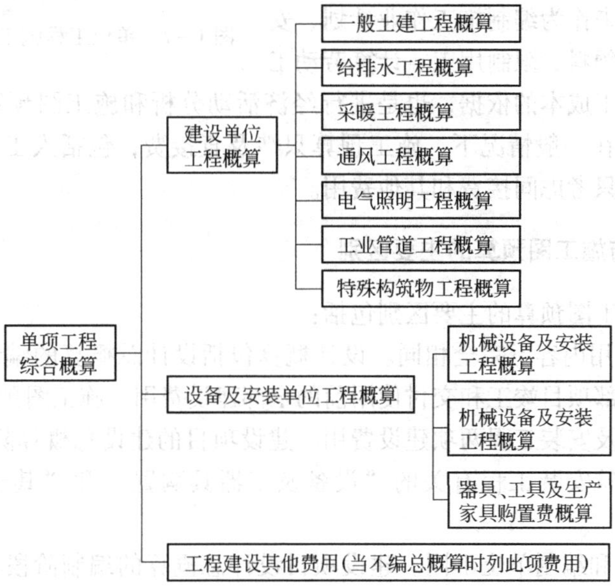

图1－6　单项工程综合概算的组成内容

综上所述，建设项目设计总概算三大部分费用的第一部分费用，是以单位工程概算为基础的单项工程综合概算的汇总，是设计总概算中的主要组成部分，显然其他两部分所占费用比例较少。此外，当一个建设项目只有一个单项工程，甚至只有一个单位工程时，则设计总概算的编制主题，便成为编制单项工程综合概算或单位工程设计概算。

1.5.1.2 施工图预算的组成内容

施工图预算是确定建筑安装工程预算造价的技术经济文件。它是以施工图为依据，并由施工单位编制，因此称为施工图预算。施工图预算，也类同于设计概算一样，可分为三级，即单位工程施工图预算、单项工程施工图预算和建设项目建筑安装工程预算造价。建设项目建筑安装工程预算造价，是建设项目总概算的第一部分费用。其施工图预算的分类及其费用构成，仍可见图1-4~图1-6，只是用单项工程施工图预算、单位工程施工图预算，分别替代单项工程综合概算、单位工程概算，此处不再重复。

单位工程施工图预算的编制方法和内容，是本书重点讨论的问题，是概预算编制人员的基本功。其组成内容由直接费、间接费、计划利润、其他费、税金等项费用构成，如图1-7所示为某单位工程施工图预算的组成内容，主要包括直接费、间接费、技术装备费、法定利润及税金等。国家主管部门为使建筑产品价格适应招标投标竞争及其造价改革的需要，规定用计划利润取代法定利润和技术装备费两项费用。但是，有些省、市会根据本地区的实际情况，仍使用法定利润和技术装备两项费用。

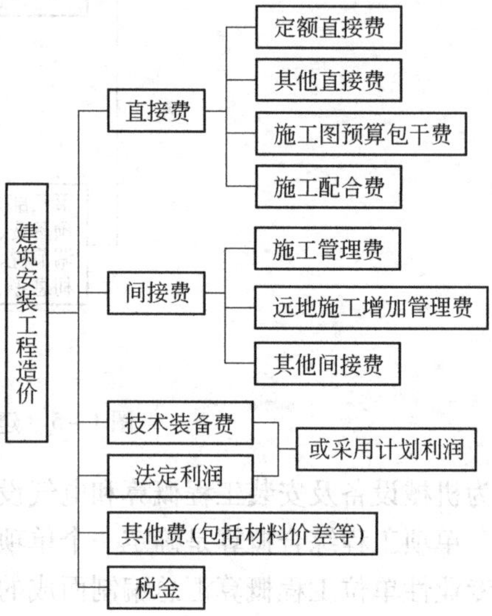

图1-7 单位工程施工图预算的组成内容

1.5.1.3 施工预算的组成内容

施工预算是施工企业编制的一种内部控制的计划成本费用，用来作为编制施工作业计划、安排施工任务、限制领料、限制用工、计算劳动工资，以达到控制施工成本的依据，也是进行经济活动分析和施工图预算与施工预算“两算”对比的依据。在一般情况下，施工预算只涉及直接费，包括人工费、材料费、机械台班费，不考虑或只考虑间接费和其他费用。

1.5.2 设计概算与施工图预算的主要区别

设计概算与施工图预算的主要区别包括：

（1）编制的费用内容不完全相同。设计概算包括设计总概算的编制，它包括建设项目从筹建开始至全部项目竣工和交付使用前的全部建设费用。施工图预算的内容，一般包括建筑工程和设备及安装工程两项建设费用。建设项目的建设总概算除包括上述两项外，还应包括与该项建筑安装工程有关的“设备及工器具购置”和“其他基本建设”两项费用。

（2）编制阶段和编制单位不同。建设项目设计总概算的编制阶段，是在初步设计阶段或扩大的初步设计阶段进行，由设计单位编制。施工图预算是在施工图设计完成后，由施工单位进行编制。

（3）审批过程及其作用不同。设计总概算是初步设计文件的组成部分，一并申报并由有关主管部门审批，作为建设项目立项和正式列入年度基本建设计划的依据。只有在初步设计图纸和设计总概算经审批同意后，施工图设计才能开始，因此它是控制施工图设计和预算总额的依据。施工图预算是先报建设单位初审，然后再送交建设银行经办行审查认定，就可作为拨付工程价款和竣工结算的依据。

（4）概预算的分项大小和采用的定额不同。设计概算分项和采用定额，具有较强的综合性。设计概算采用概算定额，而施工图预算用的是预算定额。预算定额是综合概算定额的基础，例如一个基础工程在预算定额中，应分为挖土方、做垫层、砌砖、防潮层和回填土五项分项预算定额的全部内容。由此而决定了设计概算和施工图预算有着不同的分项内容。

1.5.3 编制建筑工程概预算的一般程序

以单位工程为编制对象的设计概算和施工图预算以及施工预算的编制有着共同的编制步骤和顺序。概括起来，首先是编制准备工作，如收集、整理设计图纸，概预算定额，取费标准，设备、材料的最新价格信息等资料；熟悉施工图纸，参加图纸会审和技术交底，及时解决图纸上的疑难问题；了解和掌握施工现场的施工条件和施工组织设计（或施工方案、施工技术措施）的有关内容。第二步是确定分部分项工程的划分，列出工程细目。第三步按工程细目依次计算分项工程量。第四步套用概（预）算单价，需要时还应编制经审批使用的定额单价。第五步是利用第三步、第四步的结果计算合价和作直接费小计。第五步是进行工、料、机分析。第六步是复核，第七步是计算单位工程总造价及单方造价。最后编写说明并装订签章。以上的编写步骤，关键在于充分做好编制预算的准备工作，正确确定与概（预）算定额分项内容相适应的工程细目和准确地计算工程量。此外，在做第七步时，应当坚持按标准取费。总之，在编制概预算工作中，能够认真做好上述几项工作，就能够编制出质量高、数字准确的概（预）算来，否则，会欲速则不达，出现漏项、错算、冒算的错误。

本 章 小 结

（1）建筑业是从事建筑安装工程的勘察、设计、施工、设备安装和建筑工程更新维修等生产活动的一个物质生产部门。

（2）建设项目可划分为建设项目、单项工程、单位工程、分部工程、分项工程五个项目层次。

（3）基本建设是指国民经济各部门为扩大再生产而进行的建筑、购置和安装固定资产的活动以及与此相联系的其他工作。简言之，基本建设就是指国民经济各部门为形成固定资产而进行的全部经济活动过程。

（4）工程概预算按照工程建设阶段分类分为设计概算、修正概算、施工图概算、施工预算、竣工结算和竣工决算。

（5）工程概预算按照工程对象分类分为单位工程概预算、工程建设其他费用概预算、单项工程综合概预算、建设项目总概算。

(6) 工程概预算按工程承包合同的结算方式分类分为固定总价合同概预算、计量定价合同概预算、单价合同概预算、成本加酬金合同概预算、统包合同概预算。

思考题

1-1 建筑业由哪几部分组成?

1-2 建设项目划分为哪几个层次?

1-3 工程概预算按照工程建设阶段分哪几类?

1-4 工程概预算按照工程对象分为哪几类?

1-5 工程概预算按照工程承包合同的结算方式分为哪几类?

1-6 设计概算与施工图预算的主要区别是什么?

2　建筑装饰工程费用构成与预算编制

教学提示：本章介绍了建筑装饰工程费用构成与预算编制的基础知识，包括工程预算造价的构成与特点、国际工程费用及建筑安装工程费用定额及适用范围。

学习要求：学习完本章内容，学生应熟练掌握建筑装饰工程费用的基本概念、构成及其特点，对国际工程费用构成也有一定了解。

工程造价是指进行某项工程建设所花费（预期花费或实际花费）的全部费用，即工程项目按照确定的建设内容、建设规模、建设标准、功能要求和使用需求等全部建成并验收合格交付使用所需的全部费用。

根据建设部、财政部发布的《建筑安装工程费用项目组成》的规定（建标［2003］206 号），建筑安装工程费用由直接费（含定额直接费和其他直接费）、间接费、计划利润和税金组成。

2.1　工程预算造价的构成与特点

2.1.1　工程造价构成概述

工程造价的构成是按工程项目建设过程中各类费用支出或花费的性质来确定的，是通过费用划分和分类汇总所形成的工程造价的费用分解结构。在工程造价基本构成中，有用于购买工程项目所需的各种设备的费用，有用于购买土地所需的费用，有用于建筑安装施工所需的费用，有用于委托工程勘察设计及监理所需的费用，以及建设单位自身进行项目筹建和项目管理所花的费用等。

建筑安装工程预算造价由直接费、间接费、计划利润及税金四部分组成，如图 2－1 所示。

2.1.2　定额直接费

直接费由定额直接费、其他直接费、施工图预算包干费、施工配合费等组成。由人工费、材料费、施工机械使用费，以及构件增值费组成的费用称为定额直接费，它是由按施工图计算的工程量乘以预算定额中的基价汇总计算出来的。其他直接费则是在施工过程中必然发生的各种费用。至于施工图预算包干费、施工配合费则是在特定情况下根据施工合同确定的，并不是每一个工程都有，以后将分别加以阐述。

2.1.2.1　人工费

人工费是指列入概预算定额并直接从事土建工程、装饰工程、安装工程、市政工程、

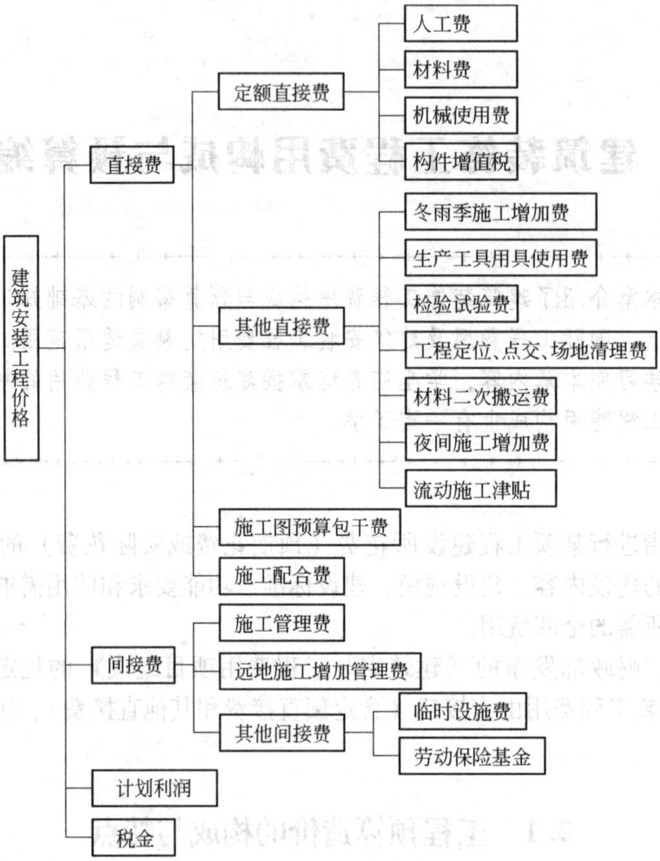

图 2－1　建筑安装工程造价（费用）组成

维修工程、仿古建筑、园林绿化工程施工的生产工人的基本工资、工资性津贴，以及属于生产工人开支范围内的各项费用。

人工费主要是依据国家劳动定额中生产工人每天的完成量，加上一定比例的人工幅度差，结合现时生产工人的平均等级及劳动报酬确定的。例如我国某市现行工资标准见表 2－1。

表 2－1　人工费、流动施工津贴、定额人工费差额补助表

工程性质 / 金额/元 / 项目	建筑（装饰）、仿造园林工程、市政（按直接费取费的工程）	安装工程、市政（按人工费取费的工程）	房屋维修工程、绿化工程	包工不包料工程、计时工
定额基价表日工资标准	8.79	9.24	6.63	6.63
流动施工津贴	4.34	4.34	4.34	3.50
定额人工费差额补助	3.62	3.72	3.62	3.62

注：1. 文件依据：武定额字［1995］06 号文；

2. 流动施工津贴列入其他直接费；

3. 定额人工费差额补助只计取规定的税金；

4. 本表根据湖北省及武汉市有关文件整理而得。

从表2-1中可以看出，定额基价中的日工资标准与从事的施工生产有关，技术要求高，日工资标准也就相应高一些。至于定额人工费差额补助，是因为市场物价提高，加之每周工作时间减少，政府为保障职工生活而进行的补助。流动施工津贴是人民政府考虑到建筑安装工人从事露天和野外作业多，常年没有固定的工作场所而给予的津贴。

2.1.2.2　材料费

材料费是指施工过程中耗费的构成工程实体的原材料、辅助材料、构配件、零件、半成品的费用。其内容包括：

(1) 材料原价（或供应价格）。

(2) 材料运杂费。材料运杂费是指材料自来源地至工地仓库或指定堆放地点所发生的全部费用。

(3) 运输损耗费。运输损耗费是指材料在运输装卸过程中不可避免的损耗。

(4) 采购及保管费。采购及保管费是指组织采购、供应和保管材料过程中所需要的各项费用，包括采购费、仓储费、工地保管费、仓储损耗。

(5) 检验试验费。检验试验费是指对建筑材料、构件和建筑安装物进行一般鉴定、检查所发生的费用，包括自设试验室进行试验所耗用的材料和化学药品等费用。不包括新结构、新材料的试验费和建设单位对具有出厂合格证明的材料进行检验，对构件做破坏性试验及其他特殊要求检验试验的费用。

2.1.2.3　施工机械使用费

施工机械使用费是指列入概预算定额的施工机械台班量，按相应的机械台班费定额计算的机械使用费，施工机械安、拆及进出场费和定额所列的其他机械费之和。前面已述，由人工费、材料费、施工机械使用费组成的定额直接费（目前对非现场生产的铁、木、混凝土构件增加了构件增值税）又称定额基价。由于人工、材料、机械台班单价经常发生变化，因此定额直接费是一定时期、一定范围内的产物。如人工工日单价可能随着工资制度的改革、职工福利待遇的提高、每周工作时间的减少而提高工日单价；材料单价也受市场材料供应情况的缓紧经常在发生波动；机械台班单价也因人工、材料、电力、燃料价格的变动而调整机械台班价格。因此，各地定额管理站为适应这些变化，每隔一段时间（一年或两年）制定出新的概预算定额。各地定额管理站还随时结合市场行情，根据国家、省、市有关文件，经常行文对人工费、材料费、机械费进行系数调整，组成新的定额直接费。

2.1.3　其他直接费

其他直接费是概预算定额分项中和间接费用定额中规定以外的现场需用的各项费用。内容包括：

(1) 冬雨季施工增加费。其是指建筑安装工程在冬季、雨季施工，采用防寒保暖、防雨措施所增加的人工费、材料费、保温及防雨措施费，以及排除雨雪污水的人工费等。

(2) 生产工具用具使用费。

(3) 检验试验费。检验试验费是指对建筑材料、构件和安装物进行一般鉴定、检查所发生的费用。

(4) 工程定位、点交、场地清理费。

（5）材料二次搬运费。其是指因现场狭小，材料无法直接运到施工现场，或由于工程任务急，进场材料多，施工现场堆放不下，材料必须进行二次搬运所发生的人工费、运输工具费等。

（6）夜间施工增加费。为了抢工期（建设单位要求比工期定额提前竣工），或技术上要求必须连续作业方能保证工程质量而发生的照明设施摊销费、夜餐补助费和降低工效等费用。白天必须照明施工的地下室工程也应计取照明设施（含电费）摊销费和降低工效的费用。

（7）流动施工津贴。

（8）施工配合费。同一个单位工程，建设单位将其部分项目（如铝合金门窗、钢门钢窗安装、装饰、照明、采暖、给排水安装等）分包给其他单位施工，土建施工单位必须留洞、补眼、提供脚手架和垂直运输机械，影响进度安排，作业效率降低等情况，土建施工单位可向建设单位收取一定比例的施工配合费。

（9）施工图预算包干费。建设单位和施工单位为了明确经济责任，控制工程造价，加快建设速度，简化结算手续，对部分工程费用采取以直接费为计价基础的系数包干。凡属设计变更（经原设计单位同意）、基础处理和各地定额站统一调整的预算价格，可以在竣工结算中调整外，除此所发生的工程预算外费用，均列为包干内容。

其他直接费的收取标准，各省、市都根据各自的不同情况有专门规定，例如我国某城市的收费标准见表2－2，流动施工津贴的收取标准按定额工日收取，详见表2－1。单价中已含管理人员的流动施工津贴。

表2－2　其他直接费标准表

项　目	单　位	定额直接费	人工费
一、冬雨季施工增加费	%	0.70	8.00
二、生产工具用具使用费	%	1.00	14.50
三、检验试验费	%	0.20	1.10
四、工程定位、点交、场地清理费	%	0.30	1.70
五、材料二次搬运费	%	0.80	按定额规定
六、夜间施工增加费	元/工日	2.00	2.00

注：1. 材料二次搬运按实际发生计取，执行了包干系数的工程不再计取；

2. 夜间施工增加费按实际发生计数，白天在地下室施工不计取夜餐补助费；

3. 维修工程除五、六两项按实际发生计取外，余下项目按人工费的10%计取其他直接费。

施工配合费的收取标准是：施工单位有能力承担的分部分项工程，如铝合金门窗、塑钢门窗安装、民用建筑中的照明、采暖、通风空调、给水等工程，由建设单位分包给其他单位施工，施工单位向建设单位按外包工程的直接工程费收取3%的费用；施工单位无能力承担的分部分项工程，只收取1%的费用。

施工图预算包干费的额度由建设单位同施工单位签订施工合同时，根据该工程特点具体商定，应控制在直接费以内，并相应计取技术装备费、法定利润和税金。

2.1.4　间接费

间接费是指不直接用于建筑安装工程而又实际发生的费用。它由施工管理费、远地施工增加费、临时设施费和劳动保险基金等项组成。

2.1.4.1 施工管理费

(1) 工作人员（施工企业的政工、行政、技术、经管、实验、消防、警卫、炊事、勤杂、行政汽车司机等）的基本工资和工资性质的津贴；

(2) 工作人员工资附加费（福利基金及工会经费）；

(3) 工作人员劳动保护费；

(4) 职工教育经费；

(5) 办公费（文具、账表、书报、邮电、茶水、取暖等）；

(6) 差旅交通费；

(7) 固定资产使用费（办公楼、设备、仪器等的折旧费、大修费及租赁费）；

(8) 行政工具用具使用费；

(9) 预算定额编制管理费，此项费用由工程造价管理机构向施工企业按完成工作量的千分之一收取；

(10) 支付给银行的流动资金贷款利息；

(11) 税金（车船使用税、房产税、土地使用税、印花税等）；

(12) 其他（如临时工管理费、民兵训练费、上级管理费等）。

对施工管理费的收费标准，费用定额中分得很细，一要根据工程的性质（建筑工程、装饰工程、市政工程、打桩工程、大型土石方工程、维修工程、园林绿化工程、包工不包料工程、安装工程、炉窑砌筑工程、金属结构制作安装工程、钢门钢窗安装工程等）；二要根据工程的类别（1～4 类）；三要根据文件规定的计费基数（定额直接费、人工费）按照各自不同的费率分别计取。此外，各省市在工程类别的划分上与不同工程类别的费率都会有所区别，就是在同一地区也经常在进行调整。常见一般土建工程类别划分标准见表 2－3。

表 2－3 一般土建工程类别划分标准表

		项 目	单位	一类	二类	三类	四类
工业建筑	单 层	檐口高度	m	>15	>12	>9	≤9
		跨 度	m	>24	>15	>12	≤12
		吊车吨位	t	>30	>20	≤20	—
	多 层	檐口高度	m	>24	>15	>9	≤9
		建筑面积	m^2	>6000	>4000	>1200	≤1200
民用建筑	公共建筑	檐口高度	m	>24	>18	>12	≤12
		跨 度	m	>24	>18	>12	≤12
		建筑面积	m^2	>6000	>4000	>1500	≤1500
	其他民用建筑	檐口高度	m	>36	>21	>12	≤12
		层 数	层	>12	>7	>4	≤4
		建筑面积	m^2	>7000	>4000	>1500	≤1500

2.1.4.2 远地施工增加管理费

远地施工增加管理费是指由于主管部门分配任务，施工单位远离城市或基地施工时增加的差旅费、探亲费、周转材料运杂费、生活补助费、办公费等。这里有两个条件：一是任务是由主管部门分配的；二是施工地点距离公司基地在50km以上。当前市场竞争激烈，外省外地施工队伍都到各地参与投标竞争，这种情况就不能收取远地工程增加管理费。

符合收取远地施工增加管理费条件的，建筑市政工程按定额直接费的2%计取，安装工程按人工费的15%计取。

2.1.4.3 临时设施费

临时设施费是施工单位进行建筑安装工程施工所必需的生活（如职工临时宿舍、文化福利）及生产用的临时建筑物（如构筑物、仓库、加工厂、办公室），以及规定范围内的道路、水、电、管线等临时设施和小型临时设施。其费用包括临时设施的搭盖、拆除、维修和摊销费。临时设施费按工程类别和工程性质分别计取，建设单位根据工程预算在工程开工之前一次性付给施工单位，工程竣工结算时最终结清。临时设施费如表2－4所示。

临时设施的产权属施工单位，施工单位用建设单位的房屋（不含新建未交工的）应交付租赁费。

表2－4 临时设施费

<table>
<tr><th rowspan="3"></th><th rowspan="2">建筑、市政工程</th><th rowspan="2">炉窑砌筑工程</th><th rowspan="2">金属结构制作安装工程</th><th rowspan="2">钢门钢窗安装工程</th><th rowspan="2">打桩工程</th><th colspan="2">大型土石方工程</th><th rowspan="2">维修工程</th><th rowspan="2">安装工程</th><th rowspan="2">包工不包料工程</th></tr>
<tr><th>机械施工</th><th>人工施工</th></tr>
<tr><th colspan="6">定额直接费</th><th colspan="4">人工费</th></tr>
<tr><td>一类工程</td><td>2.50</td><td>2.00</td><td>2.00</td><td>0.80</td><td rowspan="4">2.50</td><td rowspan="4">2.50</td><td rowspan="4">8.50</td><td rowspan="4">10.00</td><td>30.00</td><td rowspan="4">0</td></tr>
<tr><td>二类工程</td><td>2.00</td><td>1.20</td><td>1.20</td><td>0.50</td><td>17.00</td></tr>
<tr><td>三类工程</td><td>1.50</td><td>—</td><td>0.80</td><td>0.30</td><td>10.00</td></tr>
<tr><td>四类工程</td><td>1.00</td><td>—</td><td>0.80</td><td>0.30</td><td>—</td></tr>
</table>

2.1.4.4 劳动保险基金

劳动保险基金是指国有施工企业（含三级及三级以上集体企业）由福利基金支出以外的，按劳保条例规定的离退休职工的费用和六个月以上的病假工资及按照上述职工工资总额提取的职工福利基金。

2.1.5 计划利润

为适应招标投标竞争的需要，促进施工企业改善经营管理，国家规定将法定利润取消，改为收取7%的计划利润，同时不再收取技术装备费。但是有些省市根据本地区的具体情况，暂缓执行计划利润，仍按原规定收取技术装备费和法定利润两项费用。

(1) 技术装备费。技术装备费是施工企业为进行建筑安装工程施工所配备的机械、设备等的购置费。

(2) 法定利润。法定利润是指建筑安装企业实行扩大企业经营管理自主权后进行独立经济核算，自负盈亏，财政自理，组织正常生产和发展企业的需要而发生的费用。

技术装备费和法定利润的计取办法详见表2－5。

表 2-5 技术装备费、法定利润

	国有企业		集体企业	
	直接费+间接费	人工费	直接费+间接费	人工费
技术装备费	3.00	30.00	1.20	8.00
法定利润	2.50	25.00	—	—

2.1.6 税金

税金是指按国家税法规定的计入建筑安装工程造价内的营业税、城市维护建设税以及教育费附加等。

(1) 营业税。其是指国家依据税法对从事商业、交通运输业和各种服务业的单位和个人按照营业额征收的一种税。

(2) 城市维护建设税。其是指为加强城市维护建设，增加和扩大城市维护建设基金的来源，按营业税实交税额的一定比例征收，专用于城市维护建设的一种税。

(3) 教育费附加。其是指为加快发展地方教育事业，扩大地方教育经费来源，按实交营业税的一定比例征收，专用于改善地方中小学办学条件的一种费用。

2.2 国际工程费用构成简介

国际工程项目造价主要是指投标报价的费用组成，它随投标的工程项目内容和招标文件要求不同而有所差异，一般由分部分项工程单价汇总的小项：工程造价、开办费、分包工程造价及暂定金额（包含不可预见费）等项组成。

2.2.1 分项工程单价

分项工程单价，亦称工程量单价，就是工程量清单上所列项目的单价，包括直接费、间接费（现场综合管理费）和利润等。

(1) 直接费。凡是直接用于工程的人工费、材料费、机械使用费以及周转材料费用等均称为直接费。

(2) 间接费。主要是指组织和管理施工生产而产生的费用，也称现场综合管理费。他与直接费的区别是：间接费的消耗并不是为直接施工某一分项工程而发生的费用，因此，不能直接计入分部分项工程中，而只能间接地分摊到所施工的分部分项工程，即所施工的建筑产品中。

(3) 利润。指承包商的预期税前利润。不同的国家和地区对账面利润的多少均有规定。承包商要明确在该工程上应收取的利润数目，并将利润分摊到分项工程单价中。

2.2.2 开办费

有些国际工程，往往将属于施工管理费和待摊费用中若干项目在报价单最前面的开办费项下单独列出，也称准备工作费。开办费的内容因不同国家和不同工程而有所不同，一般包括：施工用水、用电；施工机械费；脚手架费用；临时设施费；业主工程师（监理工程师）办公室及生活设施费；现场材料试验室及设备费；工人现场福利及安全费；职工交通费；日常气象报表费；现场道路及进出场道路修筑及维持费；恶劣气候下的工程保护措施费；现场保卫设施费等等。

2.2.3 分包工程估价

对分包出去的工程项目，同样也要根据工程量清单分列出分项工程的单价。但这部分的估价工作由分包商去做。通常总包的估价师对分包单价不作估算或仅作粗略估计，待收到各分包商的报价之后，对这些报价进行分析比较后选择合适的分包报价，作为分包合同价，然后对分包合同价加上应收取的总包管理费、其他服务费和利润等，就构成了分包工程的估算价格，即填在工程量清单报价单中的分项工程单价。

在国际工程中，分包有指定分包和总承包合同签订后再选择分包的情况，在确定分包工程报价时，注意区别不同情况做出相应的报价。

2.3 建筑安装工程费用定额及适用范围

在社会主义市场经济下，国家对建筑安装工程的各项费用标准只进行宏观管理。各省（市）、自治区不可能执行一个统一标准，就是在同一个省，各地区、各县市也会有所差别，年份不同，标准也不一定完全相同。第一节所讲的费用构成和计费标准是根据湖北省建筑安装工程费用定额，结合湖北省及武汉市的有关文件综合汇总的，它同预算定额（统一基价表）一样是建筑工程预、结算，工程招标投标计算标底，施工单位内部实行经济承包、核算的依据。主要适用于下列范围：

（1）一般土木建筑工程。适用于工业与民用临时性和永久性的建筑物、构筑物，包括各种房屋、设备基础、钢筋混凝土、木结构、零星金属结构、装饰油漆、烟囱、水塔、水池、围墙、挡土墙、化粪池、窨井、室内外管道、地沟砌筑及其附属土石方工程和开工前的平整场地。

（2）市政工程。适用于城市建设的道路、桥涵、隧道、防洪堤和附属的土石方工程。同时也适用于给排水工程构筑物等项。

（3）安装工程。适用于机械设备安装，电气设备安装，工艺管道安装，通风空调安装，给排水、采暖、煤气管道安装，以及金属结构的刷油、防腐等。

（4）炉窑砌筑工程。适用于专业炉窑和一般工业炉窑的砌筑工程（不包括金属锚固体制作安装）。

（5）金属构件工程。适用于工业与民用建筑中的柱、梁、屋架、支撑、拉杆、钢门钢窗等的制作安装及刷油。

（6）大型土石方工程。适用于修筑堤坝、人工河、运动场、铁路专用线的路基，以及室外给排水管沟土方等。

（7）打桩工程。适用于混凝土灌注桩、预制桩、人工挖孔桩、钻（冲）孔桩等。

（8）维修工程。适用于旧有建筑物、构筑物、道路等的拆除和维修工程（指不改变结构、不扩大面积的工程）。

本章小结

(1) 工程造价是指进行某项工程建设所花费（预期花费或实际花费）的全部费用，即工程项目按照确定的建设内容、建设规模、建设标准、功能要求和使用需求等全部建成并验收合格交付使用所需的全部费用。

(2) 直接费由定额直接费、其他直接费、施工图预算包干费、施工配合费等组成。

(3) 间接费是指不直接用于建筑安装工程而又实际发生的费用。它由施工管理费、远地施工增加费、临时设施费和劳动保险基金等项组成。

(4) 国际工程项目造价主要是指投标报价的费用组成，它随投标的工程项目内容和招标文件要求不同而有所差异，一般由分部分项工程单价汇总的小项：工程造价、开办费、分包工程造价及暂定金额（包含不可预见费）等项组成。

思 考 题

2-1 简述工程造价构成的基本概念。

2-2 什么是直接费，直接费用包括哪些内容？

2-3 什么是间接费，它包括哪些内容？

2-4 简述建筑安装工程费用定额的适用范围。

3 建筑装饰装修工程定额

教学提示： 本章介绍了建筑装饰装修工程行业的定额的相关内容，包括建筑装饰装修工程定额概述、建筑装饰装修工程施工定额、建筑装饰装修工程预算定额、建筑装饰装修工程概算定额、建筑装饰装修工程消耗量定额的内容。

学习要求： 学习完本章内容，学生应熟悉各种定额的概念及定额的分类、定额的编制过程，熟练掌握定额的使用方法、定额的换算等内容。

建筑装饰装修工程行业的定额是建筑装饰行业的重要资料和实用工具，建筑装饰装修工程定额在确定建筑装饰装修工程的造价时是非常重要的。学会正确地使用建筑装饰装修工程定额，对于实际应用和进一步学习行业知识具有十分重要的意义。

3.1 建筑装饰装修工程定额概述

3.1.1 我国工程定额的产生及发展

近年来我国在国民经济各部门广泛地制定和使用各种定额，它们在我国的社会主义建设事业中发挥了应有的作用，工程建设定额就是其中的一个种类，同样，它也在控制和确定建设工程造价，提高和加强建筑安装企业的经营管理水平方面发挥着重要的作用。

1949 年左右，由国家计委和国家建委先后制定、颁发了各种定额及文件，如《一九五四年度建筑工程设计预算定额》、《一九五五年度建筑工程设计预算定额》、《工业及民用建筑设计和预算编制暂行办法》、《建筑工程预算定额》；1957 年国家建委颁发《建筑工程扩大结构定额》；1961 年国家建筑工程部和劳动部主持编制了《全国统一预算定额》；1979 年国家建委颁发了通用设备安装工程预算定额 9 册；1981 年国家建委印发了《建筑工程预算定额》（修改稿），之后的四年时间里，各省市、自治区以此修改稿为蓝本，相继颁发了各地的《建筑工程预算定额》；1982 年国家建委颁发了交通部主编的《公路工程预算定额》和《公路工程概算定额》；1983 年国家建委和国家计委陆续颁发了由农林部、交通部、石油部、电力部、冶金部等主编的 27 本专业专用预算定额、概算定额和概算指标；1986 年国家计委印发了由国家计委组织修订、有关部门主编的《全国统一安装工程预算定额》，共计 15 册，各省、市、自治区编制地区单位估价表或者确定系数采用系数调整法执行此套定额；1988 年 9 月至 1989 年 2 月，建设部组织部分省、自治区、直辖市的有关单位编制了《市政工程预算定额》，共 9 册；1988 年建设部组织编制了《仿古建设及园林工程预算定额》；1992 年建设部颁发了《建筑装饰工程预算定额》；1995 年建设部批准发布实施《全国统一建筑工程基础定额》（土建部分）；2002年2月起，建设部组织有关部门和地区工程造价专家编写《建设工程工程量清单计价规范》；2002年建设部颁发了《全国统一建筑装饰装修工程消耗量定额》。

3.1.2 工程定额的概念

定额就是规定的额度或限额，亦即规定的标准或尺度。

在社会生产中，为了完成某一合格产品，就必然要消耗（或投入）一定量的活劳动与物化劳动，但在社会生产发展的各个阶段上，由于各阶段的生产力水平及关系不同，因而在产品生产中所需消耗的活劳动与物化劳动的数量也就不同。然而在一定的生产条件下，总有一个合理的数额。规定完成某一单位合格产品所需消耗的活劳动与物化劳动的数量标准或额度，称为定额。

工程定额是在一定生产条件下，用科学的方法测定出生产质量合格的单位建筑工程产品所需消耗的劳动力、材料、机械台班的数量标准。它不仅规定了数量，而且还规定了工作内容、质量等要求。工程定额是专门为建筑工程产品生产而制定的一种定额，是生产定额的一种。即规定完成某一合格的单位建筑工程产品基本构造要素所需消耗的活劳动与物化劳动的数量标准或额度，称为建筑工程定额。这种规定的额度反映的是，在一定的社会生产力发展水平的条件下，完成工程建设中的某项产品与各种生产消费之间特定的数量关系。

在工程定额中，产品的外延是很不确定的。它可以指工程建设的最终产品——工程项目，例如，一个钢铁厂、一所学校；也可以是构成工程项目的某些完整的产品，如一所学校中的图书馆楼；也可以是完整产品中的某些较大组成部分，例如，只是指图书馆楼中的设备安装工程；还可以是较大组成部分中的较小部分，或更为细小的部分，如浇灌混凝土基础等。

工程建设产品外延的不确定性，是由工程建设产品构造复杂，产品规模宏大，种类繁多，生产周期长等技术经济特点引起的。这些特点使定额在工程建设的管理中占有更加重要的地位，同时也决定了工程建设定额的多种类、多层次。

工程定额是根据国家一定时期的管理体制和管理制度，根据不同定额的用途和适用范围，由指定的机构按照一定的程序制定的，并按照规定的程序审批和颁发执行。工程定额是主观的产物，但是，它应正确地反映工程建设和各种资源消耗之间的客观规律。

3.1.3 工程定额的分类

工程定额的种类很多，根据内容、形式、用途和使用范围的不同，可分为以下几类：

（1）按生产要素分类。工程定额按生产要素可分为：

1）劳动定额（又称人工定额）；

2）材料消耗定额；

3）机械台班使用定额。

劳动定额、材料消耗定额、机械台班使用定额是编制各种使用定额基础，亦称为基础定额。

（2）按定额用途分类。工程定额按用途可分为：

1）工期定额；

2）施工定额；
3）预算定额或综合预算定额；
4）概算定额；
5）概算指标；
6）估算指标。
（3）按专业分类。工程定额按专业可分为：
1）建筑工程定额；
2）建筑装饰工程定额（有些地区将其含在建筑工程定额之中）；
3）安装工程定额；
4）市政工程定额；
5）房屋修缮工程定额；
6）仿古建筑及园林工程定额；
7）公路工程定额；
8）铁路工程定额；
9）井巷工程定额。
（4）按定额费用性质分类。工程定额按费用性质可分为：
1）建筑工程定额；
2）设备安装工程定额；
3）概算定额；
4）器具定额；
5）工程建设其他费用定额。
（5）按定额执行范围分类。工程定额按执行范围可分为：
1）全国统一定额；
2）行业统一定额；
3）地区统一定额；
4）企业定额。
工程定额分类如图 3－1 所示。

3.1.4 工程定额的特性与作用

3.1.4.1 工程定额的特性

工程定额作为工程项目建设过程中的生产消耗定额，具有以下特性：

（1）科学性。工程定额的科学性，首先表现在用科学的态度制定定额，尊重客观实际，力求定额水平合理；其次表现在制定定额的技术方法上，利用现代科学管理的成就，形成一套系统的、完整的、在实践中行之有效的方法；第三，表现在定额制定和贯彻的一体化。制定是为了提供贯彻的依据，贯彻是为了实现管理的目标，也是对定额的信息反馈。因此，定额具有一定的科学性。

（2）权威性。工程定额具有很大权威性，它同工程建设中的其他规范、规程、规定和规则一样，在规定范围内的建设、设计、施工、生产、建设银行等单位，都必须严格遵守执行。

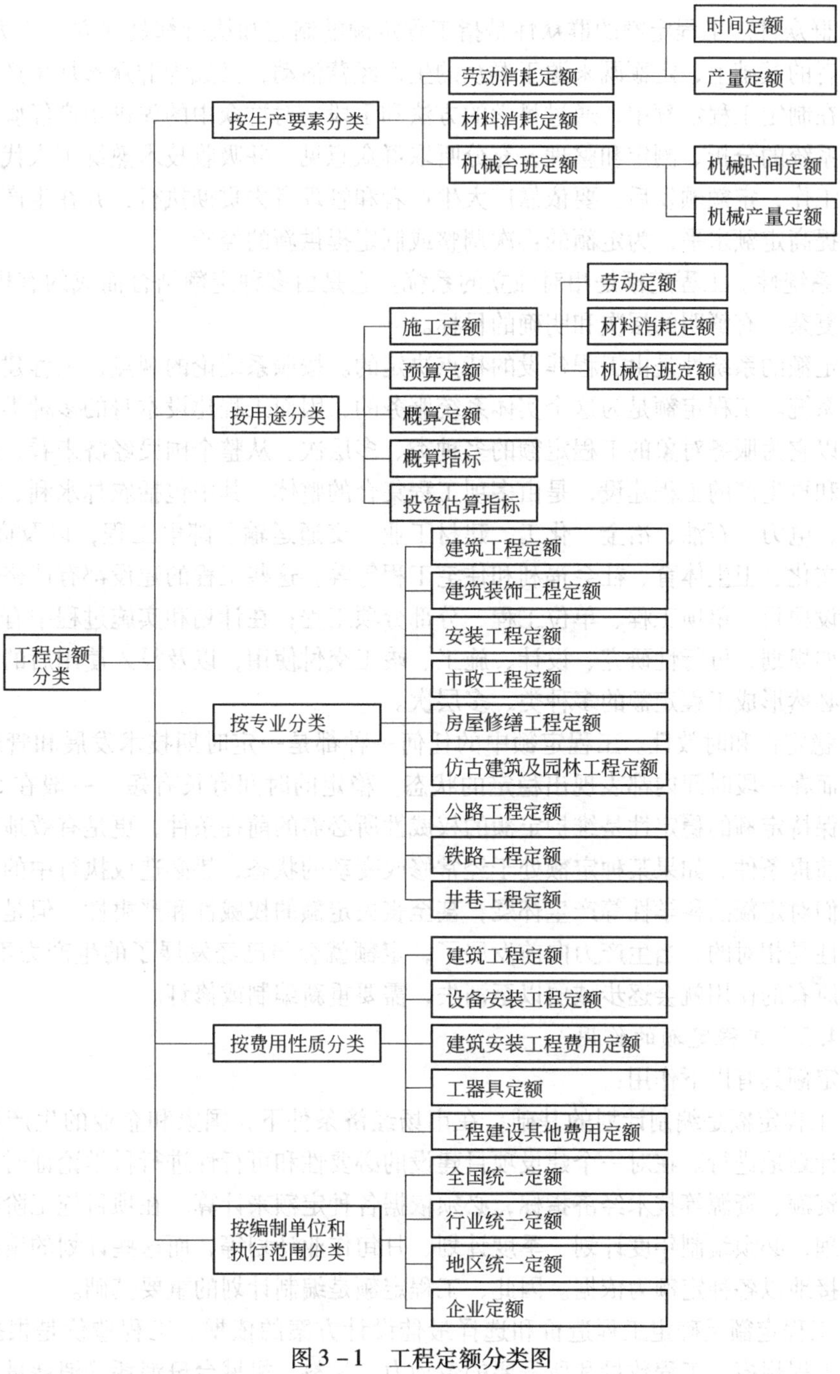

图 3-1 工程定额分类图

工程定额的权威性的客观基础是工程定额的科学性。只有科学的定额才具有权威。在计划经济和市场不规范的情况下，赋予工程定额以权威性是十分重要的。但是，应该指出，在社会主义市场经济条件下，对定额的权威性不应绝对化。定额毕竟是主观对客观的反映，定额的科学性会受到人们认识的局限。与此相关，定额的权威性也就会受到削弱和新的挑战。随着我国加入 WTO，在工程建设方面与国际接轨越来越必要，工程建设定额的权威性特征自然也就会弱化。

(3) 群众性。工程定额的群众性是指工程定额的制定和执行都是建立在广大生00产者和管理者的基础上，定额既来源于群众的生产经营活动，又成为群众参加生产经营活动的准则。在制定工程定额中，通过科学的方法和手段，对群众中的先进生产经验和操作方法，进行系统的分析、测定和整理，充分听取群众意见，并吸收技术熟练工人代表，直接参加制定工作，定额颁发后，要依靠广大生产者和管理者去贯彻执行，并在生产经营活动中，逐步提高定额水平，为定额的再次调整或制定提供新的经验。

(4) 系统性。工程定额是相对独立的系统。它是由多种定额结合而成的有机的整体。它的结构复杂，有鲜明的层次和明确的目标。

工程定额的系统性是由工程建设的特点决定的。按照系统论的观点，工程建设就是庞大的实体系统。工程定额是为这个实体系统服务的，因而工程建设本身的多种类、多层次就决定了以它为服务对象的工程定额的多种类、多层次。从整个国民经济来看，进行固定资产生产和再生产的工程建设，是由多项工程集合的整体。其中包括农林水利、轻纺、机械、煤炭、电力、石油、冶金、化工、建材工业、交通运输、邮电工程，以及商业物资、科学教育文化、卫生体育、社会福利和住宅工程等等。这些工程的建设都有严格的项目划分，如建设项目、单项工程、单位工程、分部分项工程；在计划和实施过程中有严密的逻辑阶段，如规划、可行性研究、设计、施工、竣工交付使用，以及投入使用后的维修。与此相适应必然形成工程定额的多种类、多层次。

(5) 稳定性和时效性。工程定额中的任何一种都是一定时期技术发展和管理水平的反映，因而在一段时间内都表现出稳定的状态。稳定的时间有长有短，一般在 5 年至 10 年之间。保持定额的稳定性是维护定额的权威性所必需的前提条件，更是有效地贯彻定额所必需的前提条件。如果某种定额处于经常修改变动的状态，势必造成执行中的困难和混乱，使人们对定额的科学性等产生怀疑，甚至丧失定额的权威性和严肃性。但是，工程定额的稳定性是相对的。当生产力向前发展了，定额就会与已经发展了的生产力不相适应。这样，它原有的作用就会逐步减弱以至消失，需要重新编制或修订。

3.1.4.2 工程定额的作用

工程定额具有以下作用：

(1) 工程定额是编制计划的基础。在市场经济条件下，国家和企业的生产和经济活动都要有计划地进行。在对一个建设项目建设的必要性和可行性进行科学论证时，其所需规模、投资额、资源等技术经济指标，必须依据各种定额来计算。在项目施工阶段，为实现计划管理，必须编制年度计划、季度计划、月旬作业计划等，而这些计划的编制，都要直接或间接地以各种定额为依据。因此，工程定额是编制计划的重要基础。

(2) 工程定额是确定工程造价和选择最佳设计方案的依据。工程造价是根据设计文件规定的工程规模、工程数量和所需要的劳动力、材料、机械台班消耗等消耗量并结合市场价格确定的，而其中劳动力、材料、机械台班消耗数量则是根据工程定额来确定。同时，同一建设项目的设计都有若干个可行方案，每个方案的投资和造价的多少，直接反映出该设计方案技术经济水平的高低。因此，定额又是作为选择经济合理的设计方案的主要依据。

(3) 工程定额是加强企业管理的重要工具。建筑安装工程施工是由多个工种、部门组成一个有机整体而进行生产活动的。在安排各部门各工种的生产计划中，无论是计算和平衡资源需用量，组织材料供应，合理配备劳动组织，调配劳动力，签发工程任务单和限额领料单，还是组织劳动竞赛，考核工料消耗，计算和分配劳动报酬等等，都要以各种定额为依据。因此它是加强企业管理的重要工具。

(4) 工程定额是贯彻按劳分配原则的基础。正确贯彻按劳分配原则的前提，就是要企业对每个职工劳动成果进行准确衡量，以此作为付给职工劳动报酬的依据，而衡量职工贡献大小要依靠定额，支付计件工资、超产奖励等要根据完成定额的情况，评定工人的技术等级，同样要考核完成定额的情况。

(5) 工程定额是提高劳动生产率的重要手段。定额明确规定了工人或班组完成一定施工生产任务所需要的工日数或在单位时间内所完成的施工任务。工人为了完成或超额完成定额，就必须努力提高操作技术水平，降低消耗，提高劳动生产率，而企业正是根据定额，把提高劳动生产率的指标和措施，具体落实到每个工人或班组。

(6) 工程定额是企业实行经济核算的重要基础。企业为了分析和比较施工生产中的各种消耗，必须以各种定额为核算依据。要以定额为标准，分析比较企业各项成本，肯定成绩，找出差距，提出改进措施，不断降低各种消耗，提高企业的经济效益。

3.1.5 工程定额标准数据

3.1.5.1 标准数据的概念

标准数据，是指在国家对资源配置起基础作用的宏观调控下，结合本企业或行业现有技术装备和劳动生产力水平，对各类施工过程中所需要的要素资源消耗量进行科学计算，通过一定的审批程序并以定额标准发布后所规定的数值标准。作为统一规定，需共同遵守的准则和依据。

标准数据作为企业或行业的资源要素消耗量标准，其数据的取得必须来源于施工实践，并在国家或行业有关标准及其数据的宏观调控指导下，通过施工现场观察，按获取资料、数据的目的与要求，运用一定的技术测定方法，取得人工、材料和机械等各类资源要素消耗的原始数据，再经过去粗取精，加工与调整，将原始数据转换为所需的定额标准数据。

标准数据是工程定额（或简称企业定额）的核心内容，其数据的科学性与权威性是“统一规定”的重要基础，它不但是企业标准及其标准化活动中必须遵守的准则和依据，也是有关项目建设概预算定额标准中，人工、材料和机械等资源消耗量合理配置及其价格确定与价格实现的基础数据。

3.1.5.2 标准数据的分类

结合建筑、安装及装饰企业标准的主要内容，可作如下分类。

A 按企业标准数据的使用范围划分

企业标准数据是企业内部为制定企业标准所使用的标准数据。按其标准数据的使用性质或范围，可分为企业技术标准数据、管理标准数据和工作标准数据。

(1) 企业技术标准数据。企业技术标准数据是企业开展技术标准化活动的重要依据。企业技术标准数据是构成企业技术基础标准、产品标准、技术方法标准和企业环境保护、卫生及安全标准等企业各类标准的基础数据，是制定企业基础定额有关技术标准数据的主要基础。

(2) 企业管理标准数据。企业管理标准数据是企业采用现代科学管理方法和手段以及开展企业管理标准化活动、评价企业施工生产与经营管理水平的重要依据。企业管理标准数据是企业经济管理标准、生产管理标准、技术管理标准以及职能业务和行政服务管理等标准，所应具有的科学性、典型性和可比性的反映。这类标准数据在企业管理标准化活动中，对管理质量与数量必须提出明确的指标数据，不能模棱两可，尤其是基础定额所规定的技术经济标准数据更是如此。它既是企业标准的重要组成部分，又是企业技术标准（如施工技术操作规范、产品质量标准等）、管理标准（如原材料与施工机械管理等）和工作标准（如经济责任制、岗位操作等）指标数据的综合反映。

（3）企业工作标准数据。企业工作标准数据是企业标准化体系中不可缺少的工作标准数值。在企业标准化以各类标准数据为中心的活动中，关键是人员素质的提高和工作积极性的充分发挥。因此，工作标准数据是以企业管理中的作业层与管理层的人员或群体为对象，在工作质量、数量及完成时间等方面所规定的量化标准。量化标准的数据计算尽管有一定的难度，但它是将工作业绩以数据表示，实现工作管理定量化，便于监督、考核和信息反馈的基础数据，也是企业目标责任制分解的依据和全面提高企业现代化管理水平的保证。

按上述分类计算和确定的标准数据，必须依据工程建设标准化体系中有关国家标准和行业（主管部门）标准中的标准数据为前提，结合本企业具体测定的原始数据加以制定。它是国家宏观调控资源配置和技术、质量等高科技成果转化为国家、行业标准数据的具体体现和补充。为此，按标准数据使用性质与范围划分的上述三类标准中的数据，必须随着本企业科技进步、管理创新和国家宏观调控范围的广度和力度的扩大，进行不断地修订和补充。

B　按编制标准数据的对象划分

按基础定额标准数据编制的对象划分，可分为以单位产品为对象的标准数据和以劳动过程为对象的标准数据。

（1）以单位产品（或假定产品）为对象的标准数据，是指在不同类别的单位产品（如建筑单位产品、安装单位产品和建筑装饰装修单位产品）施工生产中，依据各类单位产品不同的人工、材料和机械台班等资源消耗数量，结合施工生产的技术组织和正常施工条件以及各类影响因素，计算和确定的标准数据。它是编制不同类别单位产品工时消耗、材料消耗和台班消耗标准的基础数据，是计算和确定劳动与机械时间定额、产量定额以及材料净用量和合理损耗量的依据。这类标准数据在定额中适用量大、面广，是基础定额指标数值的主体内容。

（2）以劳动过程为对象的标准数据，是指生产制造单位产品时，以劳动者利用劳动资料，作用于不同的劳动对象，经现场测定、计算、确定的标准数据。按劳动过程可以分为工序、操作、动作和动素等标准数据。

1）工序标准数据。工序标准数据是指以各类单位产品中的工序为对象所确定的劳动时间标准和资源消耗的数量标准。它反映完成某一工序产品（或称假定产品）的全部工时消耗（即按时间定额组成与因素调整后的时间）和资源配置消耗标准。在确定工序标准数据时，一定要写明是在什么样的施工技术和施工组织条件下确定的。工序标准数据是编制工序定额的基础，也是确定基础定额中以工作过程编制单项定额和以施工过程编制综合定额的重要基础或依据。

2）操作标准数据。操作是完成某一产品工序的重要组成部分，它是施工动作的综合。操作标准数据是以工序中的一个或若干个操作为对象所确定全部工时消耗和各类资源配置消耗的标准。这类标准数据是确定工序标准数据的基础或依据。

3）动作标准数据。动作是完成某一操作的重要组成部分，是接触劳动对象如材料、构件等举动或动素的综合。以操作中的若干个动作为对象所确定的标准数据，同样是确定操作标准数据的基础或依据。

4）动素标准数据。动素是完成某一动作所表现出的细微举动，它是施工工序、操作乃至动作中最小的，但是可以测量的细微举动。因此，如前所述，正确运用吉氏夫妇的动素分析法，同样可以获得构成施工动作中，虽是瞬间的或称“闪时”的工时消耗，但经优化处理后即会形成所需的动素标准数据。这类标准数据，可以说是制订科学定额时间标准，即工序、操作、动作乃至任何施工过程，包括工作过程、综合工作过程和循环与非循环施工过程在内的，最具科学性的基础数据。

C 按标准数据的形式与内容划分

在通常情况下，形式与内容既可以是统一的，也可以有所不同，定额标准数据是定额形式与内容相一致的体现。因此，从形式与内容划分，可分为图表标准数据、时间标准数据、产量标准数据和材料资源消耗标准数据。

(1) 图表标准数据。图表标准数据是指以绘制各种不同类型的图（如坐标图、横道图、数示图等）和表（如因素整理表、消耗量表、定额节表等）的形式，反映各种影响因素和资源配置变化规律与内容，所形成和计算的标准数据，图表数据的取得和确定，需要经过加工、整理、调整和计算等确认过程，才能成为定额标准所需要的标准数据。

(2) 时间标准数据。时间标准数据是指用来确定完成某一单位合格产品所需工时消耗和机械台班工时消耗标准的数值，从工人工作时间和机械工作时间分类的角度，定额时间标准是按照人工或机械各自的定额时间组成内容，经工时评定、工时宽放和疲劳分析等调整加以确认的。劳动与机械时间消耗标准，是编制劳动时间定额或机械台班时间定额的重要依据，也是计算和确定劳动产量、机械台班产量定额的重要基础。时间标准数据是构成基础定额各项资源合理配置指标数值的综合体现。

(3) 产量标准数据。产量标准数据是指在单位时间标准内，劳动者（或劳动者与施工机械配合）完成某种合格产品数量的标准数值。产量标准数据的取得和确定，是以劳动者或机械（人—机）台班各自的单位时间标准为前提，在分别查明人工或不同类型机械种类、性能的效率基础上加以计算和认定的。它是科学的资源配置量和企业劳动、机械设备生产效率的反映，产量标准数据同样是编制机械（人—机）台班时间定额的重要依据，是确定产量时间定额与劳动产量定额互为倒数关系的基础数据。产量标准数据同样是构成基础定额各项资源合理配置指标数值的综合体现。

(4) 材料资源消耗标准数据。材料资源消耗标准数据是指完成某一单位合格产品（或假定产品），在材料资源符合产品质量要求的条件下，所必须消耗的各种材料、燃料等的标准数值。这类标准数据的取得和确认，既应包括各种材料资源对单位合格产品所需净用量数值，也必须包括材料资源合理损耗量数值。它是施工生产要素材料合理配置的反映，是编制材料资源消耗定额的重要依据，也是构成基础定额各项材料资源消耗指标数值的综合体现。

总之，对定额标准数据作上述分类的目的就在于：无论是在取得定额数据资料的初始阶段，还是依据数据资料加以确认后的数据，一经审批作为统一规定，纳入基础定额即成为必须共同遵守的标准数据，成为应用与管理的准则和依据；定额标准数据是在定性分析后所形成的一种量化指标或标准，是经过科学测定、调整，符合现有生产力水平的数据，在企业定额标准化活动的过程中，无论是管理层还是作业层都必须建立起标准数据是统一规定的概念。建立起这样的观念，才能增强贯彻与执行定额指标的严肃性与权威性。

工程定额的标准数据，可以说是定额编制、修订的重要组成内容，它是建立在施工动作与时间优化研究基础上的一种应用技术，是动作与时间优化研究成果的反映。标准数据是以应用技术与日常有关原始定额数据的积累为前提的，所以在现代企业定额管理中建立起以电子计算机为手段的定额标准数据库，显得尤为重要。标准数据的建立是强化基础定额日常管理的需要，它对分析、研究工时消耗以及材料设备等资源消耗合理配置和提高定额管理工作效率是大有好处的。由于日常原始数据的积累与完善，就会减少大量的现场测定时间，分析原因与修订原指标数据也就有了较好的基础；标准数据的建立有助于观念更新，使产品生产以最少的资源投入，获得最佳产出效率与效益具有了指标保证。因此，在施工生产与经营管理的运作应用中，标准数据的实质，就是构成基础定额不同表现形式（如时间定额与产量定额）的“统一规定”。所以，标准数据的建立与应用，是提高企业各项管理水平，建立经营目标责任制，实现企业标准规范化管理的重要基础和前提。重视标准数据的日常管理与积累，不断地将标准数据通过基础定额指标数值管理，转化为生产力，是企业实现战略目标不可缺少的一种基础性管理。

3.1.5.3 标准数据的确定方法

A 经验估工法

经验估工法，亦称经验估计法。是在没有任何资料可供参考的情况下，由定额技术员和具有较丰富施工经验的工程技术人员、技术工人，共同根据各自的施工实践经验结合现场观察和图纸分析，考虑设备、工具和其他的施工组织条件，直接估算、拟定定额指标的一种方法。

运用这种方法测定定额，一般以施工工序（或单项产品）为测定对象，将工序细分为若干个操作，然后分别估算出每一操作所需定额时间（即基本工作时间、辅助工作时间、准备与结束时间、休息时间和不可避免的中断时间等）。再经过各自的综合整理，在充分讨论、座谈的基础上，将整理结果予以优化处理，拟出该工序（或单项产品）的定额指标。

所谓优化处理是指对提出的指标数据，按正常施工条件下计算的先进值、平均值和保守值等几种不同水平，通过数学计算求出平均先进值，作为定额水平确定下来。

经验估工法的优点是简便易行，测定工作量小，速度快，减少测定环节，缩短时间。它的缺点是精确程度较差，受估算人员施工经验和水平限制，易出现偏高或偏低的现象，估工中存在一定的主观片面性；适用范围较小，一般仅限于次要定额项目或定额缺项，临时性或一次性定额使用，以及不易计算工作量的零星工程。对常用的主要定额项目的测定不应采用此法。

值得指出的是此种方法之所以能升华为理论，是因为任何一种切实可行的方法均来源于实践。此种方法同样是在实践经验的基础上，通过理性思维形成的系统化了的理性认识，是在反复的施工实践中形成，又用于指导实践，因此，对经验估工法应有一个科学的认识。正因为此种方法具有很强的实践性和群众性，在上述适用范围内尤为适用且简便易行，才得以推广。

B 类推比较法

类推比较法是以某种同类型或相似类型的产品或工序的典型定额资料为依据，经过分析比较，类推出同一组定额中相邻项目定额水平的方法。

采用类推比较法测定所需定额指标时，其特点是要求进行比较的定额项目之间必须是相似的或同类型的，具有明显的可比性，如缺乏可比性就不能采用此法。

类推比较法的优点是可以做到及时，质量较高，有一定的技术依据和标准，具有较好的准确性和平衡性。其缺点是由于依据同类型或相似类型的典型定额资料进行类推比较，难免要受原典型定额水平、技术依据的限制，影响工时标准的质量和精度。类推比较法多在原定额缺项或补充定额时使用，并可以较长时间地使用。

采用类推比较法测定定额时，常用方法有两种：

(1) 比例推算法。比例推算法是以某一典型定额项目的数据为基数，通过比例关系推算或根据统计资料分析，求得同一组定额中相邻项目指标水平。

比例推算法可运用已确定的比例关系制表计算，其计算公式：

$$T = Pt$$

式中 T——类推比较相邻定额项目间的工时标准；

P——比例关系值；

t——典型定额项目的工时标准。

如：人工挖地槽，在已知一类土典型定额工效数据时，要求类推出二、三、四类土定额项目的工时标准，可运用上式推算，见表3－1。

表3－1 人工挖地槽时定额确定表 （工日/m^3）

项 目	比例关系值	挖地槽深度在1.5m以内			备 注
		上口宽度为 x (m) 时			
		$x \leq 0.8$	$0.8 < x \leq 1.5$	$1.5 < x \leq 3$	
一类土	1.00	0.133	0.115	0.106	
二类土	1.43	0.190	0.164	0.154	
三类土	2.50	0.333	0.286	0.270	
四类土	3.76	0.500	0.431	0.400	

注：表中二、三、四类土的比例关系值是根据技术测定数据或统计资料确定的。

(2) 坐标图解法。坐标图解法是利用坐标图从坐标轨迹中解出所需的全部项目的定额数据标准。其原理是以坐标图解画出其函数变化的坐标曲线（轨迹点）来找出数值代替计算。

如：测定冲床安装，已知典型定额资料为安装2t冲床实用工时为2.5工日/t；安装12t冲床实用工时为2.46工日/t，据此资料，运用坐标图解法求得相邻项目工时消耗标准。

据已知条件为点作图，见图3－2。

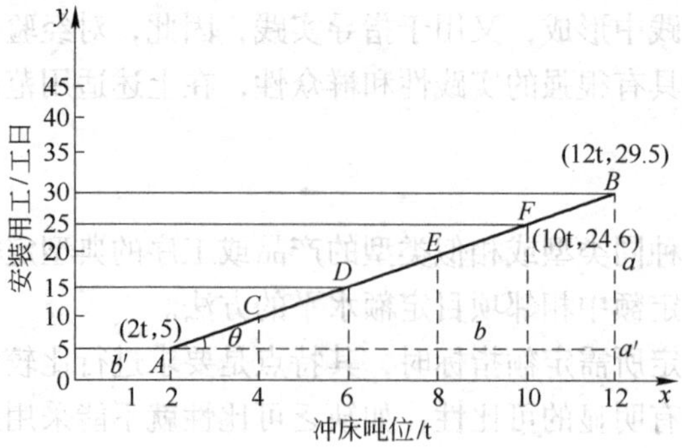

图3－2 工时消耗曲线

从图中的坐标曲线即可查出所需要的同一组相邻项目的工时消耗标准，见表3－2。

表3－2 MZ5－20冲床相邻项目安装时间定额

项 目	单位	冲床安装/t					
		2	4	6	8	10	12
冲床 MZ5－20	工时	5.00	9.90	14.80	19.70	24.60	29.50

C 统计计算法

统计计算法是依据过去生产同类产品各工序的实际工时或产量的统计资料，在统计分析和整理的基础上，考虑技术组织措施，测定出定额指标的方法。

统计计算法的优点是简单易行，工作量小，只要对过去的统计资料加以分析、整理就可以计算出定额指标。统计资料较多，又能密切统计人员与定额人员的业务关系，能使原始记录正常地反映实际情况。但是，由于过去的统计资料、原始记录的准确程度较差，利用这些资料不可避免地容易受到过去不正常因素的影响，使测定、计算的定额指标失真。因此，它的适用范围，也只适用于某些次要的定额项目，以及某些无法进行技术测定的项目。为了弥补这种方法的缺点，在采用统计计算法时，应注意以下几点：

(1) 必须具有真实的、系统的、完整的统计资料。统计资料是统计计算法的基础，没有统计资料固然无从计算，但即使有统计资料，而资料不真实、不系统、不完整，也不能据以为凭。虚假的和片断的资料不能真实地反映生产力的状况，反而引起一系列的不良后果，达不到测定定额的目的。

(2) 统计资料应以单项统计资料和实物效率统计为主。只有和定额项目一致的单项统计资料，才是可以利用的资料。实物效率统计，一般是指以施工工程的自然、物理为计量单位，对施工过程中的各种工程实体完成数量的统计。如：土方工程，以 m^3 为单位，计算出（统计出）不同等级的工人在单位时间内完成的土方量效率。因为，只有实物效率统计才能避免受价格等因素的影响，达到真实地反映劳动消耗量的目的。

(3) 选择统计对象要全面。一般来说，一项统计资料只能反映该企业或该企业内某一施工队组在统计期内的工作效率。因此，在选择统计对象时，既要避免把少数工作情况不好又不具有代表性的企业或企业内施工队组的情况作为测定定额的依据，也要避免单纯选择少数好的或生产条件特别优越的企业或施工队组的情况作为测定定额的依据。正确的选择应该是以能代表企业或施工队平均先进的施工水平。为了比较、平衡，需要时也可以选择1～2个先进的和较落后的统计资料，作为选择的对象。

(4) 统计计算法应该和经验估计法配合使用。为保证测算定额的质量，利用统计计算法测出的定额，应在企业或施工队组内经群众讨论的基础上，最后修改定案。

在取得统计资料之后，运用统计计算法计算出3个值，即平均值、平均先进值和最优值（先进值），然后供确定定额水平时选择。所谓平均值，是指以普遍达到的数值，进行加权平均所得的数值；平均先进值，是指以平均值为标准（含平均值），再将比平均值先进的各数值选出，再一次加权平均所得的数值；最优值，是指单位产品工时消耗量最少的数值。

现举例说明平均先进值的计算。

如：某工程施工队的木工班，某日完成钉板条顶棚的实物量统计资料见表3－3。试计算平均值、平均先进值和最优值。

表3－3 钉板条顶棚的实物量统计表

项目＼班组	单位	一组	二组	三组	四组	五组	六组
产　量	m^2	105	110	145	185	149	694
实际用工量	工分	1050	990	1160	1295	1192	5687
单位产品用工数	工分	10	9	8	7	8	8.2

根据上述统计资料，可先计算平均值，即

$$\bar{x}=\frac{\sum xf}{\sum f}=\frac{5687}{694}=8.1945\ 工分/m^2$$

式中，$\bar{x}$ 为加权算术平均值。

$$平均先进值=\frac{1160+1295+1192+5687}{145+185+149+694}=\frac{9334}{1173}=7.957\ 工分/m^2$$

$$最优值=\frac{1295}{185}=7\ 工分/m^2$$

D 技术测定法

技术测定法是以施工现场观察为特点，依据施工过程的性质和内容，在对施工技术组织条件分析和操作方法合理化的基础上，采用不同的技术方法取得测定定额数据的一种方法。

技术测定法的优点是重视对施工技术组织条件和操作方法的分析，容易发现工时、材料消耗等不合理因素和浪费现象，使数据的分析和计算具有一定的科学技术依据。此外，由于采用比较统一的衡量标准，测定数据比较准确，并能做到工种与工种之间定额水平的平衡。采用技术测定法制定技术定额，对施工企业管理的各项基础工作提出了更高的要求，从而促进企业提高管理水平。它的缺点是工作量大，技术较为复杂，目前普遍推广有一定困难。但是为了保证定额的质量，对于那些工料消耗量比较大的定额项目和工程量比较大的定额项目，应该首先考虑采用技术测定法，然后创造条件逐步推广，以避免产生落后于实际生产力水平的陈腐定额。此种方法适用范围较广，工时、材料和机械台班等主要定额项目的测定，均可采用此种方法。

运用技术测定法取得定额数据的常用方法有现场测时、写实记录、工作日写实、摄影、录像等技术手段，然后再进行动作优化和时间衡量，确定出工时、材料等消耗的合理数值。

运用上述4种方法测定劳动定额时，应该依据各种方法的优缺点和适用范围，结合被测定对象的具体要求有针对性地选择为宜。当然，为了提高定额数据的准确程度，往往也需要配合使用。但无论选用哪种测定方法，均需从施工实际出发，必须健全原始记录，做好日常的分析工作。在进行对比分析时应尽可能抓住主要影响因素，充分考虑到提高劳动生产率和挖掘施工潜力的可能性。每当定额数据确定后，应交群众进行充分讨论，反复修改。严格审批程序，经过审查平衡后，批准施行。

3.2 建筑装饰装修工程施工定额

3.2.1 施工定额概述

3.2.1.1 施工定额的概念

施工定额是指正常的施工条件下，以同一性质的施工过程为标定对象而规定的完成单位合格产品所需消耗的劳动力、材料、机械台班使用的数量标准。施工定额是直接用于施工管理中的一种定额，是建筑安装企业的生产定额，也是施工企业组织生产和加强管理，在企业内部使用的一种定额。

3.2.1.2 施工定额的组成

为了适应组织施工生产和管理的需要，施工定额的项目划分很细，是建筑工程定额中分项最细、定额子目最多的一种定额，也是建筑工程定额中的基础性定额。在预算定额的编制过程中，施工定额的人工、材料、机械台班消耗的数量标准，是编制预算定额的重要依据。施工定额由劳动定额、材料消耗定额和机械台班使用定额三个相对独立的部分组成。

3.2.1.3 施工定额的作用

施工定额的作用如下：

(1) 施工定额是企业编制施工组织设计、施工作业计划、资源需求计划的依据。建筑施工企业编制施工组织设计，全面安排和指导施工生产，确保生产顺利进行，确定工程施工所需人工、材料、机械等的数量，必须借助于现行的施工定额；施工作业计划是施工企业进行计划管理的重要环节，它可对施工中劳动力的需要量和施工机械的使用进行平衡，同时又能计算材料的需要量和实物工程量等。所有这些工作，都需要以施工定额为依据。

(2) 施工定额是编制单位工程施工预算，加强企业成本管理和经济核算的依据。根据施工定额编制的施工预算，是施工企业用来确定单位工程产品中的人工、材料、机械和资金等消耗量的一种计划性文件。运用施工预算，考核工料消耗，企业可以有效地控制在生产中消耗的人力、物力，达到控制成本、降低费用开支的目的。同时，企业可以运用施工定额进行成本核算，挖掘企业潜力，提高劳动生产率，降低成本，在招、投标竞争中提高竞争力。

(3) 施工定额是衡量企业工人劳动生产率，贯彻按劳分配推行经济责任制的依据。

施工定额中的劳动定额是衡量和分析工人劳动生产率的主要尺度。企业可以通过施工定额实行内部经济承包，签发包干合同，衡量每一个施工队；计算劳动报酬与奖励，奖勤罚懒，开展劳动竞赛，制定评比条件，调动劳动者的积极性和创造性，促使劳动者超额完成定额所规定的合格产品数量，不断提高劳动生产率。

（4）施工定额是编制预算定额和单位估价表的基础。建筑工程预算定额是以施工定额为基础编制的，这就使预算定额符合现实的施工生产和经营管理的要求，使施工中所耗费的人力、物力能够得到合理的补偿。当前建筑工程施工中，由于应用新材料、采用新工艺而使预算定额缺项时，就必须以施工定额为依据，制定补充预算定额和补充单位估价表。

从上述作用可以看出，编制和执行好施工定额并充分发挥其作用，对于促进施工企业内部施工组织管理水平的提高，加强经济核算，提高劳动生产率，降低工程成本，提高经济效益，具有十分重要的意义，它对编制预算定额等工作也具有十分重要的作用。

3.2.1.4 施工定额的编制原则

施工定额的编制原则如下：

（1）平均先进原则。平均先进水平是指在正常的施工条件下，大多数施工队组和生产者经过努力能够达到和超过的水平。这种水平使先进者感到一定压力，使处于中间水平的工人感到定额水平可望可即，对于落后工人不迁就，使他们认识到必须花大力气去改善施工条件，提高技术操作水平，珍惜劳动时间，节约材料消耗，尽快达到定额的水平。所以平均先进水平是一种可以鼓励先进，勉励中间，鞭策落后的定额水平，是编制施工定额的理想水平。

（2）简明适用性原则。定额简明适用就是指定额的内容和形式要方便于定额的贯彻和执行。简明适用性原则，要求施工定额内容要能满足组织施工生产和计算工人劳动报酬等多种需要。同时，又要简单明了，容易掌握，便于查阅、计算和携带。

（3）以专家为主编制定额的原则。编制施工定额要以专家为主，这是实践经验的总结。施工定额的编制要求有一支经验丰富、技术与管理知识全面、有一定政策水平的稳定的专家队伍。贯彻以专家为主编制施工定额的原则，必须注意走群众路线。因为广大建筑安装工人是施工生产的实践者又是定额的执行者，最了解施工生产的实际和定额的执行情况及存在问题，要虚心向他们求教。

（4）独立自主的原则。施工企业作为具有独立法人地位的经济实体，应根据企业的具体情况和要求，结合政府的技术政策和产业导向，以企业盈利为目标，自主地制定施工定额。贯彻这一原则有利于企业自主经营，有利于执行现代企业制度，有利于施工企业摆脱过多的行政干预，更好地面对建筑市场竞争的环境，也有利于促进新的施工技术和施工方法的采用。

3.2.2 劳动定额

3.2.2.1 劳动定额的概念

劳动定额又称人工定额，是指在正常施工技术和合理劳动组织条件下，完成单位合格产品所必需的劳动消耗量标准。这个标准是国家和企业对工人在单位时间内完成产品的数量和质量的综合要求。

3.2.2.2 劳动定额的表现形式

按其表现形式的不同，劳动定额可以分为时间定额和产量定额两种，采用分式表示时，其分子为时间定额，分母为产量定额。

A 时间定额

时间定额是指在一定的生产技术和生产组织条件下，某工种、某种技术等级的工人班组或个人，完成符合质量要求的单位产品所必需的工作时间。包括工人的有效工作时间（准备与结束时间、基本工作时间、辅助工作时间），不可避免的中断时间和工人必需的休息时间。

时间定额以工日为单位，每个工日工作时间按现行制度规定为8h，可按下式计算：

单位产品时间定额(工日)=1/每工产量

或　　单位产品时间定额（工日）=小组成员工日数综合/台班产量

B 产量定额

产量定额是指在一定的生产技术和生产组织条件下，某工种、某种技术等级的班组或个人，在单位时间内（工日）应完成合格产品的数量。可按下式计算：

每工产量=1/单位产品时间定额

或　　台班产量=小组成员工日数综合/单位产品时间定额（工日）

从时间定额和产量定额的概念和计算式可以看出，两者互为倒数关系，即：

时间定额=1/产量定额

时间定额和产量定额，是劳动定额的两种不同的表现形式。但是，它们有各自的用途。时间定额，以工日为单位，便于计算分部分项工程的工日需要量，计算工期和核算工资。因此，劳动定额通常采用时间定额进行计量。产量定额是以产品的数量进行计量，用于小组分配产量任务，编制作业计划和考核生产效率。

3.2.2.3 工作时间分析

工作时间的分析，是将劳动者整个生产过程中所消耗的工作时间，根据其性质、范围和具体情况进行科学划分、归类，明确规定哪些属于定额时间，哪些属于非定额时间，找出时间损失的原因，以便拟定技术组织措施，消除产生非定额时间的因素，以充分利用工作时间，提高劳动生产率。

对工作时间的研究和分析，可以分为工人工作时间和机械工作时间两个系统进行。

A 工人工作时间

工人在工作班内消耗的工作时间，按其消耗的性质，基本可以分为两大类：定额时间（必须消耗的时间）和非定额时间（损失时间），如图3-3所示。

a 定额时间

定额时间是工人在正常施工条件下，为完成一定产品（工作任务）所消耗的时间。它包括有效工作时间、休息时间和不可避免中断时间的消耗。

（1）有效工作时间。有效工作时间是指与完成产品直接有关的时间消耗。其中包括基本工作时间、辅助工作时间、准备与结束工作时间的消耗。

1）基本工作时间。指直接与施工过程的技术操作发生关系的时间消耗。如砌砖施工过程的挂线、铺灰浆、砌砖等工作时间。基本工作时间一般与工作量的大小成正比。

2）辅助工作时间。指为了保证基本工作顺利完成而同技术操作无直接关系的辅助性工作时间。例如，修磨校验工具、移动工作梯、工人转移工作地点等所需的时间。辅助工作一般不改变产品的形状、位置和性能。

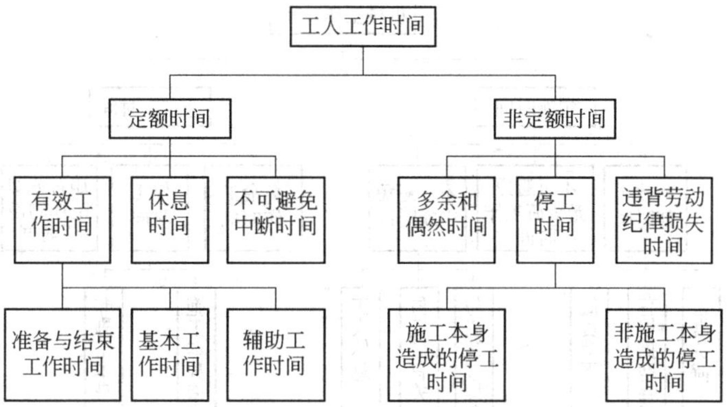

图 3-3 工人工作时间分析

3）准备与结束工作时间。指工人在执行任务前的准备工作（包括工作地点、劳动工具、劳动对象的准备）和完成任务后的整理工作时间。

（2）休息时间。休息时间是指工人在工作过程中为恢复体力所必需的短暂休息和生理需要的时间消耗。

（3）不可避免的中断时间。不可避免的中断时间是指由于施工工艺特点所引起的工作中断时间。如汽车司机等候装货的时间、安装工人等候构件起吊的时间等。

b 非定额时间

非定额时间是指和产品生产无关，而与施工组织和技术上的缺陷有关，与工人在施工过程中的个人过失或某些偶然因素有关的时间消耗，包括多余和偶然工作时间、停工时间和违反劳动纪律的损失时间。

（1）多余和偶然工作时间。指在正常施工条件下不应发生的时间消耗。如重砌质量不合格的墙体及抹灰工不得不补上偶然遗留的墙洞等。

（2）停工时间。指工作班内停止工作造成的工时损失。停工时间按其性质，可分为施工本身造成的停工时间和非施工本身造成的停工时间两种。施工本身造成的停工时间，是由于施工组织不善、材料供应不及时、工作面准备工作做得不好、工作地点组织不良等情况引起的停工时间。非施工本身造成的停工时间，是由于水源、电源中断引起的停工时间。

（3）违反劳动纪律的损失时间。指在工作班内工人迟到、早退、闲谈、办私事等原因造成的工时损失。

B 机械工作时间

机械工作时间的分类与工人工作时间的分类基本相同，也分为定额时间和非定额时间，如图 3-4 所示。

a 定额时间

定额时间包括有效工作时间、不可避免的无负荷工作时间和不可避免的中断时间。

（1）有效工作时间。有效工作时间包括正常负荷下的工作时间、有根据地降低负荷下的工作时间、低负荷下的工作时间。

1）正常负荷下的工作时间。正常负荷下的工作时间是指机器在与机器说明书规定的计算负荷相符的情况下进行工作的时间。

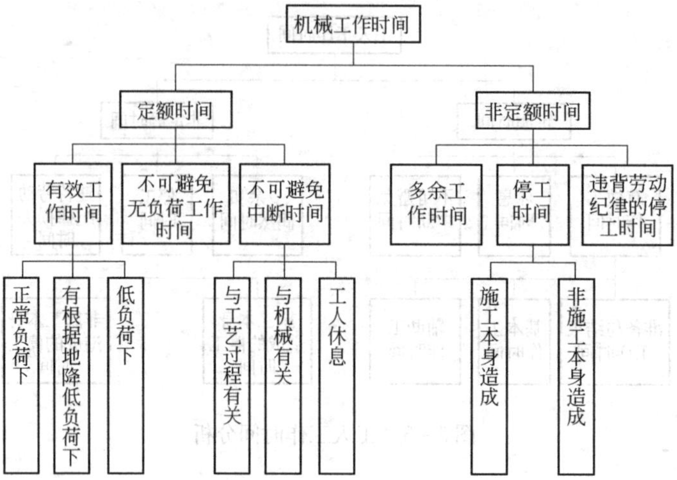

图 3-4 机械工作时间分析

2）有根据地降低负荷下的工作时间。有根据地降低负荷下的工作时间是指在个别情况下由于技术上的原因，机器在低于其计算负荷下工作的时间。例如，汽车运输重量轻而体积大的货物时，不能充分利用汽车的载重吨位因而不得不降低其计算负荷。

3）低负荷下的工作时间。低负荷下的工作时间是指由于工人或技术人员的过错所造成的施工机械在降低负荷的情况下工作的时间。例如，工人装车的砂石数量不足引起的汽车在降低负荷的情况下工作所延续的时间。

（2）不可避免的无负荷工作时间。指由施工过程的特点和机械结构的特点造成的机械无负荷工作时间。例如筑路机在工作区末端调头等。

（3）不可避免的中断时间。指与工艺过程的特点、机械使用中的保养、工人休息等有关的中断时间。如汽车装卸货物的停车时间，给机械加油的时间，工人休息时的停机时间。

b 非定额时间

（1）机械多余的工作时间。指机械完成任务时无须包括的工作占用时间。例如砂浆搅拌机搅拌时多运转的时间和工人没有及时供料而使机械空运转的延续时间。

（2）机械停工时间。指由于施工组织不好及由于气候条件影响所引起的停工时间。例如未及时给机械加水、加油而引起的停工时间。

（3）违反劳动纪律的停工时间。指由于工人迟到、早退等原因引起的机械停工时间。

3.2.2.4 劳动定额的编制方法

劳动定额是根据国家的经济政策、劳动制度和有关技术文件及资料制定的。制定劳动定额，常用的方法有四种：技术测定法、统计分析法、比较类推法、经验估计法，如图3-5所示。

A 技术测定法

技术测定法是根据生产技术和施工组织条件，对施工过程中各工序，采用测时法、写实记录法、工作日写实法和简易测定法，测出各工序的工时消耗等资料，再对所获得的资料进行科学的分析，制定出劳动定额的方法。

（1）测时法。测时法主要适用于测定那些定时重复的循环工作的工时消耗，是精确度比较高的一种计时观察法。有选择法和接续法两种。

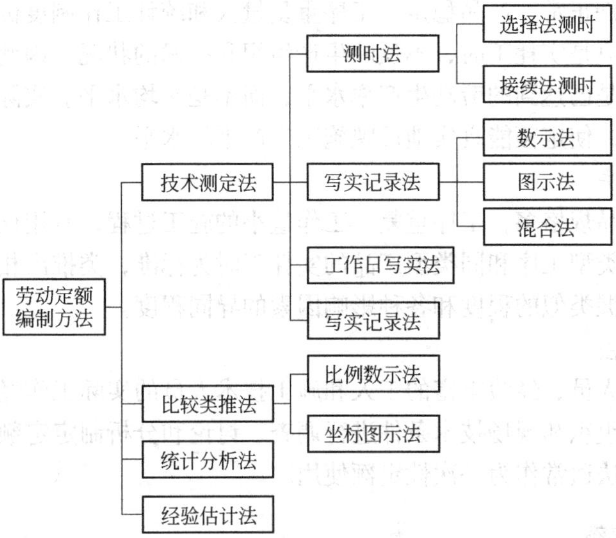

图3-5 劳动定额编制方法

（2）写实记录法。写实记录法是一种研究各种性质的工作时间消耗的方法。采用这种方法，可以获得分析工作时间消耗的全部资料。

写实记录法的观察对象，可以是一个工人，也可以是一个工人小组。写实记录法按记录时间的方法不同分为数示法、图示法和混合法三种。

数示法写实记录，是三种写实记录法中精确度较高的一种，可以同时对两个工人进行观察，观察的工时消耗，记录在专门的数示法写实记录表中。数示法用来对整个工作班或半个工作班进行长时间观察，因此能反映工人或机器工作日全部情况。

图示法写实记录，可同时对三个以内的工人进行观察，观察资料记入图示法写实记录表中。

混合法写实记录，可以同时对3个以上工人进行观察，记录观察资料的表格仍采用图示法写实记录表。填写表格时，各组成部分延续时间用图示法填写，完成每一组成部分的工人人数，则用数字填写在该组成部分时间线段的上面。

（3）工作日写实法。工作日写实法是研究整个工作班内的各种工时消耗，包括基本工作时间、准备与结束工作时间、不可避免的中断时间以及损失时间等的一种测定方法。

这种方法既可以用来观察、分析定额时间消耗的合理利用情况，又可以研究、分析工时损失的原因，与测时法、写实记录法比较，具有技术简便、费力不多、应用面广和资料全面的优点。在我国是一种采用较广的编制定额的方法。

工作日写实法，利用写实记录表记录观察资料，记录方法也同图示法或混合法。记录时间时不需要将有效工作时间分为各个组成部分，只需划分适合于技术水平和不适合于技术水平两类。但是工时消耗还需按性质分类记录。

B 统计分析法

统计分析法是把过去施工生产中的同类工程或同类产品的工时消耗的统计资料，与当前生产技术和施工组织条件的变化因素结合起来，进行统计分析的方法。这种方法简单易行，适用于施工条件正常、产品稳定、工序重复量大和统计工作制度健全的施工过程。但是，过去的记录，只是实耗工时，不反映生产组织和技术的状况。因此，在这样条件下求出的定额水平，只是已达到的劳动生产率水平，而不是平均水平。实际工作中，必须分析研究各种变化因素，使定额能真实地反映施工生产平均水平。

C　比较类推法

对于同类型产品规格多，工序重复、工作量小的施工过程，常用比较类推法。采用此法制定定额是以同类型工序和同类型产品的实耗工时为标准，类推出相似项目定额水平的方法。此法必须掌握类似的程度和各种影响因素的异同程度。

D　经验估计法

根据定额专业人员、经验丰富的工人和施工技术人员的实际工作经验，参考有关定额资料，对施工管理组织和现场技术条件进行调查、讨论和分析制定定额的方法，叫做经验估计法。经验估计法通常作为一次性定额使用。

3.2.3　材料消耗定额

3.2.3.1　材料消耗定额的概念

材料消耗定额是指在合理和节约使用材料的条件下，生产质量合格的单位产品所必须消耗的一定品种、规格的材料、半成品、构配件及周转性材料的摊销等的数量标准。

3.2.3.2　材料消耗定额的组成

材料消耗定额由两大部分所组成：一部分是直接用于建筑安装工程的材料，称为“材料净用量”；另一部分则是操作过程中不可避免产生的废料和施工现场因运输、装卸中不可避免出现的一些损耗，称为“材料损耗量”。

材料损耗量可用材料损耗率来表示，见表3－4。

表3－4　材料损耗率表

材料名称	工程项目	损耗率/%	材料名称	工程项目	损耗率/%
标准砖	基础	0.4	石灰砂浆	抹墙及墙裙	1
标准砖	实砖墙	1	水泥砂浆	抹天棚	2.5
标准砖	方砖柱	3	水泥砂浆	抹墙及墙裙	2
白瓷砖		1.5	水泥砂浆	地面、屋面	1
陶瓷锦砖	（马赛克）	1	混凝土（现制）	地面	1
铺地砖	（缸砖）	0.8	混凝土（现制）	其余部分	1.5
砂	混凝土工程	1.5	混凝土（预制）	桩基础、梁、柱	1
砾　石		2	混凝土（预制）	其余部分	1.5
生石灰		1	钢　筋	现、预制混凝土	2
水　泥		1	铁　件	成品	1
砌筑砂浆	砖砌体	1	钢　材		6
混合砂浆	抹墙及墙裙	2	木　材	门窗	6
混合砂浆	抹天棚	3	玻　璃	安装	3
石灰砂浆	抹天棚	1.5	沥　青	操作	1

材料消耗率是指材料的损耗量与材料净用量的比值，可按下式计算：

材料损耗率 = 材料损耗量/材料净用量 ×100%

材料损耗率确定后，材料消耗定额可按下式计算：

材料消耗量 = 材料净用量 + 材料损耗量

或

材料消耗量 = 材料净用量 ×(1 + 材料损耗率)

现场施工中，各种建筑材料的消耗，主要取决于材料的消耗定额。用科学的方法正确地规定材料净用量指标以及材料的损耗率，对降低工程成本、节约投资，具有十分重要的意义。

3.2.3.3 材料消耗定额的编制方法

A 主要材料消耗定额的编制方法

主要材料消耗定额的编制方法有四种：观测法、试验法、统计法和计算法。

(1) 观测法。观测法是在现场对施工过程观察，记录产品的完成数量、材料的消耗数量以及作业方法等具体情况，通过分析与计算，来确定材料消耗指标的方法。

此法通常用于制定材料的损耗量。通过现场观测，获得必要的现场资料，才能测定出哪些材料是施工过程中不可避免的损耗，应该计入定额内；哪些材料是施工过程中可以避免的损耗，不应计入定额内。在现场观测中，同时测出合理的材料损耗量，即可据此制定出相应的材料消耗定额。

(2) 试验法。试验法是在试验室里，用专门的设备和仪器，来进行模拟试验，测定材料消耗量的一种方法。如混凝土、砂浆、钢筋等，适于试验室条件下进行试验。

试验法的优点是能在材料用于施工前就测定出了材料的用量和性能，如混凝土、钢筋的强度、硬度，砂、石料粒径的级配和混合比等。缺点是由于脱离施工现场，实际施工中某些对材料消耗量影响的因素难以估计到。

(3) 统计法。统计法是以长期现场积累的分部分项工程的拨付材料数量、完成产品数量及完工后剩余材料数量的统计资料为基础，经过分析、计算得出单位产品材料消耗量的方法。统计法准确程度较差，应该结合实际施工过程，经过分析研究后，确定材料消耗指标。

(4) 计算法。有些建筑材料，可以根据施工图中所标明的材料及构造，结合理论公式计算消耗量。例如，砌砖工程中砖和砂浆的消耗量可按下式计算

$$A=\frac{2K}{\text{墙厚}\times(\text{砖长}+\text{灰缝})\times(\text{砖厚}+\text{灰缝})}$$

$$B=1-\text{砖的净用量}\times\text{标准砖体积}$$

式中 A——砖的净用量；

B——砂浆的净用量；

K——墙厚砖数（0.5，1，1.5，2，…）。

【例 3-1】 用标准砖砌筑一砖墙体，求每 1m^3 砖砌体所用砖和砂浆的消耗量。已知砖的损耗率为 1%，砂浆的损耗率为 1%，灰缝宽 0.01m。

解：

$$\text{砖的净用量}=\frac{2\times1}{0.24\times(0.24+0.01)\times(0.053+0.01)}=529.10\text{ 块}$$

$$\text{砂浆的净用量} = 1 - 529.10 \times 0.24 \times 0.115 \times 0.053 = 0.226\text{m}^3$$

$$\text{砖的消耗量} = 529.10 \times (1 + 1\%) = 534.39(\text{块})\text{，取 535 块}$$

$$\text{砂浆的消耗量} = 0.226 \times (1 + 1\%) = 0.228\text{m}^3$$

B　周转性材料消耗量的确定

周转性材料是指在施工过程中多次使用、周转的工具性材料，如挡土板、脚手架等。这类材料在施工中不是一次消耗完，而是多次使用，逐渐消耗，并在使用过程中不断补充。周转性材料用摊销量表示。

下面介绍模板摊销量的计算。

(1) 现浇结构模板摊销量的计算。现浇结构模板摊销量按下式计算：

$$\text{摊销量} = \text{周转使用量} - \text{回收量}$$

$$\text{其中，周转使用量} = \frac{\text{一次使用量} + [\text{一次使用量} \times (\text{周转次数} - 1)] \times \text{损耗率}}{\text{周转次数}}$$

$$= \text{一次使用量} \times \frac{1 + (\text{周转次数} - 1) \times \text{损耗率}}{\text{周转次数}}$$

$$\text{回收量} = \frac{\text{一次使用量} - \text{一次使用量} \times \text{损耗率}}{\text{周转次数}}$$

$$= \text{一次使用量} \times \frac{1 - \text{损耗率}}{\text{周转次数}}$$

一次使用量是指材料在不重复使用的条件下的一次使用量。

周转次数是指新的周转材料从第一次使用（假定不补充新料）起，到材料不能再使用止的使用次数。

【例 3-2】 某现浇钢筋混凝土独立基础，每 1m^3 独立基础的模板接触面积为 2.1m^2。根据计算，每 1m^2 模板接触面积需用枋板材 0.083m^3，模板周转次数为 6 次，每次周转损耗率为 16.6%，试计算钢筋混凝土独立基础的模板周转使用量、回收量和定额摊销量。

解：

$$\text{周转使用量} = \frac{0.083 \times 2.1 + 0.083 \times 2.1 \times (6 - 1) \times 16.6\%}{6} = \frac{0.319}{6} = 0.053\text{m}^3$$

$$\text{回收量} = \frac{0.083 \times 2.1 - (0.083 \times 2.1 \times 16.6\%)}{6} = \frac{0.145}{6} = 0.024\text{m}^3$$

$$\text{模板摊销量} = 0.053 - 0.024 = 0.029\text{m}^3$$

即现场浇灌每 1m^3 钢筋混凝土独立基础需摊销模板 0.029m^3。

(2) 预制构件模板摊销量的计算。预制构件模板，由于损耗很少，可以不考虑每次周转的补损率，按多次使用平均分摊的办法计算。可按下式计算：

$$\text{摊销量} = \frac{\text{一次使用量}}{\text{周转次数}}$$

3.2.4　机械台班定额

3.2.4.1　机械台班定额的概念

机械台班定额，亦称“机械台班使用定额”，它反映了施工机械在正常施工条件下，合理均衡地组织劳动和使用机械时，该机械在单位时间内的生产效率。

按其表现形式，可分为机械时间定额和机械产量定额两种。一般采用分式形式表示：分子为机械时间定额，分母为机械产量定额，见表3－5。

表3－5 机械台班定额（单位 $100m^3$）

				装车			不装车			编号
				一、二类土	三类土	四类土	一、二类土	三类土	四类土	
正铲挖土机斗容量 $/m^3$	0.5	挖土深度	1.5m以内	$\frac{0.466}{4.29}$	$\frac{0.539}{3.71}$	$\frac{0.629}{3.18}$	$\frac{0.442}{4.08}$	$\frac{0.490}{4.08}$	$\frac{0.578}{3.46}$	94
			1.5m以外	$\frac{0.444}{4.5}$	$\frac{0.513}{3.90}$	$\frac{0.612}{3.27}$	$\frac{0.422}{4.74}$	$\frac{0.466}{4.29}$	$\frac{0.563}{3.55}$	95
			2m以内	$\frac{0.400}{5.00}$	$\frac{0.454}{4.41}$	$\frac{0.545}{3.67}$	$\frac{0.370}{5.41}$	$\frac{0.420}{4.76}$	$\frac{0.512}{3.91}$	96
			2m以外	$\frac{0.382}{5.24}$	$\frac{0.431}{4.64}$	$\frac{0.518}{3.86}$	$\frac{0.353}{5.67}$	$\frac{0.400}{5.00}$	$\frac{0.485}{4.12}$	97
	1.0		2m以内	$\frac{0.322}{6.21}$	$\frac{0.369}{5.24}$	$\frac{0.420}{4.76}$	$\frac{0.290}{6.69}$	$\frac{0.351}{5.70}$	$\frac{0.420}{4.76}$	98
			2m以外	$\frac{0.307}{6.51}$	$\frac{0.351}{5.69}$	$\frac{0.398}{5.02}$	$\frac{0.285}{7.01}$	$\frac{0.334}{5.99}$	$\frac{0.398}{5.02}$	99
序号				1	2	3	4	5	6	

A　机械时间定额

机械时间定额是指在合理劳动组织和合理使用机械正常施工的条件下，完成单位合格产品所必须消耗的机械工作时间。其计量单位用“台班”或“台时”表示。

单位产品的机械时间定额（台班）=1/台班产量

由于机械必须由工人小组操作，所以完成单位合格产品的时间定额，须列出人工时间定额，即：

单位产品人工时间定额（工日）=小组成员工日数总和/台班产量

【例3－3】 斗容量 $1m^3$ 正铲挖土机挖四类土，深度在2m以内，不装车，小组成员2人，机械台班产量为4.76（定额单位是 $100m^3$），试计算其人工时间定额和机械时间定额。

解：查表3－5，编号98－(3)。

机挖 $100m^3$ 土的人工时间定额 =2/4.76 =0.42 工日

挖 $100m^3$ 土的机械时间定额 =1/4.76 =0.21 台班

B　机械产量定额

机械产量定额是指在合理劳动组织与合理使用机械正常施工的条件下，机械在单位时间（如每个台班）内应完成的合格产品数量。其计量单位，用“m^2”、“m^3”、“块”等表示。同时，也指台班内小组成员总工日内应完成合格产品的数量。

《全国建筑安装工程统一劳动定额》是以一个单机作业的定员人数（台班工日）核定

的。施工机械台班消耗定额，既是对工人班组签发施工任务书、下达施工任务、实行计件奖励的依据，也是编制机械需用量计划和作业计划、考核机械效率、核定企业机械调度和维修计划的依据。施工机械台班消耗定额是编制预算定额的基础资料。其内容是以机械作业为主体划分项目，列出完成各种分项工程或施工过程的台班产量标准。此外，还包括机械性能、作业条件和劳动组合等说明。

3.2.4.2 机械台班定额的编制方法

A 拟定正常的施工条件

拟定机械工作正常的施工条件，主要是拟定工作地点的合理组织和合理的工人编制。

工作地点的合理组织，就是对施工地点机械和材料的放置位置、工人从事操作的场所，作出科学合理的平面布置和空间安排。拟定合理的工人编制，就是根据施工机械的性能和设计能力、工人的专业分工和劳动功效，合理确定操纵机械及配合施工的工人数量。

B 确定机械纯工作一小时的正常生产率

确定机械正常生产率必须先确定机械纯工作一小时的正常劳动生产率。确定机械纯工作一小时正常劳动生产率可以分三步进行。

第一步，计算机械一次循环的正常延续时间。它等于这次循环中各组成部分延续时间之和。计算公式为：

$$\text{机械一次循环正常延续时间} = \Sigma\ \text{循环内各组成部分延续时间}$$

第二步，计算施工机械纯工作一小时的循环次数。计算公式为：

$$\text{机械纯工作一小时循环次数} = \frac{60 \times 60(\text{s})}{\text{一次循环的正常延续时间}}$$

第三步，求机械纯工作一小时的正常生产率。计算公式为：

$$\text{机械纯工作一小时正常生产率} = \text{机械纯工作一小时正常循环次数} \times \text{一次循环生产的产品数量}$$

【例 3-4】 某轮胎式起重机吊装大型屋面板，每次吊装一块，经过计时观察，测得循环一次的各组成部分的平均延续时间如下：

挂钩时的停车时间	12s
上升回转时间	63s
下落就位时间	46s
脱钩时间	13s
空钩回转下降时间	43s
合计	177s

求机械纯工作一小时的正常生产率。

解：

①机械一次循环正常延续时间 $= 12 + 63 + 46 + 13 + 43 = 177\text{s}$

②机械纯工作一小时循环次数 $= \dfrac{60 \times 60(\text{s})}{177} = 20.34$ 次

③机械纯工作一小时正常生产率 $= 20.34 \times 1 = 20.34$ 块

C 确定施工机械的正常利用系数

机械的正常利用系数是指机械在工作班内工作时间的利用率。计算公式为：

$$机械正常利用系数=\frac{工作班内机械纯工作时间}{机械工作班延续时间}$$

D 计算机械台班定额

计算机械台班定额是编制机械台班定额的最后一步。在确定了机械工作正常条件、机械一小时纯工作时间正常生产率和机械利用系数后，就可以确定机械台班的定额指标了。

施工机械台班产量定额 = 机械纯工作一小时正常生产率 × 工作班延续时间 × 机械正常利用系数

【例3-5】 上例中，机械纯工作一小时的正常生产率为20.34块，工作班8h内机械实际工作时间是7.2h，求机械台班的产量定额和时间定额。

解：

①机械正常利用系数 = 7.2/8 = 0.9

②机械台班产量定额 = 20.34 × 0.9 = 18.31块/台班

③机械台班时间定额 = 1/18.31 = 0.055台班/块

3.3 建筑装饰装修工程预算定额

3.3.1 预算定额概述

3.3.1.1 预算定额的概念

预算定额是指在正常的施工条件下，完成一定计量单位的分项工程或结构构件的人工、材料和机械台班消耗的数量标准。在工程预算定额中，除了规定上述各项资源和资金消耗的数量标准外，还规定了它应完成的工程内容和相应的质量标准及安全要求等内容。

预算定额是工程建设中一项重要的技术经济文件，它的各项指标，反映了在完成单位分项工程消耗的活劳动和物化劳动的数量限度。这种限度最终决定着单项工程和单位工程的成本和造价。

3.3.1.2 预算定额的作用

(1) 预算定额是编制施工图预算，确定和控制建筑安装工程造价的基础。施工图预算是施工图设计文件之一，是控制和确定建筑安装工程造价的必要手段。编制施工图预算，除设计文件决定的建设工程功能、规模、尺寸和文字说明是计算分部分项工程量和结构构件数量的依据外，预算定额是确定一定计量单位工程分项人工、材料、机械消耗量的依据，也是计算分项工程单价的基础。因此，预算定额对建筑安装工程直接费影响很大。依据预算定额编制施工图预算，对确定建筑安装工程费用会起到很大的作用。

(2) 预算定额是对设计方案进行技术经济比较、技术经济分析的依据。设计方案在设计工作中居于中心地位。设计方案的选择要满足功能，符合设计规范。既要技术先进又要经济合理。根据预算定额对方案进行技术经济分析和比较，是选择经济合理设计方案的重要方法。对设计方案进行比较，主要是通过定额对不同方案所需人工、材料和机械台班消耗量，材料重量、材料资源等进行比较。这种比较可以判明不同方案对工程造价的影响；材料重量对荷载及基础工程量和材料运输量的影响，因此而产生的对工程造价的影响。

(3) 预算定额是施工企业进行经济活动分析的依据。实行经济核算的根本目的，是用经济的方法促使企业在保证质量和工期的条件下，用较少的劳动消耗取得大量的经济效果。在目前预算定额仍决定着企业的收入，企业必须以预算定额作为评价企业工作的重要标准。企业可根据预算定额，对施工中的劳动、材料、机械的消耗情况进行具体的分析，以便找出低工效、高消耗的薄弱环节及其原因。为实现经济效益的增长由粗放型向集约型转变，提供对比数据，促进企业提高在市场上竞争的能力。

（4）预算定额是编制标底、投标报价的基础。在深化改革中，在市场经济体制下预算定额作为编制标底的依据和施工企业报价的基础性的作用仍将存在，这是由于它本身的科学性和权威性决定的。

（5）预算定额是编制概算定额和概算指标的基础。概算定额和概算指标是在预算定额基础上经综合扩大编制的，也需要利用预算定额作为编制依据，这样做不但可以节省编制工作中大量的人力、物力和时间，收到事半功倍的效果，还可以使概算定额和概算指标在水平上与预算定额一致，以避免造成执行中的不一致。

3.3.1.3　建筑装饰工程预算定额的组成内容

建筑装饰工程预算定额是在实际应用过程中发挥作用的。要正确应用预算定额，必须全面了解预算定额的组成。

为了快速、准确地确定各分项工程（或配件）的人工、材料和机械台班等消耗指标及金额标准，需要将建筑装饰工程预算定额按一定的顺序，分章、节、项和子目汇编成册。

建筑装饰工程预算定额总的内容，由定额目录、总说明（项）工程说明及其相应的工程量计算规则和方法、分项工程定额项目表和有关的附录（附）等组成。

A　定额总说明

建筑装饰工程预算定额总说明，主要概述了建筑装饰工程预算定额的适用范围、指导思想及编制目的和作用；预算定额的编制原则，主要依据上级下达的有关定额修编文件精神；使用本定额必须遵守的规则及本定额的适用范围；定额所采用的材料规格、材质标准、允许换算的原则；定额在编制过程中已经考虑的因素及未包含的内容；各分项工程定额的共性问题和有关统一规定及使用方法。

B　分部工程及其使用说明

分部工程在建筑装饰工程预算定额中，称为“章”。它是将单位工程中性质相近、材料大致相同的施工对象结合在一起。目前，各专业部或省、市、自治区的现行建筑装饰工程预算定额，是根据本地区（本系统）建筑装饰行业的实际情况，将装饰单位工程按其性质不同、部位不同、工种不同和使用材料不同等因素，划分成若干分部工程（章）。例如，某部现行全国室内装饰工程预算划分为 21 个分部工程（章），即脚手架工程、天棚工程、木作工程、油漆工程、墙与柱面工程、楼地面工程、楼梯扶手工程、卫生器具工程、铝合金门窗工程、管道工程、栓类阀门工程、供暖器具工程、防锈工程、保温工程、电气工程、室内弱电工程、室内通信工程、音响及灯管工程、制冷和空调及通风工程、园林装饰与古典建筑装饰工程。

分部工程说明是预算定额的重要组成内容，它详细地介绍了该分部工程所包含的定额项目和子目数量、分部工程各项定额项目工程量计算方法、分部工程内综合的内容及允许换算和不得换算的界限及特殊规定，以及适用本分部工程允许增减系数范围的规定。

C　定额项目表

分项工程（或配件、设备）在建筑装饰工程预算定额中，称为“节”。它是将分部工程又按装饰工程性质、工程内容、施工方法和使用材料不同等因素，划分成若干分部工程。例如，某省现行建筑装饰工程预算定额中的铝合金分部工程，划分为铝合金门、铝合金窗、铝合金门窗安装、铝合金间壁墙、玻璃幕墙和铝合金卷帘门窗制作安装等七个分项工程。分项工程在定额中的编号，采用括号汉字小写号码（一），（二），（三）…顺序排列和采用阿拉伯数字1，2，3…顺序排列。

分项工程（节）以下，又按建筑装饰工程构造、使用材料和施工方法不同等因素，划分成若干项目。如上例中的铝合金窗（白色）分项工程，划分为单扇平开窗、双向平开窗、双扇推拉窗、三扇推拉窗、四扇推拉窗、固定窗和橱窗七个项目。

项目以下，还可以按建筑构造、材料种类和规格及连接不同，再细划分为若干子项目。例如，上例中的铝合金橱窗项目，划分为单面玻璃、双面玻璃等四个子项目。子项目在预算定额中的编号，也用阿拉伯数字1，2，3…顺序排列。

定额项目表，就是以分部工程归类，又以不同内容划分的若干分项工程子项目排列的定额项目表。它主要由分节说明（工程内容）、子项目栏和附注等内容组成。

定额项目表的分节说明（工程内容）列于表的左上方，它着重说明定额项目包括的主要工序。例如，铝合金窗（白色）分项工程项目表左上方列有的分节说明，包括型材矫正、放样下料、切割断料、铝孔组装、半成品运输、现场搬运、安装框扇、校正、安装玻璃及配件、周边塞口和清扫等工序。

定额项目表的右上方，列有定额建筑装饰产品的计量单位。例如，铝合金窗（白色）定额项目表的右上方计量单位为100m^{2}框外围面积。

定额项目表的各栏，是分项工程（或配件、设备）的子项目排列。在子项目栏内，列有完成定额单位产品所必需的人工（按技工、普通工分列）、材料（按主要材料或成品半成品、辅助材料和次要材料顺序分裂）和机械台班（按机械类别、型号和台班数量分列）的“三量”消耗指标。

定额项目表的下方，一般列有辅助内容。有些辅助内容带有补充定额性质，以便进一步说明各子项目的适用范围或有出入时如何进行换算调整。

D 定额附录

建筑装饰工程预算定额的附录，各地区编入的内容不尽相同，一般包括装饰工程材料预算价格参考表、施工机械台班费用参考表、装饰定额配合比表、某些建筑装饰材料用料参考表和工程量计算表以及简图等。上述附录资料，可作为定额换算和制定补充定额的基本依据以及施工企业编制作业计划和备料的参考资料。

3.3.2 建筑装饰工程预算定额的编制

3.3.2.1 建筑装饰工程预算定额的编制依据

（1）现行的设计规范、施工质量验收规范、质量评定标准及安全技术操作规程等。

（2）现行的全国统一劳动定额、材料消耗定额、机械台班定额和现行的预算定额。

（3）通用的标准图集和定型设计图样及有代表性的设计图样。

（4）新技术、新结构、新材料和先进施工经验等资料。

（5）有关技术测定和统计资料。

（6）地区现行的人工工资标准、材料预算价格和机械台班价格。

3.3.2.2 建筑装饰工程预算定额的编制原则

为保证预算定额的质量，充分发挥预算定额的作用，使之在实际使用中简便、合理、有效，在编制工作中应遵循以下原则：

（1）按社会平均水平确定预算定额的原则。预算定额是确定和控制建筑安装工程造价的主要依据。它必须遵照价值规律的客观要求，即按生产过程中所消耗的社会必要劳动时间确定定额水平。即按照“在现有的社会正常的生产条件下，在社会平均的劳动熟练程度和劳动强度下制造某种使用价值所需要的劳动时间”来确定定额水平。因此，预算定额的平均水平，是在正常的施工条件、合理的施工组织和工艺条件、平均劳动熟练程度和劳动强度下，完成单位分项工程所需的劳动时间。

预算定额的水平以施工定额水平为基础。二者有着密切的联系，但是预算定额绝不是简单地套用施工定额的水平。首先，这里要考虑预算定额中包含了更多的可变因素，需要保留合理的幅度差。如人工幅度差、机械幅度差、材料的超运距、辅助用工及材料堆放、运输、操作损耗和由细到粗综合后的量差等。其次，预算定额是平均水平，施工定额是平均先进水平。因此，两者相比预算定额水平要相对低一些。

（2）简明适用原则。编制预算定额贯彻简明适用原则是对执行定额的可操作性便于掌握而言的。为此，编制预算定额时，对于那些主要的、常用的、价值量大的项目，分项工程划分宜细。次要的、不常用的、价值量相对较小的项目则可以放粗一些。同时要注意合理确定预算定额的计量单位，简化工程量的计算，尽可能避免同一种材料用不同的计量单位，以及尽量少留活口减少换算工作量。

（3）坚持统一性和差别性相结合原则。所谓统一性，就是从培育全国统一市场规范计价行为出发，计价定额的制定规划和组织实施由国务院建设行政主管部门归口，并负责全国统一定额制定或修订，颁发有关工程造价管理的规章制度办法等。所谓差别性，就是在统一性基础上，各部门和省、自治区、直辖市主管部门可以在自己的管辖范围内，根据本部门和地区的具体情况，制定部门和地区性定额、补充性制度和管理办法，以适应我国幅员辽阔、地区间部门间发展不平衡和差异大的实际情况。

3.3.2.3 建筑装饰工程预算定额的编制程序

（1）制定预算定额的编制方案。包括建立编制定额的机构；确定编制进度；确定编制定额的指导思想、编制原则；明确定额的作用；确定定额的适用范围和内容等。

（2）划分定额项目，确定工程的工作内容。预算定额项目的划分是以施工定额为基础，进一步考虑其综合性。应做到项目齐全、粗细适度、简明适用；在划分定额项目的同时，应将各个工程项目的工作内容范围予以确定。

（3）确定各个定额项目的消耗指标。定额项目各项消耗指标的确定，应在选择计量单位、确定施工方法、计算工程量及含量测算的基础上进行。

1）选择定额项目的计量单位。预算定额项目的计量单位应使用方便，有利于简化工程量的计算，并与工程项目内容相适应，能反映分项工程最终产品形态和实物量。计量单位一般应根据结构构件或分项工程形体特征及变化规律来确定。

2）确定施工方法。施工方法是确定建筑工程预算定额项目的各专业工种和相应的用工数量，各种材料、成品或半成品的用量，施工机械类型及其台班用量，以及定额基价的主要依据。不同的施工方法，会直接影响预算定额中的工日、材料、机械台班的消耗指标，在编制预算定额时，必须以本地区的施工（生产）技术组织条件、施工验收规范、安全技术操作规程以及已经成熟和推广的新工艺、新结构、新材料和新的操作法等为依据，合理确定施工方法，使其正确反映当前社会生产力的水平。

3）计算工程量及含量测算。计算定额项目工程量，就是根据确定的分项工程（或配件、设备）及其所含子项目，结合选定的典型设计图样或资料，典型施工组织设计和已确定的定额项目计量单位，按照工程量计算规则进行计算。

4）确定预算定额人工、材料、机械台班消耗量指标。确定分项工程或结构构件的定额消耗指标，包括确定劳动力、材料和机械台班的消耗量指标。

（4）编制预算定额项目表 。将计算确定出的各项目的消耗量指标填入已设计好的预算定额项目空白表中。

（5）编制定额说明。定额文字说明，即对建筑装饰工程预算定额的工程特征，包括工程内容、施工方法、计量单位以及具体要求等，加以简要说明和补充。

（6）修改定稿，颁发执行。初稿编出后，应通过用新编定额初稿与现行的和历史上相应定额进行对比的方法，对新定额进行水平测算。然后根据测算的结果，分析影响新编定额水平提高或降低的原因，从而对初稿做合理的修订。

在测算和修改的基础上，组织有关部门进行讨论，征求意见，最后修订定稿，连同编制说明书呈报主管部门审批。

3.3.2.4　建筑装饰工程预算定额的编制步骤

建筑装饰预算定额的编制步骤，大致可分为三个阶段，即准备阶段（包括收集资料）、编制定额阶段和审报定稿阶段，如图 3－6 所示。但各阶段工作有时互相交叉，有些工作会多次反复。

（1）建立编制预算定额的组织机构，确定编制预算定额的指导思想和编制原则。

（2）审定编制预算定额的细则，搜集编制预算定额的各种依据和有关技术资料。

（3）审查、熟悉和修改搜集来的资料，按确定的定额项目和有关的技术资料分别计算工程量。

（4）规定人工幅度差、机械幅度差、材料损耗率、材料超运距以及其他工料费的计算求取标准，并分别计算出一定计量单位分项工程或结构构件的人工、材料和施工机械台班消耗量标准。

（5）根据上述计算的人工、材料和施工机械台班消耗量标准、材料预算价格、机械台班使用费，计算预算定额基价，即完成一定量单位分项工程或结构构件所消耗的人工费、材料费、机械费。

（6）编制定额项目表。

3.3.2.5　建筑装饰装修工程预算定额的编制方法

A　确定定额项目名称及工程内容

建筑装饰工程预算定额项目名称，即分部分项工程（或配件、设备）项目及其所含子项目的名称。定额项目及其工程内容，一般根据编制建筑装饰工程预算定额的有关基础资料，参照施工定额分项工程项目综合确定，并应反映当前建筑装饰业的实际水平和具有广泛的代表性。

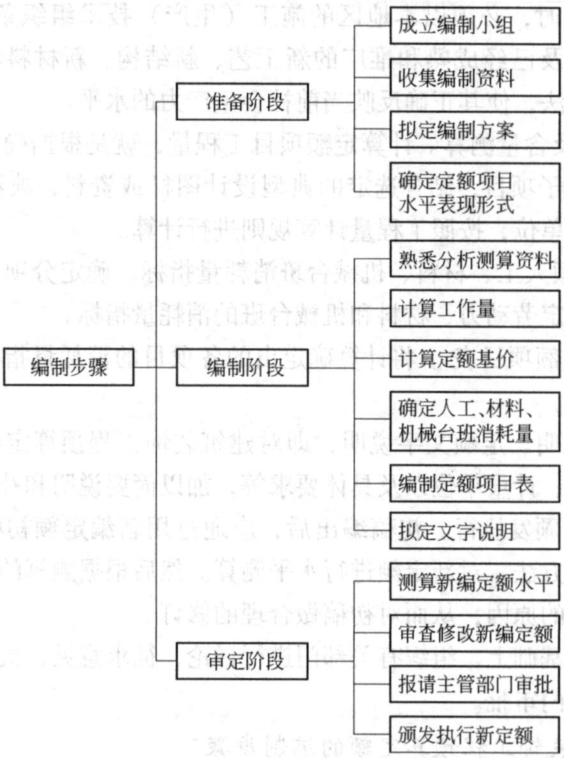

图3-6 建筑装饰工程预算定额编制程序图

B 确定施工方法

施工方法是确定建筑装饰工程预算定额项目的各专业工种和相应的用工数量，各种材料、成品或半成品的用量，施工机械类型及其台班数量以及定额基价的主要依据。

C 确定定额项目计量单位

(1) 确定的原则。定额计量单位的确定，应与定额项目相适应。首先，它应当确切地反映分项工程（或配件、设备）等最终产品的实物消耗，保证建筑装饰工程预算的准确性。其次，要有利于减少定额项目、简化工程量计算和定额换算工作，保证预算定额的实用性。

定额计量单位的选择，主要根据分项工程（或配件、设备）的形体特征和变化规律来确定，一般按表3-6进行确定。

表3-6 选择定额计量单位的原则表

序号	形体特征及变化规律	定额计量单位	举 例
1	长、宽、高都发生变化	m^3	土方、砖石、硬质瓦块等
2	厚度一定，面积变化	m^2	铝合金墙面、木地板、铝合金门窗等
3	截面积形状大小固定，只有长度变化	延长米	楼梯扶手、装饰线、避雷网安装等
4	体积（面积）相同，重量和价格差异大	t或kg	金属构件制作、安装工程等
5	形状不规律难以度量	套、个、台等	制冷通风工程、栓类阀门工程等

（2）表示方法。定额计量单位，均按公制执行。一般规定，见表3－7。

表3－7 选择定额计量单位的方法表

项目		单位	小数位数
人工		工日	保留两位小数
主要材料及成品半成品	木材	m^3	保留三位小数
	钢筋及钢材	t	保留三位小数
	铝合金型材	kg	保留两位小数
	通风设备、电气设备	台	保留两位小数
	水泥	kg	零（取整数）
	其他材料	依具体情况而定	保留两位小数
机械		台班	保留三位小数
定额基价		元	保留两位小数

（3）定额项目单位。定额项目单位，一般按表3－8取定。

表3－8 定额计量单位公制表示法

计量单位名称	定额计量单位	计量单位名称	定额计量单位
长度	mm、cm、m	体积	m^3
面积	mm^2、cm^2、m^2	重量	kg、t

（4）计量工程量。计算工程量的目的，是为了通过分别计算出典型设计图纸或资料所包括的施工过程的工程量，使之在编制建筑装饰工程预算定额时，有可能利用施工定额的人工、材料和施工机械台班的消耗指标。

计算定额项目工程量，就是根据确定的分项工程（或配件、设备）及其所含子项目，结合选定的典型设计图纸或资料、典型施工组织设计，按照工程量计算规则进行计算，一般采用工程量计算表格进行计算。

在工程量计算表中，需要填写的内容主要包括下列四项：

1）选择的典型图纸或资料的来源和名称。

2）典型工程的性质。

3）工程量计算表的编制说明。

4）选择的图例和计算公式等。

最后，根据建筑装饰工程预算定额单位，将已计算出的自然数工程量，折算成定额单位工程量。例如，铝合金门窗、带轻钢龙骨天棚、镁铝板柱面工程等，由 m^2 折算成 $100m^2$ 等。

（5）建筑装饰工程预算定额人工、材料和机械台班消耗量指标的确定。确定分项工程或结构构件的定额消耗指标，包括确定劳动力、材料和机械台班的消耗量指标。

（6）编制定额项目表。

1）人工消耗定额。人工消耗定额，一般按综合列出总工日数，并在它的下面分别按技工、普通工列出工日数。

2）材料消耗定额。材料消耗定额，一般要列出材料（或配件、设备）的名称和消耗量；对于一些用量很少的次要材料，可合并成一项，按“其他材料费”直接以金额“元”列入定额项目表，但占材料总价值的比重，不能超过2%～3%。

3）机械台班消耗定额。一般按机械类型、机械性能列出各种主要机械名称，其消耗定额以“台班”表示；对于一些次要机械，可合并成一项，按“其他机械费”直接以金额“元”列入定额项目表。

4）定额基价。一般直接在定额表中列出，其中人工费、材料费和机械费应分别列出。

（7）编制定额说明。定额文字说明，即对建筑装饰工程预算定额的工程特征，包括工程内容、施工方法、计量单位以及具体要求等，加以简要说明。

3.3.2.6 建筑装饰装修工程预算定额的消耗指标的确定

A 人工工日消耗量的确定

预算定额的人工消耗指标，是指完成规定计量单位内合格产品，所需消耗的工日总数，它由基本用工、超运距用工、辅助用工和人工幅度差组成，即：

人工工日消耗量＝基本用工量＋超运距用工量＋辅助用工量＋人工幅度差

（1）基本用工。基本用工是指完成合格产品所必须消耗的技术工种用工，按技术工种相应劳动定额计算，以不同工种列出定额工日。

基本用工＝∑（工序工程量×相应时间定额）

（2）超运距用工。超运距用工是指预算定额中规定的材料、半成品取定的运输距离超过劳动定额规定的运输距离需增加的工日数量。

超运距用工＝∑（超运距材料数量×相应时间定额）

其中，　　超运距＝预算定额规定的运距－劳动定额规定的运距

（3）辅助用工。辅助用工量是指劳动定额中未包括而在预算定额内必须考虑的工时，如材料在现场加工所用的工时量等。

辅助用工＝∑（材料加工数量×相应时间定额）

（4）人工幅度差。人工幅度差是指在劳动定额中未包括而在正常施工情况下不可避免的各种工时损失，内容包括：

1）各工种间的工序搭接及交叉作业互相配合所发生的停歇用工。

2）施工机械在单位工程之间转移及临时水电线路移动所造成的停工。

3）质量检查和隐蔽工程验收工作的影响。

4）班组操作地点转移用工。

5）工序交接时对前一工序不可避免的修整用工。

6）施工中不可避免的其他零星用工。

人工幅度差计算公式如下：

人工幅度差＝（基本用工量＋超运距用工量＋辅助用工量）×人工幅度差系数

式中，人工幅度差系数根据经验选取，一般土建工程取10%，设备安装工程取12%。

（5）人工工日消耗量。人工工日消耗量按下式计算：

人工工日消耗量＝（基本用工量＋超运距用工量＋辅助用工量）×（1＋人工幅度差系数）

B 材料消耗量的确定

(1) 材料消耗指标的组成。预算定额内的材料，按其使用性质、用途和用量大小划分为四类，即：

1) 主要材料。指直接构成工程实体的材料。

2) 辅助材料。指直接构成工程实体，但使用量较小的一些材料。

3) 周转性材料。周转性材料又称工具性材料，指施工中多次使用但并不构成工程实体的材料，如模板、脚手架等。

4) 次要材料。指用量小、价值不大、不便计算的零星用材料，可用估算法计算，以“其他材料费”用“元”表示。

(2) 材料消耗指标的确定方法。建筑工程预算定额中的主要材料、成品或半成品的消耗量，应以施工定额的材料消耗定额为基础，计算出材料的净用量、损耗量和材料的总消耗量，并结合测定的资料，综合确定出材料消耗指标。如果某些材料成品或半成品没有材料消耗定额时，则应选择有代表性的施工图样，通过分析、计算，求得材料消耗指标，详见3.2节。

C 机械台班消耗量的确定

预算定额机械台班消耗指标，应根据全国统一劳动定额中的机械台班产量编制。分为以下两种情况：

(1) 以手工操作为主的工人班组所配备的施工机械，如砂浆、混凝土搅拌机，垂直运输用塔式起重机，为小组配用，应以小组产量计算机械台班。计算公式为：

分项定额机械台班消耗量 = 预算定额项目计量单位值/小组总产量

其中，小组总产量 = 小组总人数 ×Σ(分项计算取定的比重 × 劳动定额每工综合产量)

【例3-6】 砌一砖厚内墙，定额单位10m^3，其中：单面清水墙占20%，双面混水墙占80%，瓦工小组成员22人，定额项目配备砂浆搅拌机一台，2~6t塔式起重机一台，分别确定砂浆搅拌机和塔式起重机的台班用量。

已知：单面清水墙每工综合产量定额1.04m^3，双面混水墙每工综合产量定额1.24m^3。

解：

$$\text{小组总产量} = 22 \times (0.2 \times 1.04 + 0.8 \times 1.24) = 26.4\text{m}^3$$

$$\text{砂浆搅拌机消耗量} = \frac{10}{26.4} = 0.379\ \text{台班}$$

$$\text{塔式起重机消耗量} = \frac{10}{26.4} = 0.379\ \text{台班}$$

(2) 机械化施工过程，如机械化土石方工程、机械化打桩工程、机械化运输及吊装工程所用的大型机械及其他专用机械，应在劳动定额中的台班定额的基础上另加机械幅度差。计算公式为：

分项定额机械台班消耗量 = 预算定额项目计量单位值/小组总产量 ×
(1 + 机械幅度差系数)

机械幅度差是指在劳动定额（机械台班量）中未曾包括的，而机械在合理的施工组织条件下所必需的停歇时间。在编制预算定额时应予以考虑。其内容包括：

1）施工机械转移工作面及配套机械互相影响损失的时间。

2）在正常的施工情况下，机械施工中不可避免的工序间歇。

3）检查工程质量影响机械操作的时间。

4）临时水、电线路在施工中移动位置所发生的机械停歇时间。

5）工程结尾时，工作量不饱满所损失的时间。

3.3.3 建筑装饰装修工程预算定额的使用

建筑装饰工程预算定额是确定装饰工程预算造价，办理工程价款，处理承发包工程经济关系的主要依据之一。定额应用的正确与否，直接影响建筑装饰工程造价。因此，预算工作人员必须熟练而准确地使用预算定额。

3.3.3.1 套用定额时应注意的几个问题

（1）查阅定额前，应首先认真阅读定额总说明、分部工程说明和有关附注内容；要熟悉和掌握定额的适用范围，定额已经考虑和未考虑的因素以及有关规定。

（2）要明确定额的用语和符号的含义。例如，定额中凡注有“××以内”、“××以下”者均包括本身在内，而“××以外”、“××以上”者均不包括本身；凡带有“（）”的均未计算价格，发生时可按地区材料预算价格，列入定额单价中。

（3）要正确地理解和熟记装饰面积计算规则和各个分部工程量计算规则中所指出的计算方法，以便在熟悉施工图纸的基础上，能够迅速准确地计算各分项工程（或配件、设备）的工程量。

（4）要了解和记忆常用分项工程定额所包括的工作内容，人工、材料、施工机械台班消耗数量和计算单位，以及有关附注的规定，做到正确地套用定额项目。

（5）要明确定额换算范围，正确应用定额附录资料，熟练进行定额项目的换算和调整。

3.3.3.2 预算定额的直接套用

当施工图的设计要求与预算定额的项目内容一致或不一致又不允许换算时，可直接套用预算定额。

在编制建筑装饰装修工程施工图预算的过程中，大多数项目可以直接套用预算定额。套用时应注意以下几点：

（1）根据施工图、设计说明和做法要求，选择定额项目。

（2）从工程内容、技术特征和施工方法上仔细核对，准确地确定相对应的定额项目。

（3）分项工程的名称和计量单位要与预算定额相一致。

3.3.3.3 预算定额的换算

当设计要求与定额项目的工程内容、材料规格、施工方法等条件不完全相符，不能直接套用定额时，可根据定额中的有关说明等规定，在定额规定范围内加以调整换算后套用。一般定额换算主要表现在以下几方面。

A 工程量换算法

工程量的换算，是依据建筑装饰工程预算定额中的规定，将施工图纸设计的工程项目工程量，乘以定额规定的调整系数。换算后的工程量，一般可按下式进行计算：

换算后的工程量 = 按施工图纸计算的工程量 × 定额规定的调整系数

B 系数增减换算法

由于施工图纸设计的工程项目内容与定额规定的相应内容不完全相符，定额规定在其允许范围内，采用增减系数调整定额基价或其中的人工费、机械使用费等。

系数增减换算法的方法步骤如下：

(1) 根据施工图纸设计的工程项目内容，从定额手册目录中，查出工程项目所在定额中的页数及其部位，并判断是否需要增减系数，调查定额项目。

(2) 如需调整，从定额项目表中查出调整前定额基价和定额人工费（或机械使用费等），并从定额总说明、分部工程说明或附注内容中查出相应调整系数。

(3) 计算调整后的定额基价，一般按下式进行计算：

调整后定额基价 = 调整前定额基价 ±［定额人工费（或机械费）× 相应调整系数］

(4) 写出调整后定额编号，即（△—△）$_{换}$。

计算调整后的预算价值，一般可按下式进行计算：

调整后预算价值 = 工程项目工程量 × 调整定额基价

C 材料价格换算法

当建筑装饰材料的“主材”和“五材”的市场价格，与相应定额预算价格不同而引起定额基价的变化时，必须进行换算。

材料价格换算法的方法步骤如下：

(1) 根据施工图纸设计的工程项目内容，从定额手册目录中查出工程项目所在定额的页数及其部位，并判断是否需要定额换算。

(2) 如需换算，则从定额项目表中查出工程项目相应的换算前定额基价、材料预算价格和定额消耗量。

(3) 从建筑装饰材料市场价格信息资料中，查出相应的材料市场价格。

(4) 计算换算后定额基价，一般可用下式进行计算：

换算后定额基价 = 换算前定额基价 ±［换算材料定额消耗量 ×（换算材料市场价格 - 换算材料预算价格）］

(5) 写出换算后的定额编号，即（△—△）$_{换}$。

(6) 计算换算后预算价值，一般可用下式进行计算：

换算后预算价格 = 工程项目工程量 × 相应的换算后定额基价

D 材料用量换算法

当施工图纸设计的工程项目的主材用量，与定额规定的主材消耗量不同而引起定额基价的变化时，必须进行定额换算。其换算方法步骤如下：

(1) 根据施工图纸设计的工程项目内容，从定额手册目录中，查出工程项目所指定额手册中的页数及部位，并判断是否需要进行定额换算。

(2) 从定额项目表中，查出换算前的定额基价、定额主材消耗量和相应的主材预算价格。

(3) 计算工程项目主材的实际用量和定额单位实际消耗量，一般可按下式进行计算：

主材实际用量 = 主材设计净用量 ×（1 + 损耗率）

定额单位主材实际消耗量 =（主材实际用量/工程项目工程量）× 工程项目定额计量单位

(4) 计算换算后的定额基价，一般可按下式进行计算：

换算后的定额基价 = 换算前的定额基价 ±（定额单位主材实际消耗量 − 定额单位主材定额消耗量）× 相应主材预算价格

(5) 写出换算后的定额编号，即（△—△）$_{换}$。

(6) 计算换算后的预算价值。

E 材料种类换算法

当施工图纸设计的工程项目所采用的材料种类，与定额规定的材料种类不同而引起定额基价的变化时，定额规定必须进行换算。其换算的方法和步骤如下：

(1) 据施工图纸设计的工程项目内容，从定额手册目录中，查出工程项目所指定额手册中的页数及其他部位，并判断是否需要进行定额换算。

(2) 如需换算，从定额项目表中查出换算前定额基价、换出材料定额消耗量及相应的定额预算价格。

(3) 计算换入材料定额计量单位消耗量，并查出相应的市场价格。

(4) 计算定额计量单位换入（出）材料费，一般可按下式进行计算：

换入材料费 = 换入材料市场价格 × 相应材料定额单位消耗量

换出材料费 = 换出材料预算价格 × 相应材料定额单位消耗量

(5) 计算换算后的定额基价，一般可按下式进行计算：

换算后定额基价 = 换算前定额基价 ±（换入材料费 − 换出材料费）

(6) 写出换算后的定额编号，即（△—△）$_{换}$。

(7) 计算换算后的预算价值。

F 材料规格换算法

当施工图纸设计的工程项目的主材规格与定额规定的主材规格不同而引起定额基价的变化时，定额规定必须进行换算。与此同时，也应进行差价调整。其换算与调整的方法和步骤如下：

(1) 根据施工图纸设计的工程项目内容，从定额手册目录中，查出工程项目所在的定额页数及其部位，并判断是否需要进行定额换算。

(2) 如需换算，从定额项目表中，查出换算前定额基价、需要换算的主材定额消耗量及相应的预算价格。

(3) 根据施工图纸设计的工程项目内容，计算应换算的主材实际用量和定额单位实际消耗量，一般有下列两种方法：

1) 虽然主材不同，但两者的消耗量不变。此时，必须按定额规定的消耗量执行。

2) 因规格改变，引起主材实际用量发生变化。此时，要计算设计规格的主材实际用量和定额单位实际消耗量。

(4) 从建筑装饰材料市场价格信息资料中，查出施工图纸采用的主材相应的市场价格。

(5) 计算定额计量单位两种不同规格主材费的差价，一般可按下式进行计算：

差价 = 定额计量单位图纸规格主材费 − 定额计量单位定额规格主材费

其中，定额计量单位图纸规格主材费 = 定额计量单位图纸主材实际消耗量 × 相应主材市场价格

定额计量定额规格主材费 = 定额规格主材消耗量 × 相应的主材定额预算定额

（6）计算换算后的定额基价，一般可按下式进行计算：

换算后定额基价 = 换算前定额基价 ± 差价

（7）写出换算后的定额编号，即（△—△）$_{换}$。

（8）计算换算后的预算价值。

G 砂浆配合比换算法

当装饰砂浆配合比不同，而引起相应定额基价变化时，定额规定必须进行换算。其换算的方法步骤如下：

（1）根据施工图纸设计的工程项目内容，从定额手册目录中，查出工程项目所在的定额手册中的页数及其部位，并判断施工图纸设计的装饰砂浆的配合比，与定额规定的砂浆配合比是否一致，如不一致，则应按定额规定的换算范围进行换算。

（2）从定额手册附录的“装饰定额配合比表”中，查出工程项目与其相应的定额规定不相一致，需要进行换算两种不同配合比砂浆每 $1m^2$ 的预算价格，并计算两者的差价。

（3）定额项目表中，查出工程项目换算前的定额基价和相应的装饰砂浆的定额消耗量。

（4）计算换算后的定额基价，一般可按下式进行计算：

换算后定额基价 = 换算前定额基价 ±（应换算砂浆量定额消耗量 × 两种不同配合比砂浆预算价格）

（5）写出换算后的定额编号，即（△—△）$_{换}$。

（6）计算换算后的预算价值。

【例 3-7】 某工程浇筑 C40 普通混凝土墙 $500m^3$，问其换算后的定额基价和定额直接费各为多少？

已知某地区 C35 墙体的基价为 286.60 元/m^3，相应的混凝土用量为 $0.988m^3$，C35 、C40 混凝土材料的单价分别为 227.72 元/m^3 和 235.39 元/m^3。

解：

（1）C40 混凝土墙的基价 = 286.60 + 0.988 × 235.39 − 0.988 × 227.72

= 286.60 + 0.988 × (235.39 − 227.72)

= 294.18 元

（2）定额直接费 = 294.18 元 × 500 = 147090 元

当工程项目在定额中缺项，又不属于调整换算范围之内，无定额可套用时，可编制补充定额，经批准备案，一次性使用。

3.3.4 建筑装饰装修工程单位估价表及单位估价汇总表

3.3.4.1 建筑装饰装修工程单位估价表的概念

建筑装饰装修工程单位估价表（以下简称“单位估价表”），是指以全国统一建筑装饰工程预算定额或各省、市、自治区建筑装饰工程预算定额规定的人工、材料和机械台班数量，按一个城市或地区的工人工资标准、材料及机械台班预算价格，计算出的以货币形式表现的建筑装饰工程的各分项工程的定额单位预算价值表。

单位估价表经当地主管部门审查批准后就成为法定单价。凡在规定城市或地区范围内施工的单位都必须认真执行，不得随意修改补充。如遇特殊情况，甲、乙双方需制定补充单位估价表时，必须经当地主管部门批准执行。

3.3.4.2 建筑装饰装修工程单位估价表的作用

(1) 单位估价表是确定建筑装饰工程预算造价的基本依据。单位估价表的每个分项工程单位预算价值，分别乘以相应分项工程量，就是每个分项工程直接费，把每个分项工程直接费汇总再加上其他直接费，即为单位工程直接费。在此基础上，就可以计算间接直接费、计划利润及税金，最后汇总求出工程预算造价。

(2) 单位估价表是进行建筑装饰工程拨款、贷款、工程结算和竣工结算及统计投资完成额的主要依据。

(3) 单位估价表是建筑装饰施工企业进行建筑装饰工程成本分析及经济核算的主要依据。

(4) 单位估价表是设计部门进行建筑装饰设计方案经济比较，选定合理设计方案的基础资料。

(5) 单位估价表是编制建筑装饰工程投资估算指标和概算定额的依据。

3.3.4.3 建筑装饰装修工程单位估价表的内容

单位估价表主要是由表头和表身组成。

(1) 表头。表头包括分项工程项目名称、预算定额编号、工作内容以及定额计量单位。

(2) 表身。表身包括完成某项分项工程的建筑装饰工程预算定额规定的人工、材料和机械的名称、单位及定额消耗量；与人工、材料和机械相应的日工资标准、材料和机械台班的预算价格。

3.3.4.4 建筑装饰装修工程单位估价表的编制

A 单位估价表的编制依据

(1) 现行的预算定额。

(2) 地区现行的预算工资标准。

(3) 地区各种材料的预算价格。

(4) 地区现行的施工机械台班费用定额。

B 单位估价表的编制方法

(1) 按有关规定认真填写好分项工程项目名称、预算定额编号、工作内容以及定额计量单位等单位估价表的表头内容。

(2) 根据建筑工程装饰工程预算定额计算人工费、材料费、机械使用费和预算单价。

(3) 编写文字说明。

C 单位估价表编制的工作阶段

(1) 选定建筑装饰工程预算定额项目。

(2) 抄录定额人工、材料、机械消耗数量。

(3) 选择与填写单价。

(4) 计算、填写、复核工作。

D 单位估价表编制的审定

对编制的单位估价表的初稿，进行全面审核、修改和定稿。上报主管部门批准、颁发、使用。

E 单位估价汇总表

在估价表编制完成以后，应编制单位估价汇总表。单位估价汇总表，是指把单位估价表中分项工程的主要货币指标（基价、人工费、材料费、机械费）及主要工料消耗指标，汇总在统一格式的简明表格内。单位估价汇总表的特点是：所占篇幅少，查找方便，简化了建筑装饰工程预算编制工作。单位估价汇总表的内容，主要包括单位估价表的定额编号、项目名称、计量单位，以及预算单价和其中的人工费、材料费、机械费和综合费等。

在编制单位估价汇总表时，要注意计量单位的换算，如果单位估价表是按预算定额编制的，其计量单位多数是 $100m^2$、10 套等等。但是，实际编制建筑装饰工程预算时的计量单位，多数是采用 m^2、套等等。因此，为了便于套用单位估价汇总表的预算单价，一般都是在编制单位估价汇总表时，将单位估价表的加量单位（$100m^2$、100 延长米、10 个、10 套等）折算成个位单位（m^2、m、个、套或组等）。

3.3.4.5 补充单位估价表

随着建筑装饰工程专业的发展和新技术、新结构、新工艺、新材料的不断涌现，以及高级装饰的产生，现行的建筑装饰工程预算定额或单位估价表，已经难以满足工程项目的需要，在编制预算时，会经常出现缺项。这时，就必须编制补充单位估价表。补充单位估价表的作用、编制原则和依据、内容及表达形式等，均与单位估价表相同。

A 补充单位估价表编制与使用前应明确的问题

（1）补充单位估价表的工程项目划分，应按预算定额（或单位估价表）的分部工程归类，其计量单位、编制内容和工作内容等，也应与预算定额（或单位估价表）相一致。

（2）由建设单位、施工企业双方编制好补充单位估价表后，必须报当地建委审批后方可作为编制该建筑装饰工程施工图预算的依据。

（3）补充单位估价表只适用于同一建设单位的各项建筑装饰工程，即为“一次性使用”定额。

（4）如果同一设计标准的建筑装饰工程编制施工图预算时使用该补充单位估价表，其人工、材料和机械台班数量不变，但其预算单价必须按所在地区的有关规定进行调整。

B 补充单位估价表的编制步骤

（1）准备工作阶段。由建设单位、施工企业共同组织临时编制小组，搜集编制补充单位估价表的基础材料，拟定编制方案。

（2）编制工作阶段。

1）根据施工图纸的工程内容和有关编制单位估价表的规定，确定工程项目名称、补充定额编号、工作内容和计量单位，并填写补充在单位估价表各栏内。

2）根据施工图纸、施工定额和现场测定资料等，计算完成定额计量单位的各工程项目相应的人工、材料、施工机械台班的消耗指标。

3）根据人工、材料、机械台班消耗指标与当地的人工工资标准、材料预算价格、机械台班价格，计算人工费、材料费和施工机械使用费，将上述人工费、材料费和施工机械使用费相加所得之和，就是该补充单位估价表项目的预算单价。

4）编写文字说明。

（3）审批工作阶段。补充单位估价表经审批后，上报主管部门批准后方可执行。

C 补充单位估价表基本消耗指标的确定

（1）人工消耗指标。补充单位估价表的人工消耗指标，是指完成某一分项工程项目的各种用工量的总和。它是由基本用工量、材料超运距用工量、辅助用工量和人工幅度差等组成，一般可按下列公式计算：

人工消耗指标 =（基本用工量 + 超运距用工量 + 辅助用工量）×（1 + 人工幅度系数）

其中，基本用工量 = Σ（工序用工量 × 相应时间定额）

超运距用工量 = Σ（超运距材料量 × 相应时间定额）

辅助用工量 = Σ（加工材料数量 × 相应时间定额）

人工幅度差 =（基本用工量 + 超运距用工量 + 辅助用工量）× 人工幅度系数

（2）材料消耗指标。补充单位估价表中的材料消耗量，一般是以施工定额的材料消耗定额为计算基础。如果某些材料，如成品或半成品、配件等没有材料消耗定额时，则应根据施工图纸通过分析计算，分别以直接性消耗材料和周转性消耗材料，求出材料消耗指标。

1）直接性消耗材料。直接性消耗材料是指直接构成建筑装饰工程实体的消耗材料。它是由材料设计净用量和损耗量组成的。其计算公式如下：

材料总消耗量 = 材料净用量 ×（1 + 损耗率）

式中，材料净用量是指在正常的施工条件、节约与合理地使用材料的前提下，完成单位合格产品所必须消耗的材料净用量，一般可按材料消耗净定额或者采用观察法、实验法和计算法确定。损耗率是通过材料损耗量计算的。材料损耗量是指在建筑装饰工程施工过程中，各种材料不可避免地出现的一些工艺损耗以及材料在运输、贮存和操作的过程中产生的损耗和废料。材料消耗量一般可按材料损耗定额或者采用观察法、实验法和计算法确定：

材料损耗率 = 损耗量/净用量 × 100%

2）周转性消耗材料。周转性消耗材料是指在建筑装饰工程施工中，除了直接消耗在构成工程实体上的各种材料外，还要用一部分反复周转的工具性材料。周转性消耗材料以摊销量表示。其计算公式如下：

摊销量 = 周转使用量 - 回收量

周转使用量 = 一次使用量 × [1 +（周转次数 - 1）× 补损率] ÷ 周转次数

回收量 = 一次使用量 ×（1 - 补损率）÷ 周转次数

式中，一次使用量指周转性材料一次使用的基本数量；周转次数指周转性材料可以重复使用的次数。

（3）机械台班消耗指标。机械台班消耗指标是指在合理的劳动组织和合理使用机械正常施工的条件下，由熟练的工人操作机械，完成补充单位估价表计量单位的合格产品所需消耗的机械台班数量。它一般是以正常使用机械规格综合选型，以 8h 作业为台班计算单位，结合施工定额或指定资料计算的产量定额。

3.4 建筑装饰装修工程概算定额

3.4.1 概算定额概述

3.4.1.1 概算定额的概念

建筑工程概算定额也称为扩大结构定额。它规定了完成一定计量单位的扩大结构构件或扩大分项工程的人工、材料和机械台班的数量标准。

概算定额是在预算定额的基础上，综合了预算定额的分项工程内容后编制而成的。

3.4.1.2 概算定额的作用

（1）概算定额是初步设计阶段编制建设项目概算的依据。

（2）概算定额是设计方案比较的依据。

（3）概算定额是编制主要材料需要量的计算基础。

（4）概算定额是编制概算指标的依据。

3.4.1.3 概算定额的编制原则

（1）遵循扩大、综合和简化计算的原则。这主要是相对预算定额而言。概算定额在以主体结构分部为主，综合有关项目的同时，对综合的内容、工程量计算和不同项目的换算等问题力求简化。

（2）符合简明、适用和准确的原则。概算定额的项目划分、排列、定额内容、表现形式以及编制深度，要简明、适用和准确。应计算简单，项目齐全，不漏项，达到规定精确度的控制幅度内，保证定额的质量和概算质量，并满足编制概算指标的要求。在确定定额编号时，要考虑运用统筹法和电子计算机编制概算的要求，以简化概算的编制工作，提高工作效率。

（3）坚持不留或少留活口的原则。为了稳定统一概算定额的水平，考核和简化工程量计算，概算定额的编制，要尽量不留活口。如对砂浆、混凝土标号，钢筋和铁件用量等，可根据工程结构的不同部位，先经过测算、统计，然后综合取定较为合理的数值。

3.4.1.4 概算定额的编制依据

由于概算定额的适用范围不同，其编制依据也略有区别。一般有以下几种：

（1）现行的设计标准及规范、施工质量验收规范。

（2）现行的建筑安装工程预算定额和施工定额。

（3）经过批准的标准设计和有代表性的设计图纸。

（4）人工工资标准、材料预算价格和机械台班费用。

（5）现行的概算定额。

（6）有关的工程概算、施工图预算、工程结算和工程决算等资料。

（7）有关政策性文件。

3.4.1.5 概算定额的编制步骤

概算定额的编制一般分为三个阶段，即准备阶段、编制阶段、审查报批阶段。

（1）准备阶段。主要是确定编制机构和人员组成，进行调查研究，了解现行概算定额执行情况与存在问题、编制范围。在此基础上制定概算定额的编制细则和概算定额项目划分。

（2）编制阶段。根据已制定的编制细则、定额项目划分和工程量计算规则，调查研究，对收集到的设计图纸、资料进行细致的测算和分析，编出概算定额初稿。并将概算定额的分项定额总水平与预算水平相比控制在允许的幅度之内，以保证二者在水平上的一致性。如果概算定额与预算定额水平差距较大时，则需对概算定额水平进行必要的调整。

（3）审查报批阶段。在征求意见修改之后形成报批稿，经批准之后交付印刷。

3.4.1.6 概算定额的组成

概算定额一般包括目录、总说明、建筑面积计算规则、分部工程说明、定额项目表和有关附录或附件等。

在总说明中主要阐明编制依据、适用范围、定额的作用及有关统一规定等。

在分部工程说明中，主要阐明有关工程量计算规则及分部工程的有关规定。

在概算定额表中，分节定额的表头部分列有本节定额的工作内容及计量单位，表格中列有定额项目的人工、材料和机械台班消耗量指标，以及按地区预算价格计算的定额基价。概算定额表的形式各地区有所不同，现以北京市1996年建筑安装工程概算定额为例，见表3－9。

表3－9 砖墙、砌块墙及砖柱

工程内容：砖墙和砌块墙包括过梁、圈梁、钢筋混凝土加固带、加固筋、砖砌垃圾道、通风道、附墙烟囱等；女儿墙包括钢筋混凝土压顶；电梯井包括预埋铁件。

定额编号	项目				单位	概算单价/元	其中			人工/工日
							人工费/元	材料费/元	机械费/元	
2－1	红机砖	外墙	厚度/mm	240	m^2	60.15	9.39	49.99	0.77	0.44
2－2				365	m^2	91.08	14.24	75.67	1.17	0.66
2－3				490	m^2	121.99	19.09	101.35	1.55	0.88
2－4		内墙		115	m^2	23.92	5.12	18.54	0.26	0.24
2－5				240	m^2	53.04	7.99	44.40	0.65	0.37
2－6				365	m^2	81.22	12.19	67.99	1.04	0.57
2－7		女儿墙		240	m^2	67.10	14.44	52.66		0.68
2－8				365	m^2	101.97	21.94	80.03		1.03

主要工程量		主要材料									其他材料费/元	定额编号
		01001	03002	02001	06003							
砌体/m^3	现浇混凝土/m^3	钢筋/kg	模板/m^3	水泥/kg	过梁/m^3	红机砖/块	石灰/kg	砂子/kg	石子/kg	钢模费/元		
0.227	0.012	2		15	0.006	116	5	105	15	1.08	0.22	2－1
0.345	0.018	3		23	0.009	176	7	160	23	1.62	0.34	2－2
0.463	0.024	4		31	0.012	236	10	214	31	2.15	0.45	2－3
0.106				4	0.002	57	2	38			0.06	2－4
0.210	0.011	1		14	0.005	107	4	97	14	0.99	0.20	2－5
0.319	0.017	2		21	0.008	163	7	148	22	1.53	0.31	2－6
0.220	0.033	2	0.004	22		112	5	118	42		0.71	2－7
0.353	0.051	3	0.005	33		171	7	179	64		1.08	2－8

3.4.2 建筑装饰装修工程概算定额

3.4.2.1 建筑装饰装修工程概算定额的概念

建筑装饰装修工程概算定额，是指完成单位分部工程（或扩大构件）所消耗的人工、材料、机械台班的标准数量和综合价格。

建筑装饰装修工程概算定额是初步设计阶段编制设计概算的基础。概算项目的划分与初步设计的深度相一致，一半是以分部工程为对象。概算定额是在预算定额的基础上，按常用主体结构工程列项，以主要工程内容为主，适当合并相关预算定额的分项内容，进行综合扩大，较之预算定额具有更为综合扩大的性质，所以又称为“扩大结构定额”。

3.4.2.2 建筑装饰装修工程概算定额的特征

建筑装饰装修工程概算定额的主要特征是：

（1）以分部工程和扩大构件为计价项目。

（2）按组成的各分项工程含量，运用现行预算定额（或单位估价表）扩大综合核定其指标。

（3）口径统一，不留活口，计价项目较少，故而工程量计算及套价比较简单。

（4）概算定额作为编制概算的基础，故而法律效力不强。

3.4.2.3 建筑装饰装修工程概算定额的作用

（1）建筑装饰工程概算定额是初步设计阶段编制工程概算、技术设计阶段编制修正概算的主要依据。初步设计、技术设计是采用三阶段设计的第一阶段和第二阶段。根据国家有关规定，按设计的不同阶段对拟建工程进行估价，编制工程概算和修正概算。这样，就需要与设计深度相适应的计价定额，概算定额正是适应了这种设计深度而编制的。

（2）建筑装饰工程概算定额是编制主要材料消耗量的计算依据。保证材料供应是建筑装饰工程施工的先决条件。根据概算定额的材料消耗指标，计算工程用料数量比较准确，并可以在施工图设计之前提出计划。

（3）建筑装饰工程概算定额是设计方案进行经济比较的依据。设计方案比较，主要是指建筑装饰设计方案的经济比较，其目的是选择出经济合理的建筑装饰设计方案，在满足功能和技术性能要求的条件下，达到降低造价和人工、材料消耗。概算定额按扩大建筑结构构件或扩大综合内容划分定额项目，可为建筑装饰设计方案的比较提供方便条件。

（4）建筑装饰工程概算定额是编制概算指标的依据。

（5）建筑装饰工程概算定额是招投标工程编制招标标底、投标报价的依据。

3.4.2.4 建筑装饰工程概算定额的编制依据

（1）现行的有关设计标准、设计规范、通用图集、标准定型图集、施工验收规范、典型工程设计图等资料。

（2）现行的预算定额、施工定额。

（3）原有的概算定额。

（4）现行的定额工资标准、材料预算价格和机械台班单价等。

（5）有关施工图预算和工程结算等资料。

3.4.2.5 建筑装饰工程概算定额项目的划分

概算定额项目划分要贯彻简明适用的原则。在保证一定准确性的前提下，概算定额项目应在预算定额项目的基础上，进行适当的综合扩大。其定额项目划分的粗细程度，应适应在预算定额项目的基础上，进行适当的综合扩大。其定额项目划分的粗细程度，应适应初步设计的深度。总之，应使概算定额项目简明易懂、项目齐全、计算简单、准确可靠。

3.4.2.6 建筑装饰工程概算定额的内容

建筑装饰工程概算定额的内容一般由总说明、各章分部说明、概算项目表以及附录组成。

（1）总说明。总说明主要是介绍概算定额的作用、编制依据、编制原则、适用范围、有关规定等内容。

（2）各章分部说明。各章分部说明主要是对本章定额运用、界限划分、工程量计算规则、调整换算规定等内容进行说明。

（3）概算项目表。概算项目表是以表格形式来表示项目划分、定额编号、计量单位、概算基价及工料指标等内容的。项目表是概算定额手册的主要部分，它反映了一定计量单位扩大结构或扩大分项工程的概算单价，以及主要材料消耗的标准。

（4）附录。附录一般列在概算定额手册的后面，通常包括材料的配比、预算价格等资料。

3.4.3 概算指标

3.4.3.1 概算指标的概念

概算指标是在概算定额的基础上综合、扩大，介于概算定额和投资估算指标之间的各种定额。它是以每 $100m^2$ 建筑面积或 $1000m^3$ 建筑体积为计算单位，构筑物以“座”为计算单位，安装工程以成套设备装置的“台”或“组”为计算单位，规定所需人工、材料、机械消耗和资金数量的定额指标。

3.4.3.2 概算指标的作用

概算指标和概算定额、预算定额一样，都是与各个设计阶段相适应的多次性估价的产物。它主要用于初步设计阶段，其作用是：

（1）概算指标是编制初步设计概算，确定工程概算造价的依据。

（2）概算指标是设计单位进行设计方案的技术经济分析，衡量设计水平，考核投资效果的标准。

（3）概算指标是建设单位编制基本建设计划，申请投资拨款和主要材料计划的依据。

（4）概算指标是编制投资估算指标的依据。

3.4.3.3 概算指标的内容

概算指标是比概算定额综合性更强的一种指标。其内容主要包括五个部分：

（1）说明。它主要从总体上说明概算指标的应用、编制依据、适用范围和使用方法等。

（2）示意图。说明工程的结构形式，工业项目还标示出吊车及起重能力等。

（3）结构特征。主要对工程的结构形式、层高、层数和建筑面积等做进一步说明，见表3－10。

表3－10 结构特征

结构类别	内浇外砌	层数	六	层高	2.8m	檐高	17.7m	建筑面积	$4206m^2$

（4）经济指标。说明项目每 $100m^2$ 建筑面积、$1000m^3$ 建筑体积或每座的造价指标及其中土建、水暖和电照等单位工程的相应造价，见表3－11。

（5）构成内容及工程量指标。说明工程项目的构造内容和相应计算单位的工程量指标及人工、材料消耗指标，见表3－12、表3－13。

表 3-11 经济指标 (元/100m²)

项目		合计	其中					参考系数
			直接费	间接费	利润	其他	税金	
单方造价		37745	21860	5576	1893	7323	1093	
其中	土建	32424	18778	4790	1626	6291	939	
	水暖	3182	1843	470	160	617	92	
	电照	2136	1239	316	107	415	62	

表 3-12 构造内容及工程量指标(每 100m² 建筑面积)

序号	构造及内容		工程量		占单方造价/%
			单位	数量	
一	土建				100
1	基础	灌注桩	m^3	14.64	14.35
2	外墙	2B 砖墙、清水墙勾缝、内抹灰刷白	m^3	24.32	15.97
3	内墙	混凝土墙、1B 砖墙、抹灰刷白	m^3	22.70	14.60
4	柱及间距	混凝土柱	m^3	0.70	1.46
5	梁				
6	地面	碎砖垫层、水泥砂浆面层	m^2	13	2.70
7	楼面	120mm 预制空心板、水泥砂浆面层	m^2	65	15.99
8	天棚				
9	门窗	木门窗	m^2	62	16.18
10	房架及跨度				
11	屋面	三毡四油卷材防水,水泥珍珠岩保温 预制空心板	m^2	21.7	8.04
12	脚手架	综合脚手架	m^2	100	2.36
13	其他	厕所、水池等零星工程			
二	水暖				
1	采暖方式	集中采暖			
2	给水性质	生活给水明设			
3	排水性质	生活排水			
4	通风方式	自然通风			
三	电照				
1	配电方式	塑料管暗配电线			
2	灯具种类	日光灯			
3	用电量/$W \cdot m^{-2}$				

表 3-13 人工及主要材料消耗指标（每 $100m^2$ 建筑面积）

序 号	名称及规格	单位	数 量	序 号	名称及规格	单位	数 量
一	土 建			1	人 工	工日	39
1	人 工	工日	506	2	钢 管	t	0.18
2	钢 筋	t	3.25	3	暖气片	m^2	20
3	型 钢	t	0.13	4	卫生器具	套	2.35
4	水 泥	t	18.10	5	水 表	个	1.84
5	白 灰	t	18.10	三	电 照		
6	沥 青	t	0.29	1	人 工	工日	20
7	红 砖	千块	15.10	2	电 线	m	283
8	木 材	m^3	4.10	3	钢(塑)管	t	(0.04)
9	砂	m^3	41	4	灯 具	套	843
10	砾(碎)石	m^3	30.5	5	电 表	个	1.84
11	玻 璃	m^2	29.2	6	配电箱	套	6.1
12	卷 材	m^2	80.8	四	机械使用费	%	7.5
二	水 暖			五	其他材料费	%	19.57

3.4.3.4 概算指标的编制

A 编制依据

(1) 现行的标准设计、各类工程的典型设计和有代表性的标准设计图纸。

(2) 国家颁发的建筑设计规范、施工质量验收规范和有关规定。

(3) 现行预算定额、概算定额、补充定额和有关费用定额。

(4) 地区工资标准、材料预算价格和机械台班预算价格。

(5) 国家颁发的工程造价指标和地区造价指标。

(6) 典型工程的概算、预算、结算和决算资料。

(7) 国家和地区现行的工程建设政策、法令和规章等。

B 编制步骤

编制概算指标，一般分三个阶段：

(1) 准备工作阶段。本阶段主要是汇集图纸资料，拟定编制项目，起草编制方案、编制细则和制定计算方法，并对一些技术性、方向性的问题进行学习和讨论。

(2) 编制工作阶段。这个阶段是优选图纸，根据选出的图纸和现行预算定额，计算工程量，编制预算书，求出单位面积或体积的预算造价，确定人工、主要材料和机械的消耗指标，填写概算指标表格。

(3) 复核送审阶段。将人工、主要材料和机械消耗指标算出后，需要进行审核，以防发生错误。并对同类性质和结构的指标水平进行比较，必要时加以调整，然后定稿送主管部门，审批后颁发执行。

3.4.3.5 概算指标的应用

概算指标的应用比概算定额具有更大的灵活性。由于它是一种综合性很强的指标，不可能与拟建工程在建筑特征、结构特征、自然条件和施工条件上完全一致。因此，在选用概算指标时，要十分慎重，注意选用的指标和设计对象在各方面尽量一致或接近，不一致的地方要进行调整换算，以提高概算的准确性。

概算指标的应用，一般有两种情况：第一种情况，如果设计对象的结构特征与概算指标一致，则直接套用；第二种情况，如果设计对象的结构特征与概算指标的规定局部不同，则要对指标的局部内容调整后再套用。

3.5 建筑装饰装修工程消耗量定额

2002 年 2 月起，建设部组织有关部门和地区工程造价专家编写《建设工程工程量清单计价规范》。2002 年建设部颁发了《全国统一建筑装饰装修工程消耗量定额》。

《全国统一建筑装饰装修工程消耗量定额》是完成规定计量单位装饰装修分项工程所需的人工、材料、施工机械台班消耗量的标准。该定额可以和《全国统一建筑装饰装修工程量清单计量规则》配合使用。

3.5.1 《全国统一建筑装饰装修工程消耗量定额》概述

3.5.1.1 《全国统一建筑装饰装修工程消耗量定额》的作用

(1) 它是编制装饰装修工程单位估价表、招标工程标底、施工图预算、确定工程造价的依据。

(2) 它是编制装饰装修工程概算定额（指标）、估算指标的基础。

(3) 它是编制企业定额、投标报价的参考。

3.5.1.2 《全国统一建筑装饰装修工程消耗量定额》的适用范围

其适用于新建、扩建和改建工程的建筑装饰装修。

3.5.1.3 《全国统一建筑装饰装修工程消耗量定额》的编制

该定额是依据国家有关现行产品标准、设计规范、施工及验收规范、技术操作规程、质量评定标准和安全操作规程编制的，并参考了有关地区标准和有代表性的工程设计、施工资料和其他资料。并按照正常施工条件、目前多数企业具备的机械装备程度、施工中常用的施工方法、施工工艺和劳动组织，以及合理工期进行编制的。

3.5.1.4 其他说明

(1) 该定额均已综合了搭拆 3.6m 以内简易脚手架用工及脚手架摊销材料，3.6m 以上需搭设的装饰装修脚手架按本定额第七章装饰装修脚手架工程相应子目执行。

(2) 该定额木材不分板材与方材，均以 × ×（指硬木、杉木或松木）锯材取定。

(3) 该定额所采用的材料、半成品、成品的品种、规格型号与设计不符时，可按各章规定调整。

(4) 该定额与《全国统一建筑工程基础定额》相同的项目，均已该定额项目为准；未列项目则按《全国统一建筑工程基础定额》相应执行。

(5) 卫生洁具、装饰灯具、给排水、电气等安装工程按《全国统一安装工程预算定额》相应项目执行。

(6) 该定额中的工作内容已说明了主要的施工工序，次要工序虽未说明，但均已包括在内。

(7) 该定额注有“××以内”或“××以下”者，均包括××本身；“××以外”或“××以上”者，则不包括××本身。

(8) 该定额中编制了材机代码，以便于计算操作。

3.5.2 《全国统一建筑装饰装修工程消耗量定额》基本消耗量的确定原则

3.5.2.1 人工消耗量的确定原则

人工部分工种、技术等级，以综合工日表示。内容包括基本用工、超运距用工、人工幅度差、辅助用工。

3.5.2.2 材料消耗量的确定原则

(1) 定额中采用的建筑装饰装修材料、半成品、成品均按符合国家质量标准和相应设计要求的合格产品考虑。

(2) 定额中的材料消耗量包括施工中消耗的主要材料、辅助材料和零星材料等，并计算了相应的施工场内运输及施工操作的损耗。

(3) 用量很少、占材料费比重很小的零星材料合并为其他材料费，以材料费的百分比表示。

(4) 施工工具用具性消耗材料，未列出定额消耗量，在建筑安装工程费用定额中工具用具使用费内考虑。

(5) 主要材料、半成品、成品损耗率参照定额的附录。

3.5.2.3 机械台班消耗量的确定原则

(1) 定额的机械台班消耗量是按照正常合理的机械配备、机械施工工效测算确定的。

(2) 机械原值在2000元以内、使用年限在2年以内的，不构成固定资产的低值易耗的小型机械，未列入定额，作为工具用具在建筑安装工程费用定额中考虑。

本章小结

(1) 工程定额具有科学性、权威性、群众性、系统性、稳定性和时效性的特性。

(2) 标准数据的确定方法有经验估工法、类推比较法、统计计算法、技术测定法。

(3) 施工定额的编制原则有平均先进原则、简明适用性原则、以专家为主编制定额的原则、独立自主的原则。

(4) 预算定额是指在正常的施工条件下，完成一定计量单位的分项工程或结构构件的人工、材料和机械台班消耗的数量标准。

(5) 预算定额的换算方法有工程量换算法、系数增减换算法、材料价格换算法、材料用量换算法、材料种类换算法、材料规格换算法、砂浆配合比换算法。

(6) 建筑装饰工程概算定额的内容有总说明、分部工程说明、概算项目表、附录。

(7)《全国统一建筑装饰装修工程消耗量定额》适用于新建、扩建和改建工程的建筑装饰装修。

思 考 题

3－1 工程定额有哪些作用？

3－2 劳动定额的工作时间是怎样确定的？

3－3 机械台班定额是怎样编制的？

3－4 建筑装饰装修工程预算定额是怎样编制的？

3－5 建筑装饰装修工程概算定额与建筑装饰装修工程预算定额有哪些区别，建筑装饰装修工程消耗量定额与建筑装饰装修工程预算定额有哪些区别？

4　建筑装饰工程量计算

教学提示：本章首先介绍了建筑装饰工程量的计算原则、依据和要求，以及建筑面积的计算规则，然后分别介绍了各个分项工程的工程量的计算规则，最后举例计算了某建筑装饰工程的工程量计算。

学习要求：学习完本章内容，学生应熟练掌握建筑装饰工程量的计算规则和要求，以及建筑面积的计算规则，并能够计算实际建筑装饰工程的工程量。

建筑装饰工程量是编制装饰工程预算、施工组织设计、施工作业计划、资源供应计划、建筑统计和经济核算的依据，也是编制工程建设计划和工程建设财务管理的重要依据，因此必须计算准确。本章主要介绍建筑面积及实际建筑装饰工程工程量的计算规则和方法。

4.1　建筑装饰工程量计算概述

4.1.1　建筑装饰工程量计算原则与依据

4.1.1.1　工程量的概念

工程量是将设计图纸中的内容转化为按照定额的分项工程或结构构件项目划分的以规定的计量单位表示的工程数量。

4.1.1.2　工程量计算原则

在编制单位工程预算过程中，计算工程量是既费力又费时间的工作，其计算快慢和准确程度，直接影响预算速度和质量。因此，必须认真、准确、快速地进行工程量计算。

工程量计算原则可归纳为：准确、清楚、明了、详细。

（1）准确。根据设计图纸计算的工程量要求准确无误，它直接影响准确的工程投标报价，如果计算不准确，在投标过程中就会导致报价不准确。

（2）清楚。计算书要清楚、工整，减少计算错误。

（3）明了。应使任何人在任何时候均能明白工程量的计算过程。

（4）详细。计算书中的各计算步骤应详细细致，数字出处一目了然，易于随时审核。

4.1.1.3　工程量计算依据

（1）施工图设计文件。

（2）施工组织设计文件。

（3）建筑装饰工程预算定额。

（4）预算工作手册。

4.1.2 建筑装饰工程量计算要求

工程量是根据施工图纸标注的分项工程尺寸和数量，以及构配件和设备明细表等数据，按照施工组织设计和预算定额的要求，逐个分项进行计算并汇总得到的。

4.1.2.1 计算单位要求

（1）物理计量单位。以分项工程或结构构件的物理属性作为计量单位，采用法定计量单位表示。例如，长度以 m 或 mm 为计量单位，如窗帘盒、木压条等；面积以 m^2 为计量单位，如墙面、柱面工程等；体积以 m^3 为计量单位，如砂浆、混凝土等；质量以 kg 或 t 为计量单位，如铁件、金属结构工程等。

（2）自然计量单位。以客观存在的自然实体为单位的计量单位，通常采用十进制的自然数计算的自然单位，如个、根、樘、台、套和组等，例如，卫生洁具安装以组为计量单位，灯具安装以套为计量单位。

4.1.2.2 计算精度要求

施工图设计文件上的标志尺寸，通常有两种：标高均以 m 为单位，其他尺寸均以 mm 为单位。在计算工程量时，上述尺寸均应换算成以 m 为单位。

在工程量计算过程中一般要保留三位小数，工程量计算结果，除钢材、木材取三位小数外，其余一般取小数点后两位。计算公式各组成的排列次序要尽可能一致，例如，面积计算公式：长×宽；体积计算公式：长×宽×高；重量计算公式：单位体积重量×长×宽×高。

4.1.2.3 其他计算要求

（1）列项正确。计算工程量时，按施工图列出的分项工程必须与预算定额中相应的分项工程一致。在计算工程量时，除了熟悉施工图纸及工程量计算规则外，还应掌握预算定额中每个分项工程的工作内容和范围，避免重复列项及漏项。

（2）计算规则一致。计算工程量采用的计算规则，必须与本地区现行的预算定额计算规则相一致。

（3）计量单位一致。计算工程量时，所列出的各分项工程的计量单位，必须与所使用的预算定额中相应项目的计量单位相一致。例如楼地面层，《全国统一建筑装饰工程定额》以面积计，在计算工程量时，一定要与所用定额一致。

4.1.3 工程量计算顺序

为了便于计算和审核工程量，防止遗漏和重复计算，根据工程量的不同性质，要按相应的顺序进行计算。

4.1.3.1 不同分项工程

在计算建筑工程量时，不仅要合理确定各个分部工程量计算程序，而且要科学安排同一分部工程内部各个分项工程之间的工程量计算程序。为了防止重复和避免漏算，通常按照施工顺序进行计算。如内装修工程，包括地面铺贴、墙面抹灰、安装门窗三个分项工程，各个分项工程量计算顺序可以采用：地面铺贴—墙面抹灰—安装门窗。

4.1.3.2 同一分项工程

（1）按顺时针方向计算。从施工图左上角开始，按顺时针方向从左向右进行计算，绕一周回到左上角。适用范围：楼地面、天棚、室内装修等。

（2）按横竖分割计算。计算顺序为先左后右，先横后竖，先上后下。在施工图上先计算横向工程量，后计算竖向工程量。在横向采用先左后右，从上至下的计算顺序；在竖向上采用先上后下，从左至右的计算顺序。适用范围：内墙、各种间隔墙。

（3）按构、配件编号计算。按照各类不同的构、配件编号顺序计算，如门窗、木构件和金属构件等的自身编号分别依次计算。

（4）按轴线编号计算。为计算和审核方便，对于造型或结构复杂的工程，可以根据施工图轴线编号确定工程量计算顺序。适用范围：内外墙装饰等。

4.1.4 工程量计算技巧

（1）熟记预算定额说明和工程量计算规则。在建筑装饰预算定额中，总说明、各分部（项）工程的相应说明，以及工程量计算规则等内容应牢记。在计算开始之前，要先熟悉有关分项工程规定内容，将所选定额编号记下来，然后开始工程量计算工作。这样既可以保证准确性，也可以加快计算速度。

（2）准确而详细地填列工程内容。工程量计算表格中各项内容填列准确和详细程度，对于整个单位工程预算编制的准确性和速度快慢影响很大。因此，必须认真填列表中各项内容。

（3）统筹主体兼顾其他工程。主体结构工程量计算是全部计算的核心。在计算主体工程量时，要积极地为其他工程量计算提供基本数据。这不但能加快预算编制速度，还会收到事半功倍的效果。

4.2 建筑面积计算规则

4.2.1 建筑面积的概念和作用

4.2.1.1 建筑面积的概念

建筑面积也称建筑展开面积，是房屋建筑的各层水平投影面积之和。建筑面积包括使用面积、辅助面积和结构面积。

使用面积是指建筑物各层平面布置中可直接为生产或生活使用的净面积总和，净面积在民用建筑中称为居住面积。

辅助面积是指建筑物各层平面布置中为辅助部分（如公共楼梯、公共走廊）的面积之和，辅助面积在民用建筑中称为公共面积。

结构面积是指建筑物各层平面布置中的墙体、柱等结构部分所占面积之和。

4.2.1.2 建筑面积的作用

（1）建筑面积是一项重要的技术经济指标。根据建筑面积可以计算出建设项目的单方造价、单方资源消耗量、建筑设计中的有效面积率、平面系数、土地利用系数等重要的技术经济指标。

（2）建筑面积是进行建设项目投资决策、勘察设计、投标招标、工程施工、竣工验收等工作的重要依据。

(3) 建筑面积在确定建设项目投资估算、设计概算、施工图概算、招投标标底、投标报价、合同价、结算价等工程估价工作中发挥重要作用。

(4) 建筑面积与其他的分项工程量的计算结果有关，甚至其本身就是某些分项工程的工程量。如脚手架工程、楼地面工程、垂直运输工程、建筑物超高增加人工、机械等。

4.2.2 建筑面积的计算规则

本书根据《建筑工程建筑面积计算规范》(GB/T 50353—2005) 中的有关规定加以介绍。

4.2.2.1 相关术语解释

(1) 层高——上下两层楼面或楼面与地面之间的垂直距离。

(2) 自然层——按楼板、地板结构分层的楼层。

(3) 架空层——建筑物深基础或坡地建筑吊脚架空部位不回填土石方形成的建筑空间。

(4) 走廊——建筑物的水平交通空间。

(5) 挑廊——挑出建筑物外墙的水平交通空间。

(6) 檐廊——设置在建筑物底层出檐下的水平交通空间。

(7) 回廊——在建筑物门厅、大厅内设置在二层或二层以上的回形走廊。

(8) 门斗——在建筑物出入口设置的起分隔、挡风、御寒等作用的建筑过渡空间。

(9) 建筑物通道——为道路穿过建筑物而设置的建筑空间。

(10) 架空走廊——建筑物与建筑物之间，在二层或二层以上专门为水平交通设置的走廊。

(11) 勒脚——建筑物的外墙与室外地面或散水接触部位墙体的加厚部分。

(12) 围护结构——围合建筑空间四周的墙体、门、窗等。

(13) 围护性幕墙——直接作为外墙起围护作用的幕墙。

(14) 装饰性幕墙——设置在建筑物墙体外起装饰作用的幕墙。

(15) 落地橱窗——突出外墙面根基落地的橱窗。

(16) 阳台——供使用者进行活动和晾晒衣物的建筑空间。

(17) 眺望间——设置在建筑物顶层或挑出房间的供人们远眺或观察周围情况的建筑空间。

(18) 雨篷——设置在建筑物进出口上部的遮雨、遮阳篷。

(19) 地下室——房间地平面低于室外地平面的高度超过该房间净高的 1/2 者为地下室。

(20) 半地下室——房间地平面低于室外地平面的高度超过该房间净高的 1/3，且不超过 1/2 者为半地下室。

(21) 变形缝——伸缩缝（温度缝）、沉降缝和抗震缝的总称。

(22) 永久性顶盖——经规划批准设计的永久使用的顶盖。

(23) 飘窗——为房间采光和美化造型而设置的突出外墙的窗。

(24) 骑楼——楼层部分跨在人行道上的临街楼房。

(25) 过街楼——有道路穿过建筑空间的楼房。

4.2.2.2　计算建筑面积的范围

（1）单层建筑物的建筑面积，应按其外墙勒脚以上结构外围水平面积计算，并应符合下列规定：

1）单层建筑物高度在2.20m及以上者应计算全面积；高度不足2.20m者应计算1/2面积。如图4－1所示，建筑面积$S=a\times b$（外墙外边尺寸，不含勒脚厚度）。

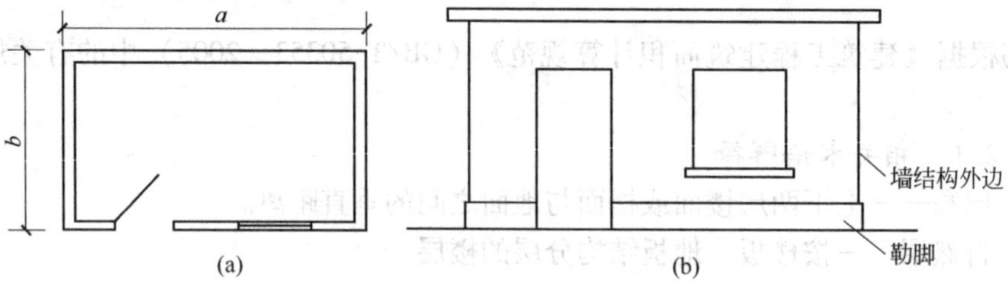

图4－1　单层建筑物示意图

（a）平面图；（b）立面图

2）利用坡屋顶内空间时净高超过2.10m的部位应计算全面积；净高在1.20～2.10m的部位应计算1/2面积；净高不足1.20m的部位不应计算面积，见图4－2。

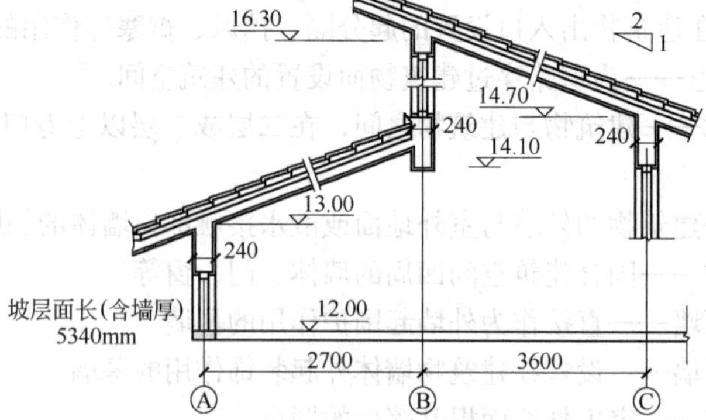

图4－2　坡屋顶建筑物示意图

A～B轴，应计算1/2面积：$S_1=(2.70-0.040)\times5.34\times0.5=6.15\text{m}^2$

B～C轴，应计算全部面积：$S_2=3.60\times5.34=19.22\text{m}^2$

小计$S=S_1+S_2=6.15+19.22=25.37\text{m}^2$。

（2）单层建筑物内设有局部楼层者，局部楼层的二层及以上楼层，有围护结构的应按其围护结构外围水平面积计算，无围护结构的应按其结构底板水平面积计算。层高在2.20m及以上者应计算全面积；层高不足2.20m者应计算1/2面积，见图4－3。

$$S=S_1+S_2=l\times b+l_1\times b_1$$

（3）多层建筑物首层应按其外墙勒脚以上结构外围水平面积计算；二层及以上楼层应按其外墙结构外围水平面积计算。层高在2.20m及以上者应计算全面积；层高不足2.20m者应计算1/2面积。

（4）多层建筑坡屋顶内和场馆看台下，当设计加以利用时，净高超过2.10m的部位

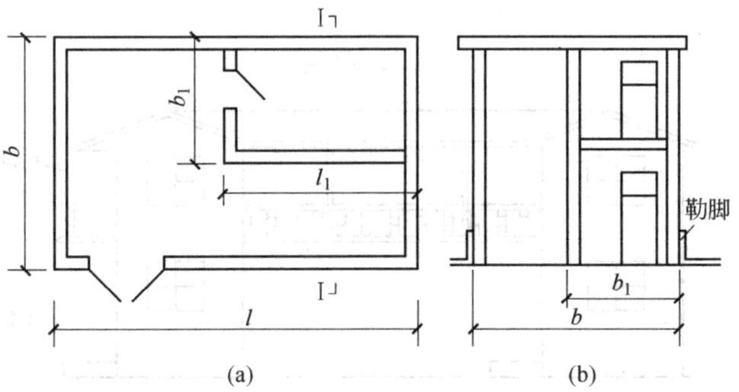

图 4-3 设有局部楼层单层建筑物示意图

(a) 平面图；(b) I—I 剖面图

应计算全面积；净高在 1.20～2.10m 的部位应计算 1/2 面积；当设计不利用或室内净高不足 1.20m 时不应计算面积。

(5) 地下室、半地下室（车间、商店、车站、车库、仓库等），包括相应的有永久性顶盖的出入口，应按其外墙上口（不包括采光井、外墙防潮层及其保护墙）外边线所围水平面积计算，见图 4-4。层高在 2.20m 及以上者应计算全面积；层高不足 2.20m 者应计算 1/2 面积。

(6) 坡地的建筑物吊脚架空层（见图 4-5）、深基础架空层，设计加以利用并有围护结构的，层高在 2.20m 及以上的部位应计算全面积；层高不足 2.20m 的部位应计算 1/2 面积。设计加以利用、无围护结构的建筑吊脚架空层，应按其利用部位水平面积的 1/2 计算；设计不利用的深基础架空层、坡地吊脚架空层、多层建筑坡屋顶内、场馆看台下的空间不应计算面积。

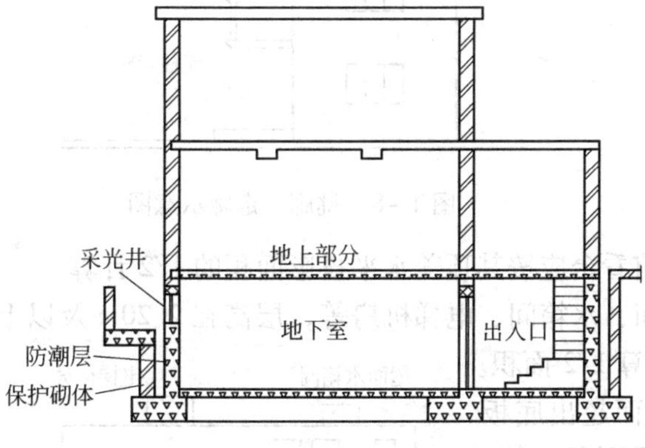

图 4-4 地下室示意图

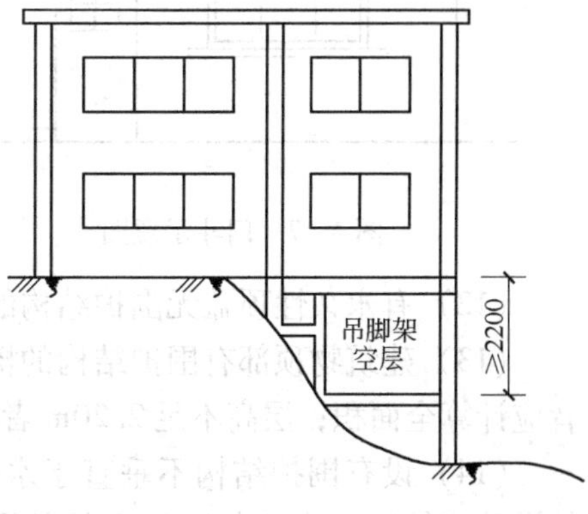

图 4-5 建筑物吊脚架空层示意图

(7) 建筑物的门厅、大厅按一层计算建筑面积。门厅、大厅内设有回廊时，应按其结构底板水平面积计算。层高在 2.20m 及以上者应计算全面积；层高不足 2.20m 者应计算 1/2 面积。

(8) 建筑物间有围护结构的架空走廊，应按其围护结构外围水平面积计算，见图 4-6。层高在 2.20m 及以上者应计算全面积；层高不足 2.20m 者应计算 1/2 面积。有永久性顶盖无围护结构的应按其结构底板水平面积的 1/2 计算。

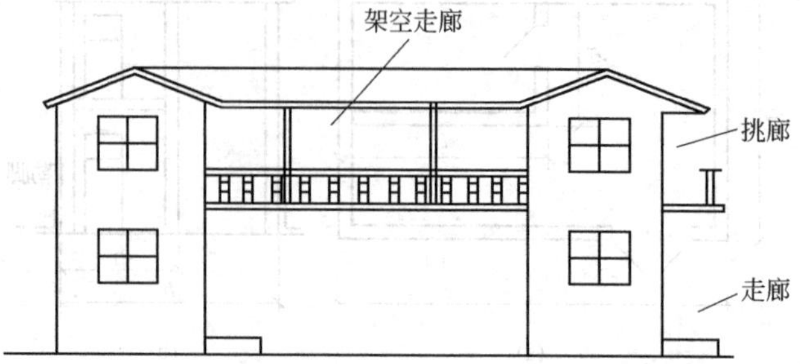

图4－6　建筑物间架空走廊示意图

（9）立体书库、立体仓库、立体车库，无结构层的应按一层计算，有结构层的应按其结构层面积分别计算。层高在2.20m及以上者应计算全面积；层高不足2.20m者应计算1/2面积。

（10）有围护结构的舞台灯光控制室，应按其围护结构外围水平面积计算。层高在2.20m及以上者应计算全面积；层高不足2.20m者应计算1/2面积。

（11）建筑物外有围护结构的落地橱窗、门斗、挑廊、走廊、檐廊，应按其围护结构外围水平面积计算，见图4－7、图4－8。层高在2.20m及以上者应计算全面积；层高不足2.20m者应计算1/2面积。有永久性顶盖无围护结构的应按其结构底板水平面积的1/2计算。

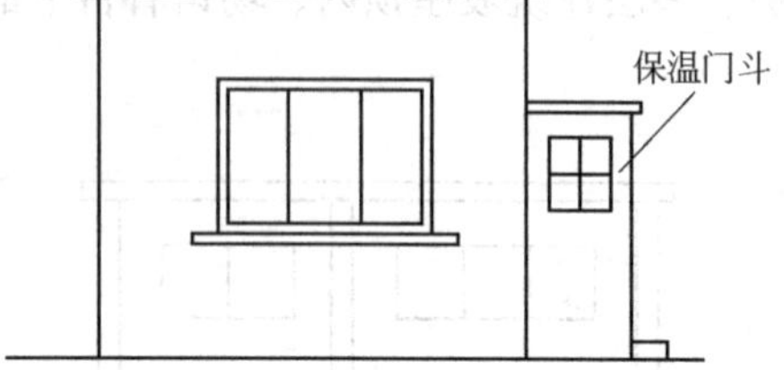

图4－7　门斗示意图

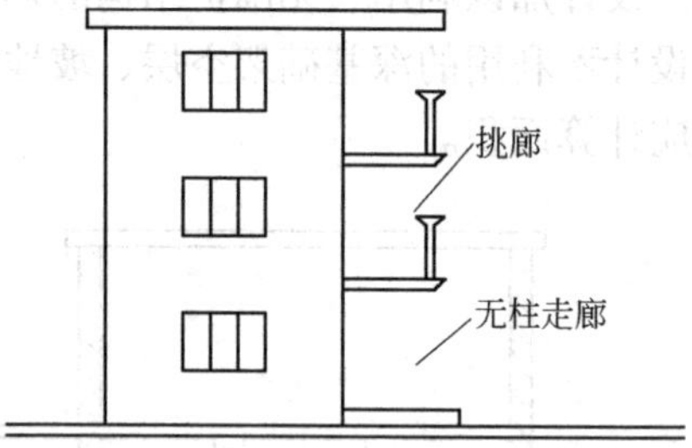

图4－8　挑廊、走廊示意图

（12）有永久性顶盖无围护结构的场馆看台应按其顶盖水平投影面积的1/2计算。

（13）建筑物顶部有围护结构的楼梯间、水箱间、电梯机房等，层高在2.20m及以上者应计算全面积；层高不足2.20m者应计算1/2面积。

（14）设有围护结构不垂直于水平面而超出底板外沿的建筑物，应按其底板面的外围水平面积计算。层高在2.20m及以上者应计算全面积；层高不足2.20m者应计算1/2面积。

（15）建筑物内的室内楼梯间、电梯井、观光电梯井、提物井、管道井、通风排气竖井、垃圾道、附墙烟囱应按建筑物的自然层计算，见图4－9。

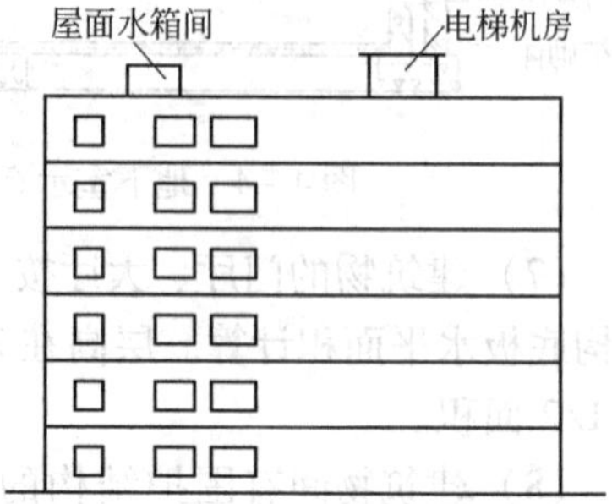

图4－9　屋面水箱间、电梯机房示意图

（16）雨篷结构的外边线至外墙结构外边线的宽度超过2.10m者，应按雨篷结构板的水平投影面积的

1/2 计算。

（17）有永久性顶盖的室外楼梯，应按建筑物自然层的水平投影面积的 1/2 计算。

（18）建筑物的阳台均应按其水平投影面积的 1/2 计算。

（19）有永久性顶盖无围护结构的车棚、货棚、站台、加油站、收费站等，应按其顶盖水平投影面积的 1/2 计算。

（20）高低联跨的建筑物，应以高跨结构外边线为界分别计算建筑面积；其高低跨内部连通时，其变形缝应计算在低跨面积内。

（21）以幕墙作为围护结构的建筑物，应按幕墙外边线计算建筑面积。

（22）建筑物外墙外侧有保温隔热层的，应按保温隔热层外边线计算建筑面积。

（23）建筑物内的变形缝，应按其自然层合并在建筑物面积内计算。

4.2.3 建筑面积计算实例

【例 4-1】 某建筑物平、立、剖面图如图 4-10 所示，试计算该建筑面积。

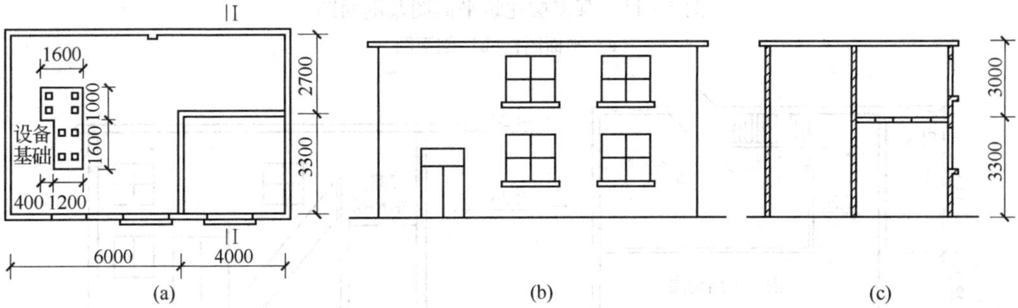

图 4-10 某建筑物平、立、剖面图

（a）平面图；（b）立面图；（c）I—I 剖面图

解：

分析：局部楼层有围护结构，且层高在 2.20m 以上，按其围护结构外围水平全面积计算。

底层建筑面积 $S_1=(6.0+4.0+0.24)\times(3.30+2.70+0.24)=10.24\times6.24$

$=63.90\text{m}^2$

楼隔层建筑面积 $S_2=(4.0+0.24)\times(3.30+0.24)=4.24\times3.54=15.01\text{m}^2$

全部建筑面积 $S=S_1+S_2=63.90+15.01=78.91\text{m}^2$

【例 4-2】 一多层建筑如图 4-11 所示，试计算其建筑面积。

解：

分析：1～3 层层高均高于 2.2m，应计算全面积，顶层层高不足 2.2m，按一半计算建筑面积。

$$S=7.24\times(9.76+0.24)\times3+7.24\times(9.76+0.24)\div2=253.4\text{m}^2$$

【例 4-3】 如图 4-12 所示一立体书库，试计算其建筑面积。

解：

分析：该立体书库有结构层且层高不足 2.20m，故应按其结构层面积分别计算，且结构层计算 1/2 面积。

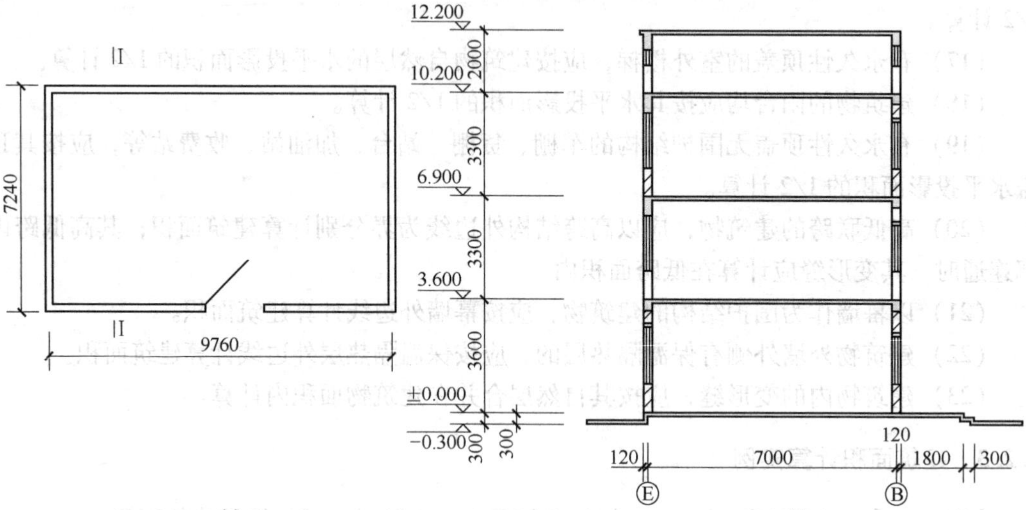

(a) (b)

图 4-11 某多层建筑平面图及剖面图

（a）平面图；（b）剖面图

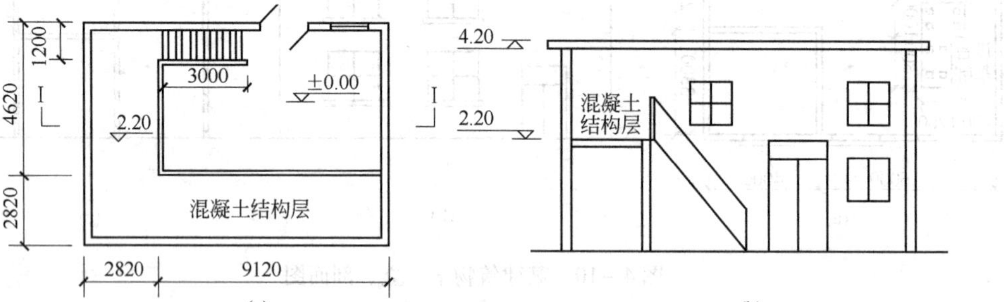

(a) (b)

图 4-12 立体车库示意图

（a）平面图；（b）I—I 剖面图

底层建筑面积 $S_1 = (2.82+4.62)\times(2.82+9.12)+3.0\times1.20 = 7.44\times11.94+3.60 = 88.83+3.60 = 92.43\text{m}^2$

结构层建筑面积 $S_2 = (4.62+2.82+9.12)\times2.82\times1/2 = 16.56\times2.82\times0.50 = 23.35\text{m}^2$

全部建筑面积 $S = S_1+S_2 = 92.43+23.35 = 115.78\text{m}^2$

4.3 脚手架工程量的计算

4.3.1 脚手架工程量计算概述

脚手架是为建筑装饰工程服务，属于周转摊销性质。因此，脚手架工程量及费用的计算有其可变性，不同于其他工程。目前计算脚手架工程量的方法有 3 种，以下分别进行介绍。

（1）按建筑工程造价的百分比计算，不再计算脚手架工程量，以简化脚手架计算工程量工作。即确定工程造价中脚手架费用所占百分比，列入预算计算，多少一次包死。

（2）按工程装饰分部分项计算，脚手架工程量逐项套用定额单价。

1）外装饰脚手架。凡高度在 1.2m 以上者，均应计算脚手架。外墙脚手架按外墙外围长度乘以设计室外地坪至檐口高度，以面积（m^2）计算。山墙部分以山墙的平均高度计算。带女儿墙的建筑物，其高度算至女儿墙顶。凡一层建筑物外沿高在 3.6m 以内者，按 3.6m 以内脚手架计算。超过 3.6m 者，分别按不同高度的外脚手架计算。计算外脚手架时，均不扣除门、窗洞口及穿过建筑物的车马通道的空洞面积。

2）内装饰脚手架。凡室内高度超过 3.6m 的装饰天棚或钉板天棚，均应计算满堂脚手架或活动脚手架。满堂脚手架、活动脚手架均以水平投影面积计算，不扣除垛、柱所占的面积。满堂脚手架的高度以室内地坪至天棚为准，无天棚者至楼板底（或屋面板底）为准。里脚手架均以垂直投影面计算面积。

满堂脚手架的基本层高为 3.6m，增加层高为 1.2m，基本层是按操作高度 5.2m 考虑的（即基本层高 3.6m 加人的高度 1.6m）。凡天棚高度超过 5.2m 者，应计算增加层脚手架，计算增加层脚手架时，超高部分在 0.6m 以内者（包括 0.6m）舍去不计，超过 0.6m 者，计算一个增加层。

【例 4-4】 建筑物天棚高为 9.1m，其满堂脚手架增加层数为：

$$(9.1-5.2)/1.2\approx 3$$

即应计算一个满堂脚手架的基本层及 3 个增加层。余 0.3m 舍去不计。

凡高度在 3.6m 以内的内墙面装饰（不包括内墙裙、腰线等），钉各种木间壁、天棚应按表 4-1 规定计算。

表 4-1 各种木间壁、天棚的计算

项目名称	计算方法	使用定额	说明
单面木间壁墙（包括护壁板）	墙面面积乘以系数 1.1	墙面简易脚手架	不扣除门窗洞口及空洞面积
双面木间壁墙	按单面墙面面积乘以系数 2.2	墙面简易脚手架	不扣除门窗洞口及空洞面积
各种内墙面装饰	按墙面面积乘以系数 1.1	墙面简易脚手架	不扣除门窗洞口及空洞面积
柱　面	按柱面面积乘以系数 2.24	墙面简易脚手架	
钉各种天棚	天棚面积	天棚简易脚手架	

（3）按建筑面积计算，脚手架费用按围护结构水平投影面积套综合脚手架定额，单独列项。

1）多层建筑物装饰的综合脚手架应以建筑物室外地坪以上的自然层为准。地下室不作层数计算，但应计算建筑面积。

2）单层建筑物的高度应以室外地坪至檐口滴水的高度为准。如有女儿墙的，其高度应算至女儿墙顶面。多跨建筑物如高度不同时，应分别按不同高度计算。单层建筑物以 6m 高度为准，超过 6m 者，每超过 1m，再计算一个增加层。若增加高度不足 0.6m（包括 0.6m），舍去不计；超过 0.6m 时，按一个增加层计算。

3）架子挂网或封席，应根据不同材料及用量据实计算。

4）其他分项工程的脚手架工程量计算方法同（1）。

4.3.2　脚手架材料的使用和周转

（1）钢管脚手架材料的一次使用量见表4-2。

表4-2　钢管脚手架材料的一次参考使用量

材料名称		单位	每100m²（搭设面积）		卷扬机架座	
			单排	双排	高16m	高26m
钢管	立　杆	m	57.3	109.3	—	—
	大横杆	m	87.7	168.4	—	—
	小横杆	m	74.8	65.1	539	876
	斜　杆	m	18	20	—	—
	小　计	t	0.931	1.393	2.07	3.364
扣件	直角扣件	个	85	155.5	189	307
	叉接扣件	个	20	41.2	20	32
	周转扣件	个	4.5	5	70	113
	底　座	个	4.3	5.5	8	8
	小　件	t	0.147	0.27	0.362	0.579

（2）脚手架材料耐用期限及残值的计算见表4-3。

表4-3　脚手架材料耐用期限及残值参考计算

材料名称	耐用期限	回收量/%	残值/%	备　注
钢　管	180个月	—	10	
扣　件	180个月	—	5	
脚手杆（杉木）	60个月	—	10	
木脚手板	42个月	—	10	
竹脚手板	24个月	—	5	并立式螺栓加固
毛　竹	24个月	—	5	
铁　丝	1次	80	40	
安全网（棕）	24个月	—	—	
安全网（尼龙）	36个月	—	—	

（3）木脚手杆的一般规格及材积见表4-4。

表4-4　木脚手杆的一般规格及材积

长度/m	中央直径/cm				
	8	9	10	11	12
	材积/m³				
2	0.0112	0.0145	0.0177	0.0214	0.025
5	0.025	0.032	0.039	0.048	0.057

续表 4-4

长度/m	中央直径/cm				
	8	9	10	11	12
	材积/m^3				
6	0.030	0.038	0.047	0.057	0.068
7	0.035	0.045	0.055	0.067	0.079
8	0.040	0.051	0.063	0.076	0.091
9	0.045	0.057	0.071	0.086	0.102
10	0.050	0.064	0.079	0.095	0.113

(4) 木跳板体积与块数的换算见表 4-5。

表 4-5 木跳板体积与块数换算

换 算	木跳板规格（长×宽×厚）/cm					
	200×25×5	400×25×5	400×30×5	400×30×6	400×35×6	400×40×6
每块折合体积/m^3	0.025	0.050	0.060	0.072	0.084	0.096
$1m^3$ 折合块数	40	20	16.67	13.90	11.91	10.41

(5) 脚手架的一次使用期见表 4-6。

表 4-6 脚手架的一次参考使用期

名 称	一次使用期	名 称	一次使用期
外脚手 16m 以内	5 个月	挑脚手架	16 天
外脚手 30m 以内	8 个月	里脚手架	7.5 天
外脚手 45m 以内	12 个月	满堂脚手架	25 天
悬空脚手架	25 天	安全网	45 天

4.4 楼地面工程量的计算

4.4.1 楼地面工程的内容

楼地面工程的内容主要包括楼面、地面、踢脚线、台阶、楼梯、扶手、栏杆、防滑条等部位及零星工程的装饰装修。

4.4.2 楼地面定额说明

(1) 同一铺贴面上有不同种类、材质的材料，应分别按相应子目使用。

(2) 扶手、栏杆、栏板适用于楼梯、走廊、回廊及其他装饰性栏杆、栏板。

(3) 零星项目面层适用于楼梯侧面、台阶侧面、小便池、蹲台、池槽，以及面积在 $1m^2$ 以内且定额未列项目的工程。

(4) 木地板填充材料，可按《全国统一建筑工程基础定额》相应项目计算。

(5) 大理石、花岗岩楼地面拼花按成品考虑。

(6) 镶拼面积小于 $0.015m^2$ 的石材使用点缀项目。

4.4.3 楼地面工程量的计算规则

(1) 整体面层和块料面层的楼地面装饰面积按设计图示尺寸以面积计算。扣除凸出地面构筑物、设备基础、室内铁道、地沟等所占面积，不扣除间壁墙和 $0.3m^2$ 以内的柱、垛、附墙烟囱及孔洞所占面积。门洞、空圈、暖气包槽、壁龛的开口部分不增加面积。

(2) 踢脚线按设计图示长度乘以高度以面积计算，成品踢脚线按实贴延长米计算。楼梯踢脚线按踢脚线相应项目乘以1.15系数。

(3) 楼梯装饰面积按设计图示尺寸以楼梯（包括踏步、休息平台及500mm以内的楼梯井）水平投影面积计算。楼梯与楼地面相连时，算至梯口梁内侧边沿；无梯口梁者，算至最上一层踏步边沿加300mm。

(4) 扶手、栏杆、栏板均按其中心线长度以延长米计算，计算扶手时不扣除弯头所占长度。弯头按个计算。

(5) 台阶面层（包括踏步及最上一层踏步边沿加300mm）按水平投影面积计算。

(6) 零星项目按实铺面积计算。楼梯、台阶侧面装饰，$0.5m^2$ 以内少量分散的楼地面装修，应按零星装饰项目编码列项。

(7) 点缀按个计算，计算主体铺贴地面面积时，不扣除点缀所占面积。

(8) 石材底面刷养护液按底面面积加4个侧面面积，以平方米计算。

4.4.4 楼地面工程量计算实例

【例4-5】 如图4-13所示，某建筑物门前台阶为一面层为1∶3水泥砂浆粘结的花岗岩，试计算其工程量。

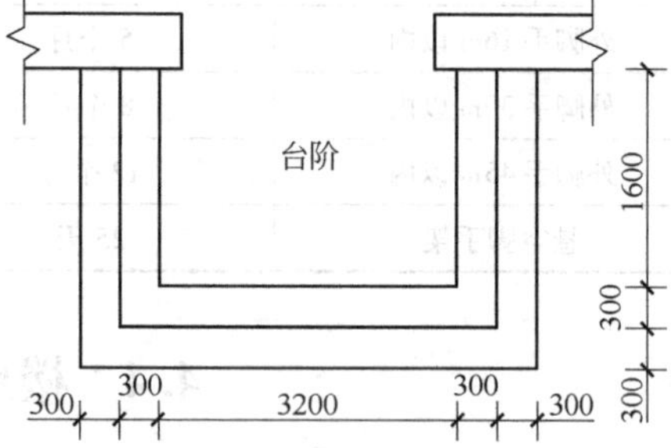

图4-13 建筑物门前台阶图

解：

分析：台阶面层的工程量计算规则为按台阶水平投影面积计，包括最上一层踏步边缘再加300mm的面积，在计算中应注意不要漏算或多算，容易出现的错误有：①忘加最后一阶踏步边缘的300mm；②台阶转角处面积重复计算；③转角台阶一边或两边少算。

$$台阶贴花岗岩面层工程量 = [(3.2+0.3\times4)\times(1.6+0.3\times2)-(3.2-0.3\times2)\times(1.6-0.3)] = 9.68-3.38 = 6.30m^2$$

【例4-6】 某工程楼梯如图4-14所示，计算其楼梯的工程量。

解：

分析：因为规则规定楼梯面积（包括踏步、休息平台，以及小于500mm宽的楼梯井）按水平投影面积计算。注意若楼梯与走廊连接，应以楼梯踏步梁或平台梁的外边缘为界，线内为楼梯面积，线外为走廊面积。

本项工程的楼梯井宽度0.16m，故不扣除。

$$楼梯的工程量 = (2.4-0.24)\times(2.34+1.34-0.12) = 7.68m^2$$

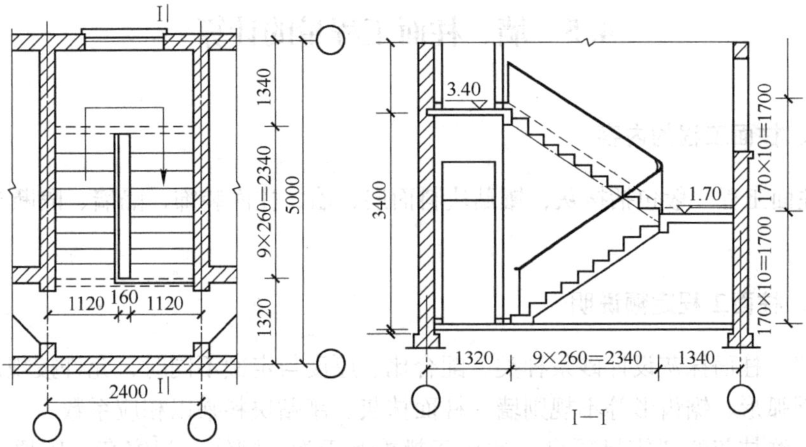

图4－14 楼梯详图

【例4－7】 如图4－15所示，某室内地面采用20mm厚1∶3水泥浆找平，8mm厚1∶

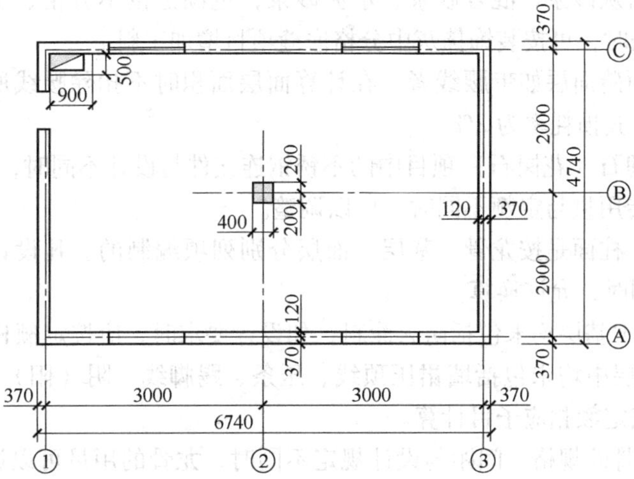

图4－15 建筑物平面图

1水泥砂浆镶贴大理石面层；其踢脚线为同质的大理石（上口磨指甲圆边）水泥砂浆镶贴，高为120mm。计算大理石地面面层和踢脚线的工程量（门宽为1000mm，门内侧墙宽250mm）。

解：

（1）块料面层镶贴按主墙间的面积计算，应扣除凸出地面的构筑物、柱等不做面层的部分，门洞空圈开口部分也相应增加。

镶贴大理石面层的工程量 $=(6.74-0.49\times2)\times(4.74-0.49\times2)-0.9\times0.5-0.4\times0.4+0.49\times1.0=21.54\text{m}^2$

（2）计算块料面层踢脚线长度时，门洞扣除、侧壁另加。

大理石踢脚线的工程量 $=(6.74-0.49\times2+4.74-0.49\times2)\times2-1.0+0.25\times2=18.54\text{m}$

4.5 墙、柱面工程量的计算

4.5.1 墙、柱面工程的内容

墙、柱面工程一般包括抹灰，镶贴块料面层，墙、柱面装饰，隔墙、隔断与幕墙等工程。

4.5.2 墙、柱面工程定额说明

（1）墙、柱面抹灰设计砂浆种类、配合比、厚度与定额不同时，允许按规定调整。

（2）圆弧形、锯齿形等不规则墙、柱面抹灰、镶贴块料乘以相应系数。

（3）装饰抹灰的“零星项目”适用于挑檐、天沟、腰线、门窗套、压顶、栏板、扶手、遮阳板周边、池槽、厕所蹲台以及 $0.5m^2$ 以内的抹灰。

（4）砂浆粘贴块料面层不包括找平层，只包括结合层砂浆。

（5）墙面抹石灰砂浆、混合砂浆、水泥砂浆，定额是按不分格、不嵌条考虑的，设计要求分格或嵌条时，可按装饰抹灰中分格嵌缝项目增加工料。

（6）瓷砖、面砖面层如带腰线者，在计算面层面积时不扣除腰线所占面积，但腰线材料费按实计算，其损耗率为2%。

（7）干挂大理石（花岗石）项目中的不锈钢连接件与设计不同时，可以调整。

（8）设计面砖用量与定额不同时，可以调整。

（9）木作墙、柱面是按龙骨、基层、面层分别列项编制的。凡设计材料规格、龙骨间距等与定额不同时，允许换算。

（10）面层、木基层均未包括防火涂料，如设计要求时，应按定额相应子目使用。

（11）饰面面层中均未包括墙裙压顶线、压条、踢脚线、阴（阳）角线、装饰线等，设计要求时，应按定额相应子目计算。

（12）幕墙龙骨的规格、间距与设计规定不同时，龙骨的用量可以调整，但人工、机械用量不变。

（13）幕墙中空玻璃及铝挂板，以成品安装为准。幕墙的封边、封顶的费用另行计算。

（14）玻璃幕墙、隔墙如设计有上翻窗、推拉窗者，扣除其窗户所占面积，其窗户另按相应定额计算。

（15）铝型材型号与规格与设计不同时，可按设计调整。

4.5.3 墙、柱面工程量计算规则

（1）墙面抹灰分为墙面一般抹灰、墙面装饰抹灰和墙面勾缝等几个项目。工程量按设计图示尺寸以面积计算。扣除墙裙、门窗洞口及单个 $0.3m^2$ 以上的孔洞面积，不扣除踢脚线、挂镜线和墙与构件交接处的面积。附墙柱、梁、垛、烟囱侧壁并入相应的墙面面积内。挑檐、天沟、腰线、栏杆、栏板、门窗套、窗台线、压顶等均按图示尺寸展开面积以平方米计算，并入相应的外墙面积内。

1）外墙面抹灰面积按外墙垂直投影面积计算。

2）外墙裙抹灰面积按其长度乘以高度计算。

3）内墙面抹灰面积按主墙间的净长乘以高度计算，无墙裙时，高度按室内地面至天棚底面计算，有墙裙时，高度按墙裙顶至天棚底面计算。

4）内墙裙抹灰面按内墙净长乘以高度计算。

（2）柱面抹灰同样分为柱面一般抹灰、柱面装饰抹灰和柱面勾缝等项目。工程量按设计图示柱（结构）断面周长乘以高度以面积计算。

（3）除项目已列有柱帽、柱墩的项目外，其他项目的柱帽、柱墩并入柱饰面工程量，按设计图示尺寸以展开面积计算，并入相应柱面积内。

（4）墙面、柱面镶贴块料面层均按设计图示尺寸以面积计算。墙面扣除门窗洞口及单个 $0.3m^2$ 以上的孔洞面积。

（5）墙装饰板饰面面层和柱、梁饰面面层按设计图示外围尺寸以面积计算。外围尺寸是指饰面的表面尺寸。

（6）隔墙、隔断、护壁板按设计图示框外围尺寸以面积计算。扣除单个 $0.3m^2$ 以上的孔洞所占面积；浴厕门的材质与隔断相同时，按下横档底面，至上横档顶面高度乘以图示长度计算门的面积，并入隔断面积内。

（7）带骨架幕墙按设计图示框外围尺寸以面积计算。与幕墙同种材质的窗所占面积不扣除，骨架（肋）的面积亦不扣除。幕墙与建筑顶端、两侧的封边按图示尺寸以平方米计算，自然层的水平隔离与建筑物的连接按延长米计算。

（8）全玻幕墙按设计图示尺寸以面积计算。带肋全玻幕墙按展开面积计算。

（9）墙、柱梁面的凹凸造型展开计算，合并在相应的墙、柱梁面面积内。

4.5.4 墙、柱面工程量计算实例

【例 4－8】 如图 4－16 所示，试计算其内墙裙抹灰工程量。

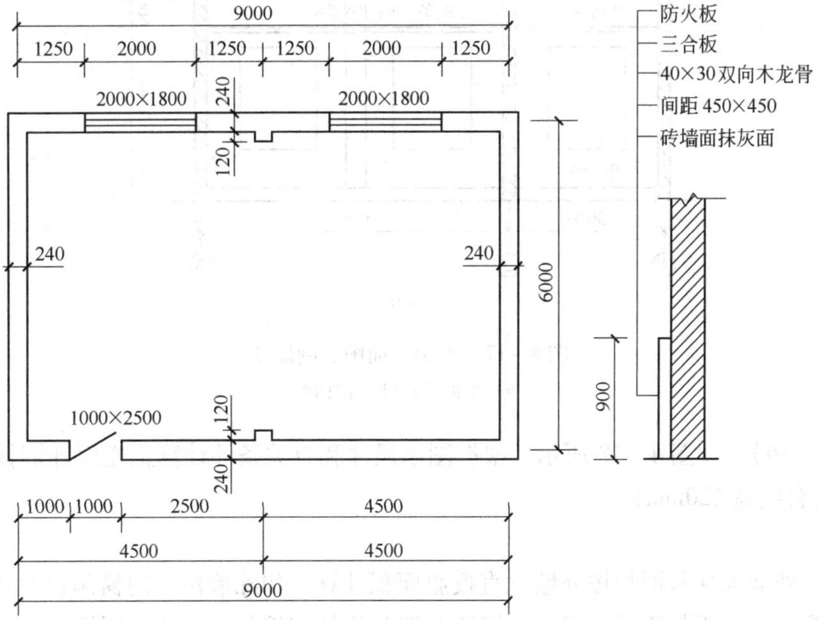

图 4－16 某建筑平面图及墙裙详图

解：

分析：内墙裙抹灰面按内墙净长乘以高度计算。

内墙裙抹灰工程量 $=[(9.0-0.24)+(6.0-0.24)]\times2\times0.9-1.0\times0.9+0.12\times4\times0.9$
$=25.67\text{m}^2$

【例 4－9】 如图 4－17 所示，平房内墙面抹水泥砂浆。试计算内墙面抹水泥砂浆工程量。

解：

分析：内墙面抹灰面积按主墙间的净长乘以高度计算，无墙裙时，高度按室内地面至天棚底面计算。

内墙面抹水泥砂浆工程量 $=\{[(3-0.12\times2)+(4-0.12\times2)]\times2\times(3+0.6)-1.5\times1.8\times2-0.9\times2\}+\{[(3\times2-0.12\times2)\times2+(4-0.12\times2)\times2+0.25\times4]\times(3+0.2)-1.5\times1.8\times3-0.9\times2-1\times2\}$
$=91.97\text{m}^2$

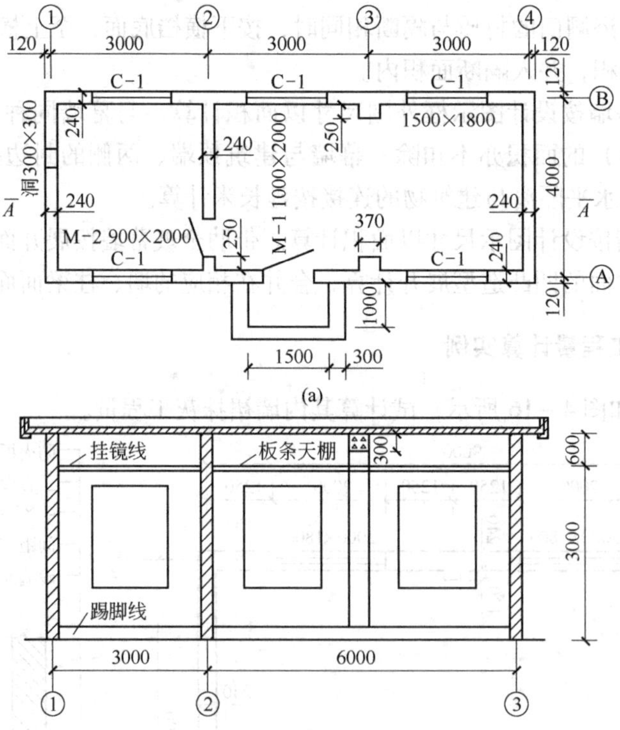

图 4－17　平房平面图、剖面图

（a）平面图；（b）剖面图

【例 4－10】 如图 4－18 所示，根据图示尺寸和有关条件计算正立面外墙抹灰工程量（腰线、窗台线宽 120mm）。

解：

分析：外墙面抹灰面积按外墙垂直投影面积计算，扣除墙裙、门窗洞口及单个 0.3m^2 以上的孔洞面积，不扣除踢脚线、挂镜线和墙与构件交接处的面积。附墙柱、梁、垛、烟

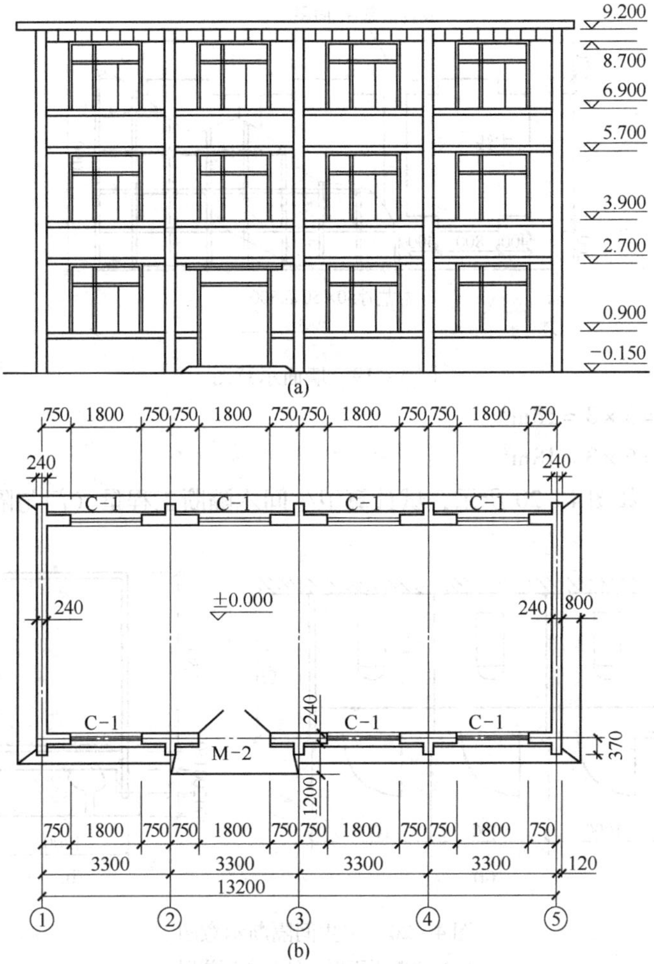

图 4－18　某建筑物平面图、立面图

（a）立面图；（b）平面图

囱侧壁并入相应的墙面面积内。挑檐、天沟、腰线、栏杆、栏板、门窗套、窗台线、压顶等均按图示尺寸展开面积以平方米计算，并入相应的外墙面积内。

C－1 窗面积 $=1.8\times1.8\times11=35.64\text{m}^2$

M－2 门面积 $=2.7\times1.8\times1=4.86\text{m}^2$

外墙高 $=9.2+0.15=9.35\text{m}$

外墙长 $=13.2+0.24=13.44\text{m}$

外墙抹灰面积 $=9.35\times13.44-(35.64+4.86)+(9.2+0.15)\times(0.37-0.12)\times8$

$=9.35\times13.44-40.5+9.35\times0.25\times8=103.86\text{m}^2$

【例 4－11】 如图 4－19 所示，试计算墙面铺木龙骨、胶合板基层面层工程量。

解：

分析：墙装饰板饰面木龙骨、基层和面层按设计图示外围尺寸以面积计算。外围尺寸是指饰面的表面尺寸。

木龙骨 $=6\times3=18\text{m}^2$

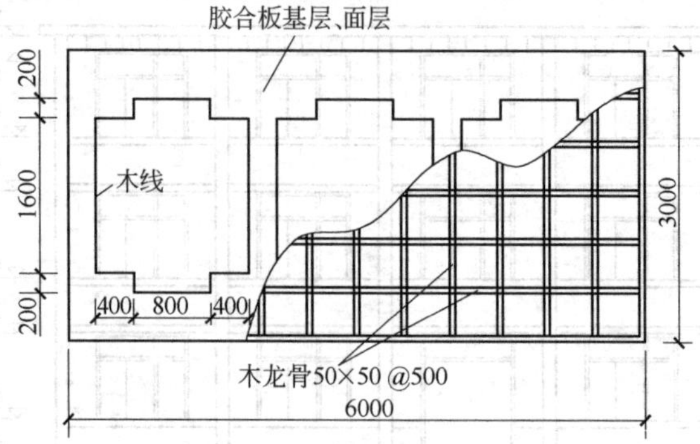

图4－19 墙面示意图

胶合板基层 $=6\times3=18m^2$

胶合板面层 $=6\times3=18m^2$

【例4－12】 如图4－20所示，试计算卫生间木隔断工程量（门与隔断的材质相同）。

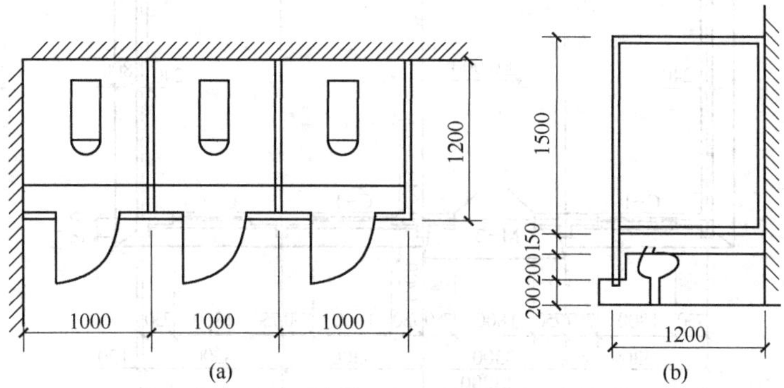

图4－20 卫生间隔断示意图

（a）隔断平面图；（b）隔断详图

解：

分析：所用木隔断按设计图示框外围尺寸以面积计算；门的材质与隔断相同时，按下横档底面至上横档顶面高度乘以图示长度计算门的面积，并入隔断面积内。

卫生间木隔断的工程量 $=1.2\times1.5\times3=5.4m^2$

门扇面积 $=1\times1.5\times3=4.5m^2$

总工程量 $=4.5+5.4=9.9m^2$

4.6 顶棚工程量的计算

4.6.1 顶棚工程的内容

顶棚工程主要包括天棚抹灰、顶棚吊顶、顶棚其他装饰工程等内容。定额中主要子目有顶棚抹灰、顶棚龙骨、顶棚基层板、顶棚面层、采光顶棚及送风口、回风口等。

4.6.2 顶棚工程定额说明

（1）顶棚抹灰砂浆种类、配合比及抹灰厚度与设计规定不同时，可按设计规定调整。

（2）顶棚抹石灰砂浆、水泥砂浆、混合砂浆的小圆角工料已考虑在定额内，不得另计。

（3）顶棚吊顶是按龙骨、基层、面层分别列项编制，使用时，根据设计选用。

（4）顶棚吊顶龙骨所用材料、规格和常用做法与设计要求不同时，材料允许调整，人工及其他材料不变。

（5）顶棚龙骨项目未包括灯具、电器设备等安装所需的吊挂件，发生时另行计算。

（6）顶棚吊顶面层定额中已包括检查孔的工料，不另计算，但未包括各种装饰线条，设计要求时，另行计算。装饰线系指顶棚面或内墙面抹灰起线，形成突出的棱角，每一个突出棱角为一道线。装饰线抹灰定额中只包括突出部分的工料，不包括底层抹灰的工料。

（7）顶棚龙骨、基层板项目未包括防火和防潮处理，若进行防火和防潮处理，可套用相应定额项目计算。

4.6.3 顶棚工程量计算规则

（1）顶棚抹灰面积按设计图示墙与墙间的净空面积计算，不扣除间壁墙、垛、柱、附墙烟囱、检查口和管道所占的面积。顶棚中的折线、错台、拱型、穹顶、高低灯槽等其他艺术形式的顶棚面积均按图示展开面积以平方米计算。

（2）密肋梁和井字梁天棚抹灰面积，按展开面积计算。

（3）带梁顶棚、梁两侧抹灰面积并入顶棚面积内。有梁板底抹灰按展开面积计算。

（4）顶棚抹灰定额只包括小圆角工料，如带有装饰线角者，分别按三道线以内或五道线以内，以延长米计算。

（5）阳台底面的抹灰按水平投影面积以平方米计算，并入相应顶棚抹灰面积内。

（6）雨篷底面按水平投影面积以平方米计算，并入相应天棚抹灰面积内，底面带悬臂梁者，其工程量乘以系数1.20。

（7）檐口天棚的抹灰，并入相应的天棚抹灰工程量内计算。

（8）楼梯底面抹灰工程量（包括楼梯休息平台）按水平投影面积计算，有斜平顶的乘以系数1.30，无斜顶的（锯齿形）乘以系数1.50，按天棚抹灰定额计算。

（9）顶棚吊顶龙骨按设计图示主墙间净空面积计算，不扣除间壁墙、检查口、附墙烟囱、柱、垛和管道所占的面积。

（10）顶棚面中的灯槽及跌级、锯齿形、吊挂式、藻井式天棚面积不展开计算。

（11）格栅吊顶、吊筒吊顶、藤条造型悬挂吊顶、织物软吊顶、网架（装饰）吊顶均按设计图示的吊顶尺寸水平投影面积计算。

（12）顶棚中送风口、回风口按设计图示数量以个计算。

4.6.4 顶棚工程量计算实例

【例4-13】 如图4-21所示，求一层楼的天棚抹灰工程量。

解：

分析：顶棚抹灰面积按设计图示墙与墙间的净空面积计算，不扣除间壁墙、垛、柱、附墙烟囱、检查口和管道所占的面积。顶棚中的折线、错台、拱型、穹顶、高低灯槽等其

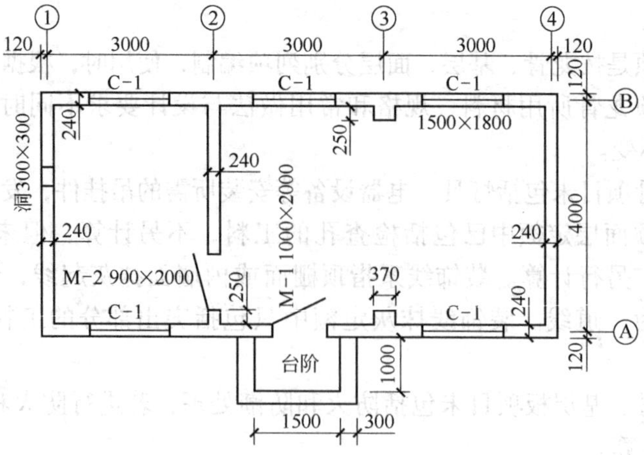

图 4－21　建筑平面图

他艺术形式的顶棚面积均按图示展开面积以平方米计算。

$$S=(3\times3-0.24)\times(4-0.24)-(4-0.24)\times0.24=21.43\text{m}^2$$

【例 4－14】 某办公室顶棚吊顶如图 4－22 所示，已知顶棚采用不上人装配式 U 型轻钢龙骨石膏板，面层规格为 600mm×600mm，计算顶棚吊顶工程量。

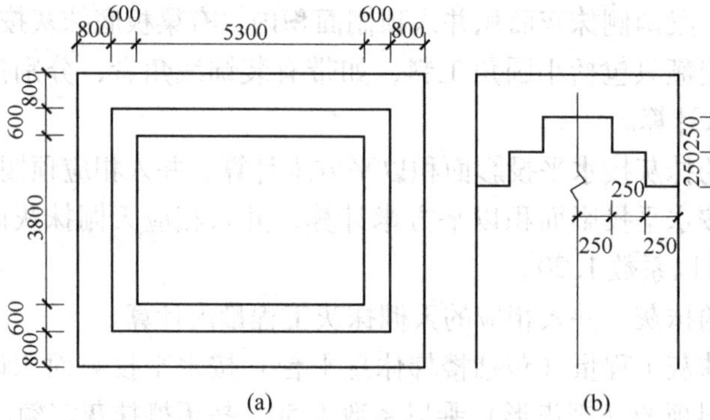

图 4－22　某办公室顶棚吊顶示意图

（a）平面图；（b）侧面图

解：

分析：顶棚吊顶龙骨按设计图示主墙间净空面积计算，不扣除间壁墙、检查口、附墙烟囱、柱、垛和管道所占的面积。面层工程量按设计图示的吊顶尺寸水平投影面积加上高低处展开面积计算。

轻钢龙骨顶棚工程量 $=8.1\times6.6=53.46\text{m}^2$

石膏板面层工程量 $=8.1\times6.6+0.25\times(6.5+5)\times2+0.25\times(5.3+3.8)\times2$

$=63.76\text{m}^2$

【例 4－15】 根据图 4－23 所示计算主卧室轻钢龙骨吊顶工程量（墙厚 240mm）。

解：

主卧室轻钢龙骨面积 $=(1.5+3.0-0.24)\times(3.5-0.24)=4.22\times3.22=13.59\text{m}^2$

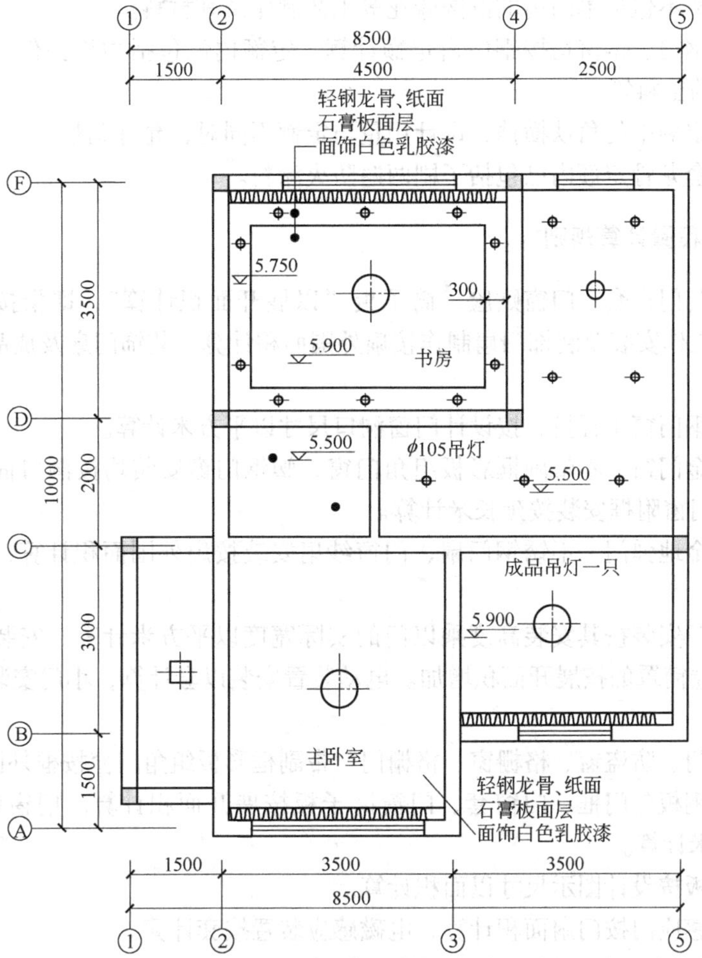

图 4-23 房间主卧室吊顶示意图

4.7 门窗工程量的计算

4.7.1 门窗工程的内容

门窗工程包括木门、金属门、金属卷帘门、其他门、木窗、金属窗、门窗套、窗帘盒、窗帘轨、窗台板等工作内容。

4.7.2 门窗工程定额说明

（1）本分部项目所注明的框断面是以边立挺设计净断面为准，框截面如为钉条者，应加钉条的断面计算。刨光损耗包括在定额内，不另计算。

（2）门窗五金包括：普通折页、插销、风钩、普通翻窗铰链，门还包括搭扣和镀铬弓背拉手。使用上述五金者，不得调整和换算。如使用贵重五金时，其费用可另行计算，但不增加安装人工费，同时，定额中已包括的五金费用亦不扣除。

(3) 本定额不包括木门扇的镶嵌雕花等工艺制作及其材料。

(4) 空腹钢门、钢窗均按钢门窗定额计算。定额内已包括预埋铁件、玻璃卡以及玻璃安装和嵌缝的工料等。

(5) 天窗定额中的角铁横挡，设计用量与定额不同时，允许调整。

(6) 门窗套龙骨定额内已包括了刷两遍防火涂料。

4.7.3 门窗工程量计算规则

(1) 实木门门窗套、门窗贴脸、筒子板"以展开面积计算"，即指按其铺钉面积计算。实木门扇制作安装及装饰门扇制作按扇外围面积计算。装饰门扇及成品门安装按樘计算。

(2) 成品钢门窗工程量，按设计门窗洞口尺寸以平方米计算。

(3) 铝合金门窗、不带副框彩板组角门窗、塑钢门窗安装均按洞口面积以平方米计算。彩板组角门窗附框安装按延长米计算。

(4) 铝合金地弹门、不锈钢门扇、门窗纱扇安装按扇外围面积计算，不锈钢地弹门以扇计算。

(5) 卷闸门安装按其安装高度乘以门的实际宽度以平方米计算。安装高度算至滚筒顶点为准。带卷筒罩的按展开面积增加。电动装置安装以套计算，小门安装以个计算，小门面积不扣除。

(6) 防盗门、防盗窗、格栅窗、格栅门、带副框彩板组角门窗按框外围面积计算。

(7) 不锈钢板包门框、门窗套、门窗筒子板按展开面积计算。门窗贴脸、窗帘盒、窗帘轨按延长米计算。

(8) 窗台板按设计图示尺寸以面积计算。

(9) 电子感应门按门扇面积计算，电磁感应装置按套计算。

(10) 不锈钢电动伸缩门和转门以樘计算。

(11) 电子对讲门按框外围面积计算。

4.7.4 门窗工程量计算实例

【例4-16】 某工程采用70系列银白色带上亮双扇铝合金推拉窗（框外围尺寸为1450mm×2050mm，上亮高650mm），型材厚1.3mm，现场制作及安装，试确定其工程量。

解：

分析：铝合金门窗制作及安装均按洞口面积以平方米计算。

铝合金推拉窗的工程量 $=1.45\times2.05+1.45\times0.65=3.92\text{m}^2$。

4.8 油漆、涂料、裱糊工程量的计算

4.8.1 油漆、涂料、裱糊工程的内容

油漆、涂料工程的内容包括门油漆、窗油漆、扶手、板条面、线条面、木材面油漆、

金属面油漆、抹灰面油漆和喷刷涂料、裱糊等。

4.8.2 油漆、涂料、裱糊工程定额说明

（1）油漆浅、中、深各种颜色，已综合在定额内。颜色不同，不予调整。

（2）在同一平面上的分色及门窗内外分色已综合考虑。如需做美术图案者，另行计算。

（3）定额内规定的喷、涂、刷遍数与设计要求不同时，可按每增加一遍定额项目进行调整。

（4）喷塑（一塑三油）、底油、装饰漆、面油，其规格划分如下：

1）大压花：喷点压平、点面积在 $1.2cm^2$ 以上。

2）中压花：喷点压平、点面积在 $1\sim1.2cm^2$。

3）喷中点、幼点：喷点面积在 $1cm^2$ 以下。

（5）定额中的双层木门窗（单裁口）是指双层框扇。三层二玻一纱窗是指双层框三层扇。

（6）定额中的单层木门刷油是按双面刷油考虑的。如采用单面刷油，其定额含量乘以系数 0.49 计算。

（7）定额中的木扶手油漆是按不带托板考虑的。

（8）线条与所附着的基层同色同油漆者，不再单独计算线条油漆。

4.8.3 油漆、涂料、裱糊工程量计算规则

（1）楼地面、天棚、墙、柱、梁面的喷（刷）涂料、抹灰面油漆及裱糊工程，均按附表相应的计算规则计算。

（2）木材油漆工程量分别按附表相应的计算规则计算。

（3）定额中的隔墙、护壁、柱、天棚木龙骨及木地板中木龙骨带毛地板，刷防火涂料工程量计算规则如下：

1）隔墙、护壁木龙骨按其面层正立面投影面积计算。

2）柱木龙骨按其面层外围面积计算。

3）天棚木龙骨按其水平投影面积计算。

4）木地板中木龙骨及木龙骨带毛地板按地板面积计算。

（4）隔墙、护壁、柱、天棚面层及木地板刷防火涂料，执行其他木材面刷防火涂料相应子目。

（5）木楼梯（不包括底面）油漆，按水平投影面积乘以系数 2.3，执行木地板油漆相应子目。

（6）金属构件油漆的工程量按构件重量计算。

（7）抹灰面油漆，按图示尺寸以实际油漆面积或长度计算。其中混凝土花格窗栏杆花饰油漆，按洞口面积以平方米计算。槽形底板、混凝土折瓦板等构件的油漆按下表计算工程量。

木材面油漆工程量系数（见表 4－7～表 4－10），金属面油漆工程量系数（见表 4－11～表 4－13），抹灰面油漆工程量系数（见表 4－14）。

表4－7 单层木门工程量系数表

项目名称	系 数	工程量计算方法
单层木门	1.00	按单面洞口面积计算
双层（一玻一纱）木门	1.36	
双层（单裁口）木门	2.00	
单层全玻门	0.83	
木百叶门	1.25	
厂库房大门	1.10	

表4－8 单层木窗工程量系数表

项目名称	系 数	工程量计算方法
单层玻璃窗	1.00	按单面洞口面积计算
双层（一玻一纱）木窗	1.36	
双层（单裁口）木窗	2.00	
双层框三层（二玻一纱）木窗	2.60	
单层组合窗	0.83	
双层组合窗	1.13	
木百叶窗	1.50	

表4－9 木扶手（不带托板）工程量系数表

项目名称	系 数	工程量计算方法
木扶手（不带托板）	1.00	按延长米计算
木扶手（带托板）	2.60	
窗帘盒	2.04	
封檐板、顺水板	1.74	
挂衣板、黑板框、单独木线条100mm以外	0.52	
挂镜线、窗帘棍、单独木线条100mm以内	0.40	

表4－10 其他木地面工程量系数表

项目名称	系 数	工程量计算方法
木板、纤维板、胶合板天棚	1.00	按长×宽计算
木护墙、木墙裙	1.00	
窗台板、筒子板、盖板	0.82	
门窗套、踢脚线	1.00	
清水板条天棚、檐口	1.07	
木方格吊顶天棚	1.20	
鱼鳞板墙	2.48	
吸音板墙面、天棚面	0.87	

续表 4-10

项目名称	系数	工程量计算方法
木间壁、木隔断	1.90	单面外围面积
玻璃间壁露明墙筋	1.65	
木栅栏、木栏杆（带扶手）	1.82	
衣柜、壁柜	1.00	按实刷展开面积
零星木装修	0.87	展开面积
梁柱饰面	1.00	

表 4-11 单层钢门窗工程量系数表

项目名称	系数	工程量计算方法
单层钢门窗	1	洞口面积
双层（一玻一纱）钢门窗	1.48	
钢百叶钢门	2.74	
半截百叶钢门	2.22	
钢门或包铁皮门	1.63	
钢折叠门	2.3	
射线防护门	2.96	框（扇）外围面积
厂库平开、推拉门	1.7	
钢丝网大门	0.81	
金属间壁	1.9	长×宽
平板屋面	0.74	斜长×宽
瓦垄板屋面	0.89	
排水、伸缩缝盖板	0.78	展开面积
吸气罩	1.63	水平投影面积

表 4-12 其他金属面工程量系数表

项目名称	系数	工程量计算方法
钢屋架、天窗架、挡风架、屋架梁、支撑、檩条	1	质量（t）
墙架（空腹式）	0.5	
墙架（格板式）	0.82	
钢柱、吊车梁、花式梁、柱、空花构件	0.63	
操作台、走台、制动梁、钢梁车档	0.71	
钢栅栏门、栏杆、窗栅	1.71	
钢爬梯	1.2	
轻型屋架	1.42	
踏步式钢扶梯	1.1	
零星铁件	1.32	

表 4-13 平板屋面涂刷磷化、锌黄底漆工程量系数表

项目名称	系数	工程量计算方法
钢屋架、天窗架、挡风架、屋架梁、支撑、檩条	1	斜长×宽
墙架（空腹式）	0.5	
墙架（格板式）	0.82	展开面积
钢柱、吊车梁、花式梁、柱、空花构件	0.63	水平投影面积
操作台、走台、制动梁、钢梁车档	0.71	洞口面积

表 4-14 抹灰面油漆、涂料、裱糊工程量系数表

项目名称	系数	工程量计算方法
混凝土楼梯底（斜平顶）	1.30	水平投影面积（包括休息平台）
混凝土楼梯底（锯齿形）	1.50	
混凝土花格窗、栏杆花饰	1.82	单面外围面积
楼地面、天棚、墙、柱、梁面	1.00	展开面积

4.8.4 油漆、涂料、裱糊工程量计算实例

【例 4-17】 某室内装饰工程有纸面石膏板面层刷乳胶漆，石膏线脚，并知室内净尺寸为4.5m×5.4m。求该顶棚工程项目油漆工程的工程量。

解：

分析：顶棚工程项目油漆，按图示尺寸以实际油漆面积计算。由于纸面石膏板面层和顶棚石膏线脚乳胶漆同时油漆，应分别乘以相应工程量系数。

$$室内顶棚净面积 = 4.5\times5.4 = 24.3\text{m}^2$$

$$顶棚乳胶漆的工程量 = 24.3\times1.0\times1.05 = 25.52\text{m}^2$$

【例 4-18】 已知某工程单层木门长1.8m，宽1.8m，共64樘，求刷熟桐油两遍的工程量。

解：

分析：单层木门工程量按单面洞口面积计算，查表4-7得，木门窗油漆工程量计算系数：单层木门为1.00。

$$工程量 = 1.8\times1.8\times64\times1.00 = 207.36\text{m}^2$$

【例 4-19】 某室内装饰门窗工程，分别是双层木窗760m^2，双层木门170m^2，单层木门420m^2，试计算该工程木门窗的油漆工程量。

解：

分析：工程量按洞口面积计算，由表4-7和表4-8查得，木门窗油漆工程量计算系数：单层木门油漆工程量计算系数为1.00、双层木门油漆工程量计算系数为2.00，双层木窗油漆工程量计算系数为2.00。

$$该室内装饰门窗工程量 = 760\times2.00 + 170\times2.00 + 420\times1.00 = 2280.00\text{m}^2$$

4.9 其他装饰工程量的计算

4.9.1 其他工程量的内容

其他工程量包括柜类、货架、暖气罩、浴厕配件、压条、装饰线、雨篷、旗杆、招牌、灯箱、美术字等项目。

4.9.2 其他工程量计算说明

（1）定额项目与实际使用中存在材料品种、规格不同时，可以换算。

（2）货架、柜类项目中未考虑面板拼花及饰面板上贴其他材料的花饰、造型艺术品，不包括柜门拼花，定额中的材料与设计含量不同时，可以调整。

（3）招牌基层。

1）平面招牌是指安装在门前的墙面上；箱式招牌、竖式标箱是指六面体固定在墙体上。沿雨篷、檐口、阳台走向的立式招牌，套用平面招牌的复杂项目。

2）一般招牌和矩形招牌是指正立面平整无凸出面，复杂招牌和异形招牌是指正立面有凸起或造型。招牌的灯饰均不包括在定额内。

3）招牌的面层套用天棚相应面层项目，灯饰均不包括在定额内。

（4）雨篷吊挂饰面龙骨、基层、面层按天棚工程相应定额计算。

（5）旗杆基座按建筑工程相应定额计算，其基座装饰按楼地面和墙、柱面工程相应定额计算。杆体按设计另行计算。

（6）美术字均以成品安装固定为准，不分字体均按定额执行使用。

（7）木装饰线、石膏装饰线、石材装饰线均以成品安装为准。不同线形乘以相应系数。

（8）石材磨边、台面开孔项目均为现场磨制。

（9）暖气罩按明式编制，成品散热花饰网片另列项计算。暖气罩封边线、装饰线均未包括，设计要求时，另按装饰线条相应定额计算。

4.9.3 其他工程量计算规则

（1）工程量按各子目计量单位计算。其中以平方米为计量单位的货架、柜橱类工程量均以正立面的高（包括脚的高度在内）乘以宽计算。

（2）木结构招牌龙骨按图示正立面投影尺寸以平方米计算。钢结构灯箱招牌龙骨架，按图示尺寸以吨计算。灯箱招牌基层板、面层板，按图示封板尺寸展开面积以平方米计算。平面招牌基层，按正立面面积计算，复杂形凹凸造型部分不增减。沿雨篷、檐口或阳台走向的立式招牌基层，按平面招牌复杂形执行时，应按展开面积计算。箱式招牌和竖式标箱基层，按外围体积计算。突出箱外的灯饰、店徽及其他艺术装潢等，另行计算。

（3）雨篷吊挂饰面按设计图示尺寸以水平投影面积计算，其工程内容包括雨棚底层抹灰，龙骨基层安装、面层安装及刷防护材料、油漆等。

(4) 压条、装饰条均按延长米计算。

(5) 金属旗杆按设计图示数量以根计算。其工程内容包括土方挖填、基础混凝土浇筑、旗杆制作、安装、旗杆台座制作及其饰面施工。

(6) 美术字安装按字的最大外接矩形面积计算。

(7) 窗帘盒、窗帘轨按延长米计算。

(8) 暖气罩按图示尺寸展开面积以平方米计算，扣除散热花饰网片所占面积。散热花饰网片按成品列入定额，其工程量按平方米计算。

4.9.4　其他工程量计算实例

【例4-20】　某房间一侧立面如图4-24所示，其窗做贴脸板、筒子板及窗台板。墙角做木压条，试计算其工程量。其窗台板宽150mm，筒子板宽120mm。

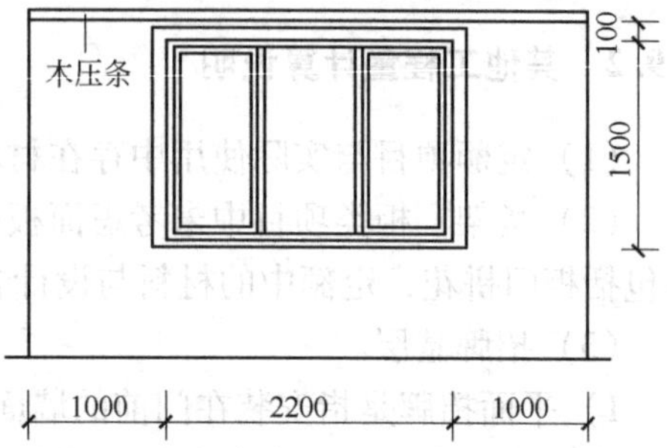

图4-24　某房间侧立面图

解：

分析：压条按延长米计算，贴脸板、筒子板及窗台板按设计图示尺寸以面积计算。

贴脸板的工程量 $=[(1.5+0.1\times2)\times2+2.2+0.1\times2]\times0.1=0.58m^2$

筒子板的工程量 $=(2.2+1.5\times2)\times0.12=0.624m^2$

窗台板的工程量 $=2.2\times0.15=0.33m^2$

木压条的工程量 $=2.2+1.0+1.0=4.2m$

4.10　建筑装饰工程量计算实例

4.10.1　某区别墅室内装饰工程设计说明

4.10.1.1　工程概况

该别墅工程为一楼一底二层砖混结构工程，建筑面积为147.60m²，240mm厚标准砖墙，室内外地坪高差450mm。

4.10.1.2　房间名称

(1) 底层。

1) 建筑物正立面进屋后有一门斗（轴线尺寸为1800mm×1200mm）。

2) 带弧形窗的房间为客厅。

3) 客厅左边是居室一（轴线尺寸为4800mm×3900mm）。

4) 有洗面器、坐便器、浴盆的房间是卫生间。

5) 有水池、灶台、案板设施的房间是厨房。

6) 楼梯间在卫生间边上（轴线尺寸为3600mm×2400mm）。

7) 底层过道（轴线尺寸为4400mm×1800mm）。

(2) 二层。

1) 楼梯间位置及尺寸同底层。

2）过道位置及尺寸同底层。

3）居室二紧靠过道（轴线尺寸为4400mm×3900mm）。

4）最后一个房间是居室三（轴线尺寸为4800mm×3900mm）。

5）其余为上人屋面。

4.10.1.3 门窗洞口尺寸

门窗洞口尺寸见表4－15。

表4－15 别墅门窗洞口尺寸表

序号	名 称	宽/mm	高/mm	数量	所 在 部 位	备 注
1	铝合金弧形窗	5213（弧长）	1800	1	底层客厅	铝合金窗用5mm厚蓝色玻璃，铝合金隔断用5mm厚白玻璃
2	铝合金推拉门	2100	1800	2	居室一、三	
3	铝合金平开窗	1800	1800	3	厨房、客厅、居室二	
4	铝合金平开窗	900	1800	5	厨房、居室二、二层过道两端头	
5	铝合金固定窗	900	900	3	楼梯间	
6	金属防盗门	900	2700	3	底层前、后门、二层上人屋面	
7	胶合板门	900	2000	6	厨房、进门厅、居室一、居室二、居室三	
8	百叶胶合板门	900	2000	1	卫生间	
9	铝合金玻璃隔断	2100	2000	1	厨 房	

4.10.1.4 楼地面装饰

楼地面装饰见表4－16。

表4－16 别墅楼地面装饰表

序号	房 间 名 称	装 饰 做 法	备 注
1	门斗地面	铺橡胶绒地毯	不扣除挂衣柜所占面积
2	客 厅	浅红色花岗岩地面	
3	居室一	浅红色大理石地面	
4	厨房、卫生间	浅棕色防滑地砖	不扣除坐便器、洗面器、灶台、案板、水池所占面积，扣除浴盆所占面积
5	过 道	米黄色地砖	包括上下两层过道和底层楼梯间地面
6	楼 梯	铺化纤地毯（固定式）	包括踏步和休息平台
7	居室二、居室三	硬木地板、刷底油一遍、地板漆两遍	企口板条硬木地板铺在毛地板上
8	踢脚板	除门斗间、楼梯间、休息平台为瓷砖外，其余做法同地面材料	脚踏板高为150mm
9	台阶及台阶平台	豆绿色花岗岩地面	
10	楼梯栏杆、扶手	有机玻璃栏板、不锈钢扶手	楼梯栏杆水平长：2400mm 楼梯高：3000mm
11	上人屋面栏杆、扶手	不锈钢栏杆、扶手	

4.10.1.5 顶棚装饰

顶棚装饰见表4－17。

表 4－17　小别墅顶棚面装饰表

序号	房间名称	顶棚做法	备　注
1	厨房、门斗间、过道、梯间	混合砂浆抹面后，喷仿瓷涂料	
2	卫生间	木方格吊顶顶棚，润油粉两遍，刮泥子，封闭漆一遍，聚氨酯漆一遍，聚氨酯清漆两遍	吊顶高 150mm
3	居室一	混凝土板下贴矿棉板，彩喷面	
4	客　厅	T 型铝合金龙骨上安装胶合板面（水面柳），底油一遍，调和漆两遍，磁漆两遍	吊顶高 150mm
5	居室二、居室三	混凝土板下吊方木楞龙骨，水曲柳胶合板面层，刷底油，刮一遍泥子，调和漆两遍	吊顶高 150mm

4.10.1.6　墙面装饰

墙面装饰见表 4－18。

表 4－18　小别墅墙面装饰表

序号	房间名称	墙面顶棚做法	备　注
1	厨　房	1800mm 高白底淡花瓷砖墙裙，其余墙面混合砂浆抹面后喷仿瓷涂料	室内窗台距地面 900mm 高
2	卫生间	米黄色瓷砖（150mm×200mm）墙面到顶	
3	客　厅	混合砂浆抹面后贴仿锦缎壁纸	
4	居室一	混合砂浆抹面后彩色喷涂面	
5	居室二、居室三	水曲柳胶合板护壁板，润油粉刷一遍泥子，调和漆一遍，磁漆三遍	
6	其余墙面	混合砂浆抹面后喷仿瓷涂料	

4.10.1.7　其他装饰

（1）客厅、居室、卫生间内安装硬木窗帘盒（双轨），窗帘盒长按窗洞口尺寸再加 500mm 计算。

（2）卫生间设塑料镜箱一个，不锈钢毛巾杆一根。

4.10.1.8　有关尺寸

（1）除底层客厅、卫生间、门斗间层高为 2.98m 外，其余层高均为 3.00m。

（2）上人屋面板厚 100mm，非上人屋面板厚 120mm，其他楼板厚 120mm。

（3）砖墙后均为 240mm。

（4）浴盆尺寸为 680mm×1700mm×450mm。

（5）楼梯间水平投影尺寸。

1）休息平台为 1200mm×2160mm。

2）楼梯踏步为 2160mm×2400mm。

（6）胶合板门运输距离为 6km。

4.10.2　某区别墅室内装饰工程设计图

别墅装饰装修施工图如图 4－25～图 4－28 所示。

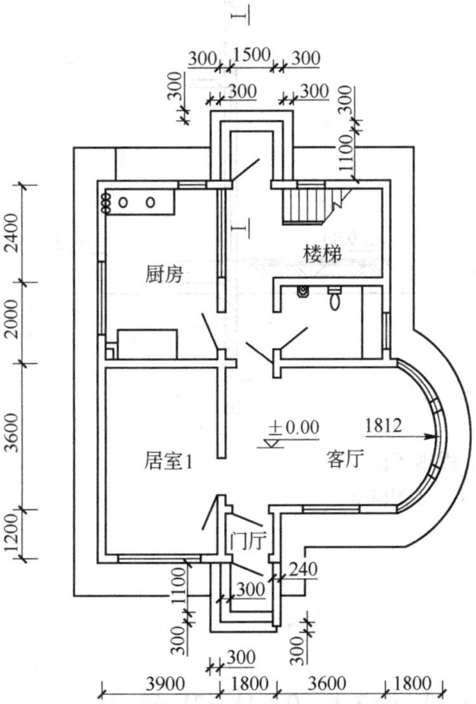

图 4－25　别墅工程底层平面图

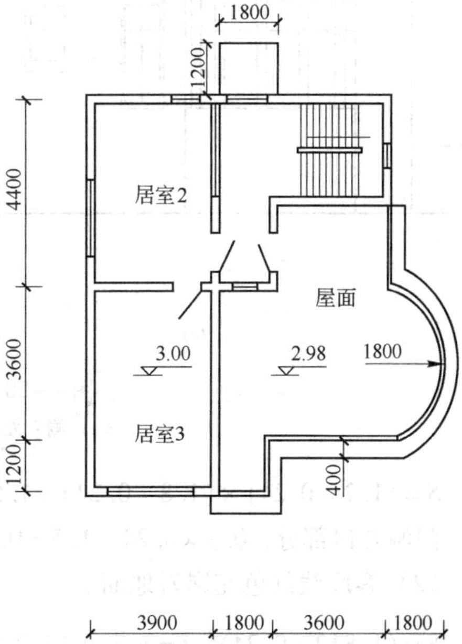

图 4－26　别墅工程二层平面图

图 4－27　别墅工程施工图

(a) 正立面图；(b) 背立面图

4.10.3　某区别墅室内装饰装修工程量计算

按照定额的列项，逐项计算工程量。

4.10.3.1　楼地面工程

(1) 门斗间橡胶绒地毯。

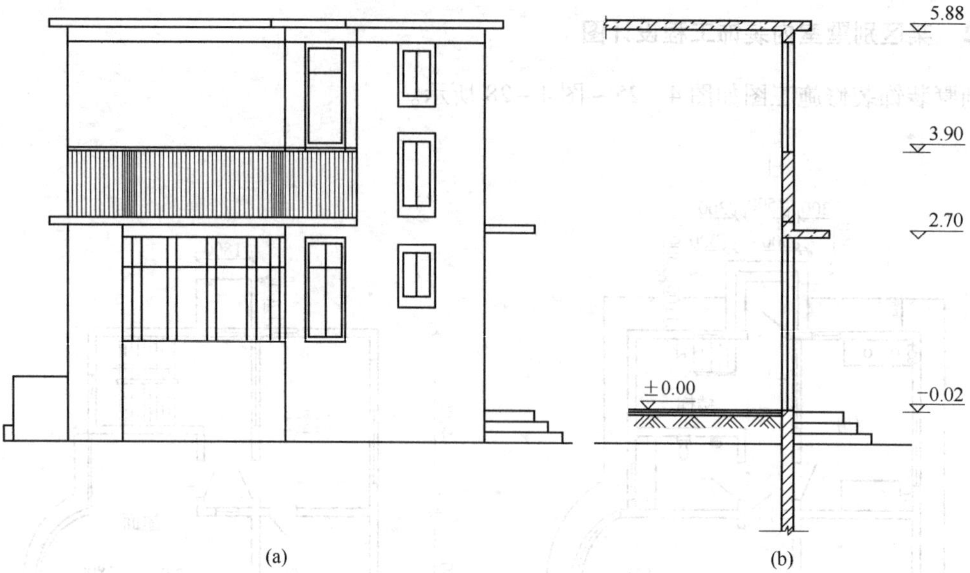

图4-28　别墅工程施工图
(a) 侧立面图；(b) Ⅰ—Ⅰ剖面图

$S=(1.2-0.24)\times(1.8-0.24)=1.5\text{m}^2$

门洞开口部分：$0.9\times0.24\times1.5=0.32\text{m}^2$

(2) 客厅浅红色花岗岩地面。

$$S=(1.812-0.24)^2\times\pi\times\frac{1}{2}+(1.8+3.6-0.12)\times(3.6-0.24)=21.62\text{m}^2$$

(3) 居室一浅灰色大理石地面。

$S=(3.9-0.24)\times(1.2+3.6-0.24)=16.69\text{m}^2$

(4) 厨房、卫生间浅棕色防滑地砖。

$S_{厨房}=(2+2.4-0.24)\times(3.9-0.24)=15.23\text{m}^2$

$S_{卫生间}=(3.6-0.24)\times(2-0.24)-(0.68\times1.7)=5.91-1.16=4.75\text{m}^2$

合计：$15.23+4.75=19.98\ \text{m}^2$

(5) 过道米黄色地砖，一层、二层过道及底层楼梯间地面。

$S=(1.8-0.24)\times(2+2.4-0.24)\times2+(2.4-0.24)\times3.6=20.76\text{m}^2$

(6) 楼梯踏步及休息平台铺化纤地毯，固定式。

$S=2.16\times2.4+1.2\times2.16=7.78\text{m}^2$

(7) 居室二、三企口板条硬木地板，铺在毛地板上。

$S_{居室}=(1.2+3.6-0.24)\times(3.9-0.24)+0.9\times0.24\times0.5=16.69+0.11=16.8\text{m}^2$

$S_{居室}=(4.4-0.24)\times(3.9-0.24)+0.9\times0.24=15.23+0.22=15.45\text{m}^2$

合计：$16.8+15.45=32.25\text{m}^2$

(8) 客厅花岗岩踢脚，150mm 高。

$$S=\left[(1.8+3.6-0.12)\times2+(3.6-0.24)+(1.812-0.24)\times2\pi\times\frac{1}{2}\right]\times0.15$$

$=18.86\times0.15=2.83\text{m}^2$

（9）居室一大理石踢脚。

$S=[(1.2+3.6-0.24)+(3.9-0.24)]\times2\times0.15=16.44\times0.15=2.47\text{m}^2$

（10）过道、门斗间、底层楼梯间瓷砖踢脚线。

$S=\{[(1.8-0.24)\times2+(4.4-0.24)+2]\times2+3.6\times2+(2.4-0.24)\}\times0.15$

$=27.92\times0.15=4.19\text{m}^2$

（11）豆绿色花岗岩台阶。

$S_{后门}=(1.5+0.3\times4)\times(1.1+0.3+0.3)-(1.1-0.3)\times(1.5-0.3\times2)$

$=4.59-0.72=3.87\text{m}^2$

$S_{前门}=(1.8+0.3-0.12)\times(1.1+0.3\times2)-(1.1-0.3)\times(1.8-0.3\times2-0.12)$

$=3.37-0.86=2.51\text{m}^2$

合计：$3.87+2.51=6.38\text{m}^2$

（12）豆绿色花岗岩地面。

$S_{后门}=(1.1-0.3)\times(1.5-0.3\times2)=0.72\text{m}^2$

$S_{前门}=(1.1-0.3)\times(1.8-0.3\times2-0.12)=0.86\text{m}^2$

合计：$0.72+0.86=1.58\text{m}^2$

（13）楼梯不锈钢扶手，有机玻璃栏板。

$L=\sqrt{2.4^2+1.5^2}\times2+2.4\times\frac{1}{2}=6.86\text{m}$

（14）上人屋面不锈钢栏杆，扶手。

$L=1.8+1.2+3.6+1.8\times2\times\pi\times\frac{1}{2}+2=14.25\text{m}$

4.10.3.2 墙、柱面工程

（1）厨房瓷砖墙裙。

$S=(3.9-0.24+4.4-0.24)\times2\times1.8-0.9\times1.8-1.8\times0.9-0.9\times0.9-(2+1.8+0.12-3)\times2.1=22.17\text{m}^2$

（2）卫生间米黄瓷砖墙面，150mm×200mm。

$S=(3.6-0.24+2-0.24)\times2\times(2.98-0.1)-0.9\times1.8-0.9\times2=26.07\text{m}^2$

（3）居室二、三水曲柳胶合板。

$S=[(3.9-0.24+4.8-0.24)\times2+(3.9-0.24+4.4-0.24)\times2]\times(3-0.12)-0.9\times2\times2-(2.1\times1.8+1.8\times1.8+0.9\times1.8)=80.15\text{m}^2$

（4）厨房、客厅、居室一、门斗、走廊、楼梯墙面混合砂浆抹面后彩色喷涂面。

$S_{厨房}=(4.4-0.24+3.9-0.24)\times2\times(3.0-0.12)-0.9\times2-(1.8\times1.8)+0.9\times1.8-22.17=19.45\text{m}^2$

$S_{客厅}=35.92\text{m}^2$

$S_{居室一}=(3.9-0.24+4.8-0.24)\times2\times(3.0-0.12)-0.9\times2-2.1\times1.8=41.77\text{m}^2$

$S_{门斗}=(1.8-0.24+1.2-0.24)\times2\times(2.98-0.1)=14.52\text{m}^2$

$S_{走廊、楼梯间}=(4.4-0.24+3.6+1.8-0.24)\times2\times(6-0.12\times2)-(0.9\times2.7\times2+0.9\times2.0\times4)-(0.9\times1.8\times2+0.9\times0.9\times3)-2.1\times2=85.44\text{m}^2$

合计：$19.45+35.92+41.77+14.52+85.44=197.10\text{m}^2$

(5) 铝合金玻璃隔断，用5mm厚白玻璃。

$S=2.10\times2.00=4.20\text{m}^2$

4.10.3.3 天棚装饰工程

(1) 厨房、门斗、过道、楼梯间等顶棚抹混合砂浆。

$S_{厨房}=(4.4-0.24)\times(3.9-0.24)=15.23\text{m}^2$

$S_{门斗}=(1.8-0.24)\times(1.2-0.24)=1.5\text{m}^2$

$S_{过道}=(1.8-0.24)\times(4.4-0.24)\times2=12.98\text{m}^2$

$S_{楼梯间}=3.6\times(2.4-0.24)=7.78\text{m}^2$

$S_{楼梯底}=(2.4-0.24)\times3.84=8.29\text{m}^2$

合计：$15.23+1.5+12.98+7.78+8.29=45.78\text{m}^2$

(2) 卫生间木方格吊顶，吊顶高150mm。

$S=(3.6-0.24)\times(2.0-0.24)=5.91\text{m}^2$

(3) 居室一混凝土板贴矿棉板，彩喷。

$S=(3.9-0.24)\times(1.2+3.6-0.24)=16.69\text{m}^2$

(4) 客厅T型铝合金龙骨上安装胶合板面（水曲柳），吊顶高150mm。

$$S=(1.812-0.24)^2\times\pi\times\frac{1}{2}+(1.8+3.6-0.12)\times(3.6-0.24)=21.62\text{m}^2$$

(5) 居室二、三混凝土板下吊方木楞龙骨，水曲柳胶合板面层、吊顶高150mm。

$S=(4.4-0.24)\times(3.9-0.24)+(1.2+3.6-0.24)\times(3.9-0.24)=31.92\text{m}^2$

4.10.3.4 门窗装饰工程

(1) 铝合金平开窗。

$n=1+3+5=9$

$S_{弧}=5.213\times1.8=9.38\text{m}^2$

$S_{其他}=1.8\times1.8\times3+0.9\times1.8\times5=17.82\text{m}^2$

(2) 铝合金推拉门。

$n=2$

$S=2.1\times1.8\times2=7.56\text{m}^2$

(3) 铝合金固定窗。

$n=3$

$S=0.9\times0.9\times3=2.43\text{m}^2$

(4) 金属防盗门。

$n=3$

$S=0.9\times2.7\times3=7.29\text{m}^2$

(5) 胶合板门。

$n=6$

$S=0.9\times2.0\times1=1.8\text{m}^2$

(6) 客厅、居室硬木窗帘盒。

$L_{客厅}=1.8+0.5+5.213+0.5=8.013$

$L_{居室一}=2.1+0.5=2.6$

$L_{居室二}=0.9+0.5+1.8+0.5=3.7$

$L_{居室三}=2.1+0.5=2.6$

合计：$8.013+2.6+3.7+2.6=16.91$

4.10.3.5 油漆、涂料、裱糊工程

（1）厨房、门斗、过道、楼梯间等顶棚仿瓷涂料。

$S_{厨房}=(4.4-0.24)\times(3.9-0.24)=15.23\text{m}^2$

$S_{门斗}=(1.8-0.24)\times(1.2-0.24)=1.5\text{m}^2$

$S_{过道}=(1.8-0.24)\times(4.4-0.24)\times2=12.98\text{m}^2$

$S_{楼梯间}=3.6\times(2.4-0.24)=7.78\text{m}^2$

$S_{楼梯底}=(2.4-0.24)\times3.84=8.29\text{m}^2$

合计：$15.23+1.5+12.98+7.78+8.29=45.78\text{m}^2$

（2）厨房、门斗、过道、楼梯间等墙面喷仿瓷涂料。

$S_{厨房}=(4.4-0.24+3.9-0.24)\times2\times(3-0.12)-0.9\times2-(1.8\times1.8+0.9\times1.8)-22.17=16.21\text{m}^2$

$S_{门斗}=(1.8-0.24+1.2-0.24)\times2\times(2.98-0.10)=14.52\text{m}^2$

$S_{走道、梯间}=(4.4-0.24+3.6+1.8-0.24)\times2\times(6.0-0.12\times2)-(0.9\times2.7\times2+0.9\times2+41-10.9\times1.8\times2+0.9\times0.9\times3)-2.1\times2=92.44\text{m}^2$

合计：$16.21+14.52+92.44=122.96\text{m}^2$

（3）客厅仿锦缎壁纸。

$S=(18.68+0.12\times2)\times(2.98-0.1-0.15)-0.9\times2.0\times2-(1.8\times1.8+5.213\times1.8)=35.42\text{m}^2$

（4）居室一墙面彩喷。

$S=(3.9-0.24+4.8-0.24)\times2\times(3.0-0.12)-0.9\times2-2.1\times1.8=41.77\text{m}^2$

4.10.3.6 其他工程

（1）卫生间镜箱。

$n=1$

（2）卫生间不锈钢毛巾杆。

$n=1$

本章小结

（1）建筑装饰工程量计算应遵循一定的原则与依据，按要求计算，并注意应用技巧。

（2）按照《建筑工程建筑面积计算规范》（GB/T 50353—2005）中的有关规定计算建筑面积的范围。

（3）各项工程工程量均有其各自的计算内容和规则，应参照定额说明进行计算。

思 考 题

4－1 什么是工程量？

4－2 工程量计算有哪些原则？

4－3 工程量计算有哪些要求？

4－4　工程量计算的方法有哪些？

4－5　什么是建筑面积？

4－6　某装饰工程的施工资料见图4－29～图4－31和表4－19，求此工程建筑面积、楼地面、天棚和墙面的工程量。

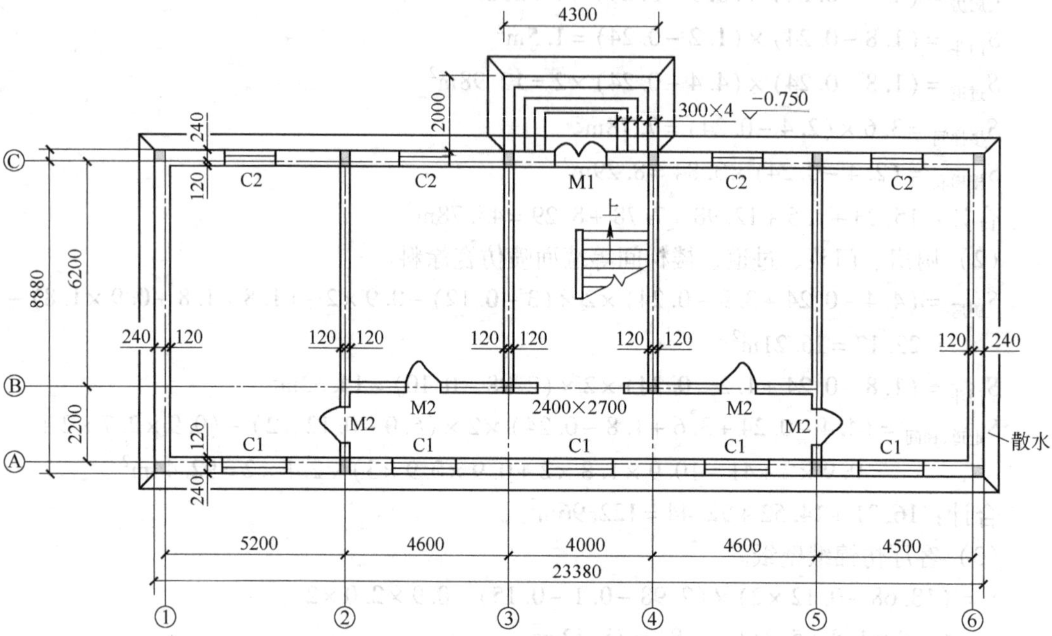

图4－29　首层平面图

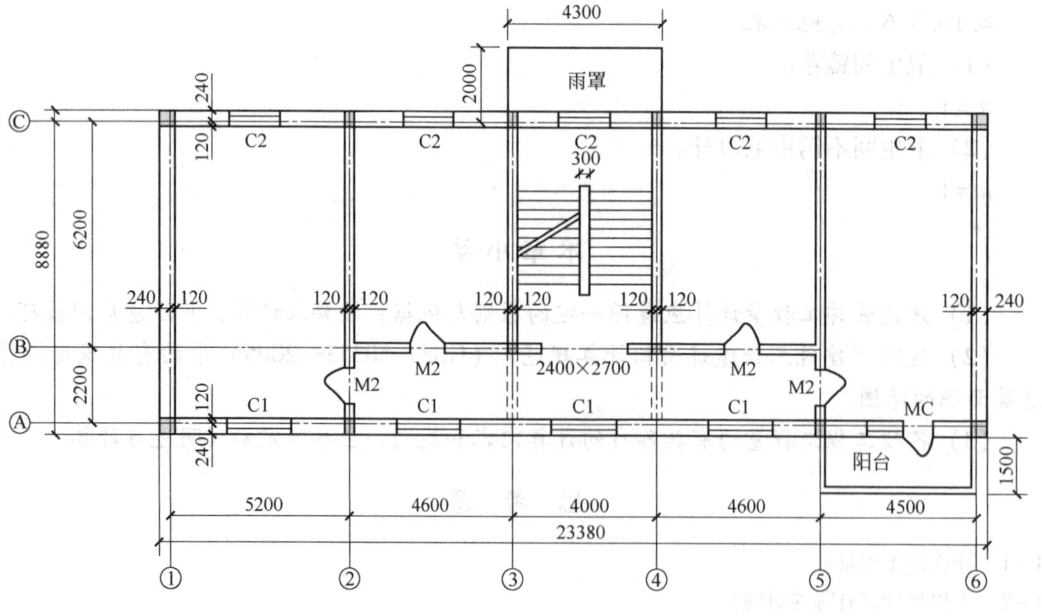

图4－30　二层平面图

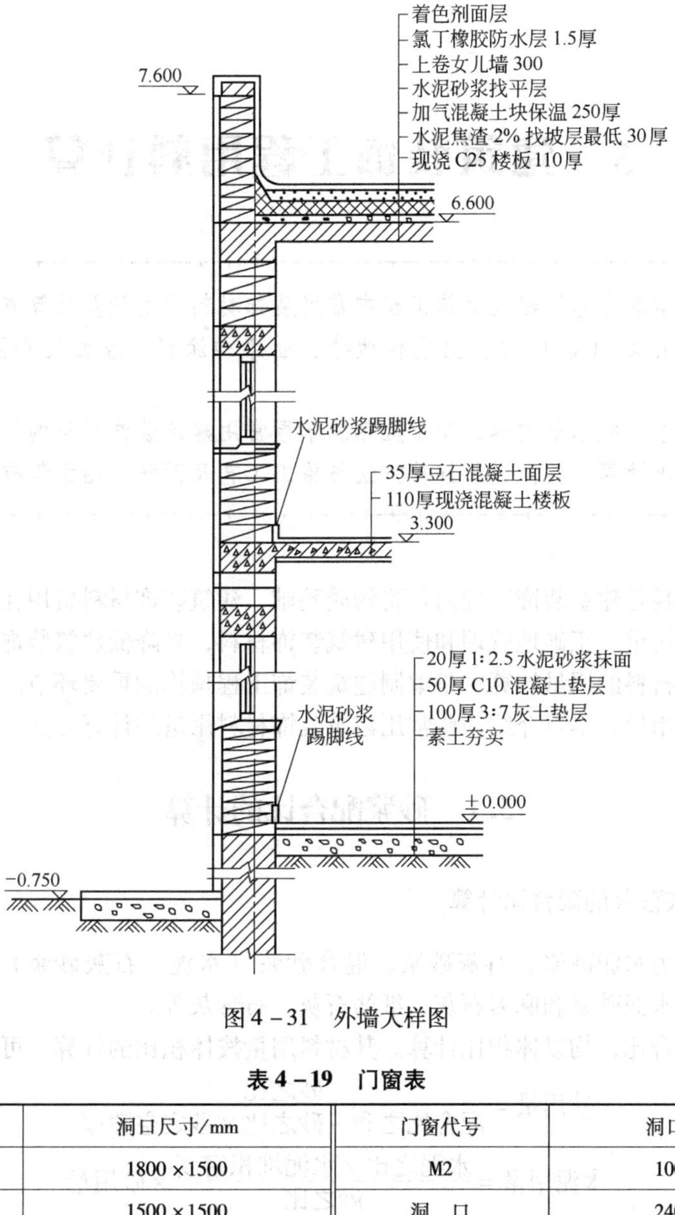

图 4-31 外墙大样图

表 4-19 门窗表

门窗代号	洞口尺寸/mm	门窗代号	洞口尺寸/mm
C1	1800×1500	M2	1000×2400
C2	1500×1500	洞 口	2400×2700
M1	18500×2400		

5　建筑装饰工程用料计算

教学提示： 本章介绍了建筑装饰工程中常用装饰材料的用量及计算方法，包括砂浆配合比、建筑装饰用块（板）材、壁纸和地毯、油漆和涂料、屋面瓦和防水卷材的用量计算。

学习要求： 学习完本章内容，学生应熟练掌握常用建筑装饰材料的计算方法。其中砂浆配合比以体积比计算，其他材料计算方法与施工工艺及面积、图案等有关。

建筑装饰材料是建筑装饰工程的重要物质基础，建筑装饰材料费用在建筑装饰工程造价中占有很大的比重。正确地管理和使用建筑装饰材料，是降低建筑装饰工程成本的重要措施。建筑装饰材料的用量计算，是编制建筑装饰工程预算的重要环节。为了正确地确定建筑装饰材料的用量，本章介绍一些常用建筑装饰材料用量的计算方法。

5.1　砂浆配合比的计算

5.1.1　一般抹灰砂浆的配合比计算

一般抹灰分为水泥砂浆、石灰砂浆、混合砂浆（水泥、石灰砂浆）、聚合物水泥砂浆、膨胀珍珠岩水泥砂浆和麻刀石灰、纸筋石灰、石膏灰等。

抹灰砂浆配合比，均以体积比计算。其材料用量按体积比的计算，可用下式表示：

$$\text{砂用量}=\frac{\text{砂之比}}{\text{配合比之和}-\text{砂之比}\times\text{砂之空隙率}} \tag{5-1}$$

$$\text{水泥用量}=\frac{\text{水泥之比}\times\text{水泥堆积密度}}{\text{砂之比}}\times\text{砂用量} \tag{5-2}$$

$$\text{石灰膏用量}=\frac{\text{石灰膏之比}}{\text{砂之比}}\times\text{砂用量} \tag{5-3}$$

$$\text{砂之空隙率}=\left(1-\frac{\text{砂堆积密度}}{\text{砂密度}}\right)\times 100\% \tag{5-4}$$

式中，砂用量和石灰膏用量以 m^3 为单位，水泥用量以 kg 为单位。

当砂用量超过 $1m^3$ 时，因其空隙容积已大于灰浆数量，均按 $1m^3$ 计算。

水泥密度为 $3100kg/m^3$，堆积密度为 $1200kg/m^3$。

砂密度为 $2650kg/m^3$，堆积密度为 $1550kg/m^3$，空隙率根据公式（5－4）计算为41.5%。

每 $1m^3$ 生石灰（块占70%，末占30%）的质量约为1050～1100kg，生石灰粉为1200kg，石灰膏为1350kg，淋制石灰膏所用生石灰量为600kg/m³，粉化石灰用生石灰量为501kg/m³。

【例5－1】 水泥砂浆配合比为1∶3（水泥∶砂），求每立方米材料用量。

解：$砂用量=\frac{3}{(1+3)-3\times0.415}=1.089m^3>1m^3$，取1m³

$$水泥用量=\frac{1\times1200}{3}\times1=400kg$$

【例5－2】 石灰砂浆配合比为1∶2.5（石灰膏∶砂），求每立方米材料用量。

解：$砂用量=\frac{2.5}{(1+2.5)-2.5\times0.415}=1.015m^3>1m^3$，取1m³

$$石灰膏用量=\frac{1}{2.5}\times1=0.4m^3$$

$$生石灰用量=600\times0.4=240kg$$

【例5－3】 混合砂浆配合比为1∶1∶4（水泥∶石灰膏∶砂），求每立方米材料用量。

解：$砂用量=\frac{4}{(1+1+4)-4\times0.415}=0.922m^3$

$$水泥用量=\frac{1\times1200}{4}\times0.922=276.6kg$$

$$石灰膏用量=\frac{1}{4}\times0.922=0.231m^3$$

$$生石灰用量=600\times0.231=138.6kg$$

5.1.2 装饰抹灰砂浆的配合比计算

装饰抹灰分为水刷石、干粘石、水磨石、斩假石、假面砖、拉毛灰、喷涂、滚涂、弹涂、仿石和彩色抹灰等。装饰砂浆配合比及抹灰厚度见表5－1。

表5－1 外墙装饰砂浆的配合比及抹灰厚度表

项 目	分层做法	厚度/mm
水刷石	水泥砂浆1∶3底层	15
	水泥白石子浆1∶5面层	10
斩假石	水泥砂浆1∶3底层	16
	水泥石屑1∶2面层	10
水磨石	水泥砂浆1∶3底层	16
	水泥白石子浆1∶2.5面层	12
干粘石	水泥砂浆1∶3底层	15
	水泥砂浆1∶2面层	7
石灰拉毛	水泥砂浆1∶3底层	14
	纸筋灰浆面层	6
水泥拉毛	混合砂浆1∶3∶9底层	14
	混合砂浆1∶1∶2面层	6

续表 5－1

项　目	分层做法		厚度/mm
喷涂、滚涂	混凝土墙	水泥砂浆 1:3 底层	1
		混合砂浆 1:1:2 面层	4
	砖　墙	水泥砂浆 1:3 底层	15
		混合砂浆 1:1:2 面层	4

5.1.2.1　水泥白石子浆材料用量计算

水泥白石子浆配合比计算，可采用一般抹灰砂浆计算公式。当白石子计算用量超过 $1m^3$ 时，按 $1m^3$ 计算。

白石子密度为 $2700kg/m^3$，堆积密度为 $1500kg/m^3$，空隙率根据公式（5－4）计算为44.4%。

【例 5－4】 水泥白石子浆配合比为 1:2（水泥:白石子），求每立方米材料用量。

解： 白石子用量 $=\dfrac{2}{(1+2)-2\times 0.444}=0.947m^3$

$$水泥用量=\frac{1\times 1200}{2}\times 0.947=568.2kg$$

5.1.2.2　美术水磨石浆材料用量计算

美术水磨石是采用白水泥或青水泥，加色石子和颜料，磨光打蜡而制成。美术水磨石浆材料中色石子和水泥用量计算，也可采用一般抹灰砂浆的计算公式，颜料用量按占水泥总量的百分比计算。

【例 5－5】 铁岭红美术水磨石地面配合比为水泥色石子浆 1:2.6（水泥:色石子），其中白水泥占 20%，青水泥占 80%，氧化铁红占水泥质量的 1.5%，色石子损耗率为 4%，水泥损耗为 1%，颜料损耗为 3%，色石子密度为 $2650kg/m^3$，堆积密度为 $1510kg/m^3$，求每立方米材料用量。

解： 空隙率 $=\left(1-\dfrac{1510}{2650}\right)\times 100\%=43\%$

$$色石子用量=\frac{2.6}{(1+2.6)-2.6\times 0.43}=1.05m^3>1m^3，取 1m^3$$

$$色石子总消耗量=1\times(1+0.04)=1.04m^3$$

$$水泥用量=\frac{1\times 1200}{2.6}\times 1=461.5kg$$

$$白水泥用量=461.54\times 0.2=92.31kg$$

$$白水泥总消耗量=92.31\times(1+0.01)=93.23kg$$

$$青水泥用量=461.54\times 0.8=369.23kg$$

$$青水泥总消耗量=369.23\times(1+0.01)=372.92kg$$

$$氧化铁红总消耗量=461.54\times 0.15\times(1+0.03)=7.13kg$$

5.2　建筑装饰用块料（板）用量的计算

建筑装饰用块料（板）材料品种包括建筑陶瓷砖、建筑石材、建筑板材等，如建筑陶瓷面砖、釉面砖、天然（人造）大理石板、水磨石板、铝合金压型板和石膏装饰板等。

5.2.1 建筑板材用量计算

建筑板材种类繁多，如胶合板、纤维板、刨花板、石膏板、艺术装饰板、铝合金压型板、彩色不锈钢板和塑料贴面装饰板等。

5.2.1.1 常用人造板

(1) 胶合板。胶合板是用原木旋切成薄片，再用胶黏剂按奇数层，以各层纤维互相垂直的方向，胶合热压而成的人造板材，最高层可达15层。其具有质地均匀、强度高、无疵点、幅面大、变形小、使用方便等特点。常用规格1220mm×2440mm。

(2) 纤维板。纤维板是将木材加工下来的板皮、刨花树枝等废料，经破碎浸泡研磨成木浆，再加入一定的胶料，经热压成型、干燥处理而成的人造板材，分硬质、半硬质和软质纤维板三种。其具有材质构造均匀，各向强度一致，抗弯强度高且耐磨，绝热性好，不易胀缩和翘曲变形，不腐朽，无木节、虫眼等特点。常用规格1220mm×2440mm。

5.2.1.2 常用石膏板

(1) 纸面石膏板。纸面石膏板是以建筑石膏为主要原料，掺入适量纤维和外加剂等制成芯板，再在其表面贴以厚质护面纸而制成的人造板材。其具有质轻、抗弯强度高、防火、隔热、隔声、抗震性能好、收缩率小和可调节室内湿度等特点。

纸面石膏板包括普通纸面石膏板、耐火纸面石膏板和装饰吸声纸面石膏板三种。

(2) 装饰石膏板。装饰石膏板可直接作为面层材料使用，表面有纯白浮雕板、钻孔型板和彩色花面板等。

石膏板常用规格见表5-2。

表5-2 石膏板规格 (mm)

纸面石膏板			装饰石膏板		
长	宽	厚	长	宽	厚
3000	1200	12	300	300	8~10
2750	1200	12	400	400	8~10
2500	900	12	500	500	8~10
2400	900	12	600	600	8~10

5.2.1.3 铝合金压型板

铝合金压型板选用纯铝、铝合金为原料，经辊压冷加工成各种波形的金属板材。具有重量轻、强度高、刚度好、经久耐用、耐大气腐蚀等特点。其光照反射性好，不燃，回收价值高，适宜做屋面及墙面，经着色可做室内装饰板。它有各种图案，并具有质感，适用于室内、外装饰墙、柱面、吊顶板等。

5.2.1.4 吸声板

在装饰工程中，顶棚材料除要求美观外，还需具备防火、质轻和吸声的性能。吸声板包括珍珠岩装饰吸声板、软硬质纤维吸声板、矿棉装饰吸声板、钙塑泡沫装饰吸声板、石膏浮雕板、塑料装饰板和金属微穿孔板等。

(1) 珍珠岩装饰吸声板。珍珠岩装饰吸声板是颗粒状膨胀珍珠岩用胶黏剂黏合而成的多孔吸声材料。它质量轻，板面可以喷涂各种涂料，也可进行漆化处理（防潮），具有美观、防火、防潮、不易翘曲、不易变形等优点。除用作一般室内天棚吊顶饰面吸声材料外，还可用于影剧场、车间的吸声降噪，以及控制混响时间，且对中高频的吸声作用较好。其中复合板结构具有强吸声的效能。

珍珠岩吸声板可按胶黏剂不同区分，有水玻璃珍珠岩吸声板、水泥珍珠岩吸声和聚合物珍珠岩吸声板；按表面结构形式分，则有不穿孔的凸凹形吸声板、半穿孔吸声板、装饰吸声板和复合吸声板。

(2) 矿棉装饰吸声板。矿棉吸声板以矿渣棉为主要原材料，加入适当胶黏剂、防潮剂、防腐剂，加压烘干而成。它经表面处理与其他材料复合，可控制纤维飞扬，且具有吸声、保温、质轻、防火等特点，用于剧场、宾馆、礼堂、播音室、商场、办公室、工业建筑等处的顶棚以及用作内墙装修的保温、隔热材料，可以控制和调整混响时间，改善室内音质、降低噪声级、改善劳动环境和劳动条件。常用规格有 500mm × 500mm × 12mm、596mm ×596mm ×12mm、496mm ×496mm ×12mm。

(3) 钙塑泡沫装饰吸声板。钙塑泡沫装饰吸声板以聚乙烯树脂加入无机填料轻质碳酸钙、发泡剂、润滑剂和颜料，以适量的配合比经混炼、模压、发泡成型而成。分为普通板和加入阻燃剂的装饰板两种，表面图案有凸凹和平板穿孔两种。穿孔板的吸声性能较好，不穿孔的隔声、隔热性能较好。钙塑泡沫装饰吸声板具有质轻、吸声、耐水及施工方便等特点，适用于宾馆、剧场、医院和商场等公共建筑的室内吊顶和墙面装饰吸声等。常用规格有 500mm × 500mm、530mm × 530mm、300mm × 300mm，厚度为 2 ~8mm。

(4) 塑料装饰吸声板。塑料装饰吸声板以各种树脂为基料，加入稳定剂、色料等辅助材料，经捏和、混炼、拉片、切粒、挤出成型而成。它的种类繁多，均以所用树脂种类命名，如以聚氯乙烯为基料的泡沫塑料板。塑料装饰吸声板具有防水、吸声、质轻、耐腐蚀、导热系数低等特点，适用于剧场和商场等公共建筑的室内吊顶和墙面装饰等。

因板材施工多采用镶嵌、压条及圆钉或螺钉固定，也可用胶粘等，故一般不计算拼缝，其计算公式为：

$$100\text{m}^2\ 用量 = \frac{100}{块长 \times 块宽} \times (1 + 损耗率) \qquad (5-5)$$

【例 5 -6】 纤维板规格为 1220mm ×2440mm，不计拼缝，其损耗率为 5%，求 100m² 需用张数。

解：

$$100\text{m}^2\ 用量 = \frac{100}{1.22 \times 2.44} \times (1 + 0.05) = 36\ 张$$

5.2.2 建筑陶瓷砖用量计算

建筑陶瓷砖种类很多，装饰上主要有釉面砖、外墙贴面砖、铺地砖、陶瓷锦砖等。

(1) 釉面砖。釉面砖又称内墙面砖，是上釉的薄片状精陶建筑装饰材料，主要用于建筑物内装饰、铺贴台面等。白色釉面砖，色纯白釉面光亮，清洁大方。彩色釉面砖分为：有光彩色釉面砖，釉面光亮晶莹，色彩丰富；无光彩色釉面砖，釉面半无光，不晃眼，色泽一致，色调柔和；还有各种装饰釉面砖，如花釉砖、结晶釉砖、斑纹釉砖、白地图案砖等。釉面砖不适于严寒地区室外使用，其经多次冻融，易出现剥落掉皮现象，所以在严寒地区宜慎用。

（2）外墙贴面砖。外墙贴面砖是用作建筑外墙装饰的瓷砖，其坯体质地密实，釉质也比较耐磨，具有耐水性、抗冻性，用于室外不会出现剥落掉皮现象。坯体的颜色较多，如米黄色、紫红色、白色等，主要是因为所用的原料和配方不同。制品分有釉、无釉两种，颜色丰富，花样繁多，适用于建筑物外墙面装饰。它不仅可以防止建筑物表面被大气侵蚀，而且可使立面美观。

（3）铺地砖。铺地砖又称缸砖，是不上釉的，用作铺地，易于清洗、耐磨性较好。它适用于交通频繁的地面、楼梯和室外地面，也可用于工作台面。其颜色一般有白色、红色、浅黄色和深黄色，地砖一般比墙面砖厚（约为10mm以上），其背纹（或槽）较深（0.5～2mm），这样便于施工和提高黏结强度。

（4）陶瓷锦砖。陶瓷锦砖又称马赛克，是可以组成各种装饰图案的小瓷砖。它可用于建筑物内、外的墙面和地面。陶瓷锦砖产品一般出厂前都已按各种图案粘贴在牛皮纸上，每张30cm见方，其面积为0.093m²。

陶瓷块料的用量计算公式为：

$$100\text{m}^2\ 用量=\frac{100}{(块长+拼缝)\times(块宽+拼缝)}\times(1+损耗率) \qquad (5-6)$$

【例5-7】 釉面瓷砖规格为600mm×300mm，拼缝宽度为1.5mm，其损耗率为1%，求100m²需用块数。

解： $$100\text{m}^2\ 用量=\frac{100}{(0.6+0.0015)\times(0.3+0.0015)}\times(1+0.01)=557\ 块$$

5.2.3 建筑石材板（块）用量计算

建筑石材包括天然石和人造石板材，如天然大理石板、花岗岩饰面板、人造大理石板、彩色水磨石板、玉石合成装饰板等。

（1）天然大理石板。天然大理石是一种富有装饰性的天然石材，品种繁多，有纯黑、纯白、纯灰等，色泽朴素自然，也有红花、浪花等呈现“朝霞”、“晚霞”、“云雾”、“海浪”等图案，石质细腻，光泽度高，色调素雅；还有多姿多彩的。它是厅、堂、馆、所及其他民用建筑理想的室内装饰材料。

（2）花岗岩饰面板。花岗岩石材板由花岗岩、辉长岩和闪长岩等加工而成。根据加工方法分为剁斧板材、机刨板材、粗磨板材和抛光板材。花岗岩饰面板具有质地坚硬、耐酸碱、耐冻等特点，广泛用于高级民用建筑、永久性纪念建筑的墙面和地面。

（3）人造大理石板。人造大理石板又称合成石，是以不饱和聚酯树脂为胶结料，掺以石粉、石渣而成。其拥有天然大理石的花纹和质感，具有强度高、厚度薄、耐酸碱、抗污染等特点。重量仅为天然大理石的50%，价格仅为天然大理石的30%～50%。

（4）彩色水磨石板。彩色水磨石板以水泥和彩色石屑拌和，经成型、养护、研磨和抛光后制成，具有强度高、坚固耐用、美观、施工简便等特点。可做地面板、窗台板、踢脚板、隔断板和踏步板等。

石材板（块）料用量计算公式为：

$$100\text{m}^2\text{用量}=\frac{100}{(\text{块长}+\text{拼缝})\times(\text{块宽}+\text{拼缝})}\times(1+\text{损耗率}) \quad (5-7)$$

【例5-8】 大理石板规格为500mm×500mm，拼缝宽度为5mm，其损耗率为1%，求100m^2需用块数。

解：$$100\text{m}^2\text{用量}=\frac{100}{(0.5+0.005)\times(0.5+0.005)}\times(1+0.01)=397\text{块}$$

5.3　壁纸和地毯用量的计算

5.3.1　壁纸用量计算

壁纸是目前国内外使用广泛的墙面装饰材料。它的品种繁多，按被涂基物分为纸、布、塑料和玻璃纤维布等；按外观分为印花、压花和浮雕壁纸等；按质地分为聚氯乙烯、玻璃纤维、化纤纺织（仿锦缎）及复合（花线、金属）等；按施工方法分为现场刷胶裱糊和背面预涂胶直接铺贴；按功能分为装饰性、防火和耐水壁纸等。壁纸规格见表5-3。

表5-3　壁纸规格

类　别	幅面/mm	长度/m	每卷面积/m^2
小　卷	530~600	10~20	5~6
中　卷	600~900	20~50	20~40
大　卷	920~1200	50	40~90

壁纸消耗量因不同花纹图案、不同房间面积、不同阴阳角和施工方法（搭缝法、拼缝法），其损耗随之增减，一般在10%~20%之间，如斜贴需增加25%，其中包括搭接、预留和阴阳角搭接（阴角3mm、阳角2mm）的损耗，不包括运输费用（在材料预算价格内）。

壁纸计算用量如下：

墙面（拼缝）　$100\text{m}^2\text{用量}=100\text{m}^2\times1.15=115\text{m}^2$

墙面（搭缝）　$100\text{m}^2\text{用量}=100\text{m}^2\times1.20=120\text{m}^2$

天棚斜贴　$100\text{m}^2\text{用量}=100\text{m}^2\times1.25=125\text{m}^2$

5.3.2　地毯用量计算

地毯是地面装饰材料，它触感好、品种多样、给人温暖的感觉，有隔热、减少噪声的作用，但不耐磨、易污染。

5.3.2.1　分类

（1）按图案花饰分类。其包括北京式、美术式、彩花式和素凸式。

（2）按地毯材质分类。

1）纯毛地毯。这种地毯是我国传统的手工艺品之一，历史悠久，驰名中外，图案优美，色彩鲜艳，质地厚实，经久耐用。用以铺地，柔软舒适，并且富丽堂皇，装饰效果极佳。其多用于宾馆、会堂、舞台、建筑物的楼地面上。

2）混纺地毯。其品种很多，常以毛纤维和各种纤维混纺，适合于会议厅、会客室等场所使用。

3）合成纤维地毯。其又称化纤毛毯。这类毛毯品种较多，如丙纶地毯、腈纶地毯、氯纶地毯、长丝簇绒丙纶地毯等。其外表与触感均像羊毛，耐磨且富弹性，给人以舒适感。

4）塑料地毯。一种新型轻质地毯。它的品种多、图案多样、色彩丰富、经久耐磨，能满足人们的装饰需要；施工简便，属粘贴型的，十分方便；材轻、质感较好、易清洁，与地砖相比具有不打滑、冬天没有阴冷的感觉等优点；其价格低廉，维修方便，适用于宾馆、商场、浴室及其他公共建筑。

5.3.2.2　用量计算

计算大面积铺设所需地毯的用量，其损耗按面积增加10%计算；楼梯满铺地毯，先测量每级楼梯深度与高度，将量得的深度与高度相加后乘以楼梯的级数，再加上45cm的余量，以便挪动地毯，转移常受磨损的位置。其用量一般是先计算楼梯的正投影面积，然后再乘以系数1.5。

5.4　油漆和涂料用量的计算

5.4.1　油漆用量计算

油漆是一种胶体溶液，以成膜为基础，一般由黏结剂、颜料、溶剂和各种助剂组成。油漆命名原则是以主要成膜物质为混合树脂，按其在涂膜中起作用的一种树脂为基础。随着树脂工业的发展，各种有机合成树脂相继出现，使油漆原料从天然树脂发展到合成树脂。

计算油漆用量，首先需计算涂漆的面积，乘以所使用油漆的遮盖力，再除以1000，即得该种油漆的用量。

计算公式为：

$$油漆用量 = 涂刷面积 \times 遮盖力 \div 1000 \tag{5-8}$$

油漆的遮盖力是根据遮盖力试验确定，遮盖力计算公式为：

$$X = \frac{G(100-W)}{A} \times 10000 - 37.5 \tag{5-9}$$

式中　X——遮盖力，g/m^2；

G——黑白格板完全遮盖时涂漆质量，g；

A——黑白格板的涂漆面积，cm^2；

W——油漆中含清油质量百分数。

将原漆与清油按3∶1的比例调匀混合后，经遮盖力试验可测得各色油漆的遮盖力为：象牙、白色不大于220g/m^2，蓝色不大于120g/m^2，红色不大于220g/m^2，黑色不大于40g/m^2，黄色不大于180g/m^2，灰、绿色不大于80g/m^2，铁红色不大于70g/m^2。

各种油漆的遮盖力，详见表5－4。

表5-4 各种油漆的遮盖力

产品及颜色		遮盖力/$g \cdot m^{-2}$	产品及颜色		遮盖力/$g \cdot m^{-2}$
(1) 各色各类调和漆	黑色	≤40	(5) 各色硝基外用磁漆	黑色	≤20
	铁红色	≤60		铝色	≤30
	绿色	≤80		深复色	≤40
	蓝色	≤100		浅复色	≤50
	红、黄色	≤180		正蓝、白色	≤60
	白色	≤200		黄色	≤70
(2) 各色醋胶磁漆	黑色	≤40		红色	≤80
	铁红色	≤60		紫红、深蓝色	≤100
	蓝、绿色	≤80		柠檬黄色	≤120
	红、黄色	≤160	(6) 各色过氯乙烯外用磁漆	黑色	≤20
	灰色	≤100		深复色	≤40
(3) 各色酚醛磁漆	黑色	≤40		浅复色	≤50
	铁红、草绿色	≤60		正蓝、白色	≤60
	绿灰色	≤70		黄色	≤90
	蓝色	≤80		红色	≤80
	浅灰色	≤100		紫红、深蓝色	≤100
	红、黄色	≤160		柠檬黄色	≤120
	乳白色	≤140	(7) 聚氨醋磁漆	黑色	≤40
	地板漆（棕、红）	≤50		红色	≤140
(4) 各色醇酸磁漆	黑色	≤40		白色	≤140
	灰、绿色	≤55		黄色	≤150
	蓝色	≤80		蓝灰绿色	≤80
	红、黄色	≤140		军黄、军绿色	≤110
	白色	≤100			

【例5-9】 涂刷铁红色油漆 $200m^2$，如涂刷一遍需要多少油漆？

解： 铁红色油漆用量 $=200\times70\div1000=14kg$

5.4.2 涂料用量计算

涂料用量计算大多依据涂料性能特点，以每1kg涂刷面积计算，再加上损耗量。

计算公式：

$$涂料用量=\frac{涂料刷涂面积}{每1kg涂刷面积}\times(1+损耗率) \quad (5-10)$$

外墙涂料、内墙顶棚涂料的参考用量见表5-5和表5-6。

【例5-10】 室内墙壁 $300m^2$ 使用ST-1内墙涂料进行粉刷，损耗率为1%，如涂刷两遍需要多少涂料？

解： $涂料用量=\frac{涂料刷涂面积}{每1kg涂刷面积}\times(1+损耗率)=\frac{300}{6}\times(1+0.01)=50.5kg$

表 5 - 5 外墙涂料的参考用量

名　称		主要成分	适用范围	参考用量 /$m^2 \cdot kg^{-1}$
（1）浮雕型涂料	各色丙烯酸凸凹乳胶底漆	苯乙烯、丙烯酸酯	水泥砂浆、混凝土等基层，也适用内墙	1
		硅溶液	外墙	0.5～0.8
	无机高分子凸凹状涂料	丙烯酸	水泥砂浆、混凝土、石棉水泥板、砖墙等基层	1
	PG－838 浮雕漆厚涂料	苯乙酸、丙烯酸酯	砖、水泥砂浆、天花板、纤维板、金属等基层	0.6～1.3
	B－841 水溶性丙烯酸浮雕漆	丙烯酸酯	水泥砂浆、混凝土等基层	底 8
				中 6～7
	高级喷磁型外墙涂料			面 7～8
（2）彩砂型涂料	彩砂涂料	苯乙烯、丙烯酸酯	水泥砂浆、混凝土、石棉水泥板、砖墙等基层	0.3～0.4
	彩色砂粒状外墙涂料	苯乙烯、丙烯酸酯	水泥砂浆、混凝土等基层	0.3
	丙烯酸砂壁状涂料	丙烯酸酯	水泥砂浆、混凝土、石膏板、胶合硬木板基层	0.6～0.8
	珠光彩砂外墙涂料	苯乙烯、丙烯酸酯	水泥砂浆、混凝土、加气混凝土基层	0.2～0.3
	彩砂外墙涂料	苯乙烯、丙烯酸酯	水泥砂浆、混凝土及各种板材	0.4～0.5
	苯丙彩砂涂料	苯乙烯、丙烯酸酯	水泥砂浆、混凝土等基层	0.3～0.5
（3）厚质型涂料	乙丙乳液厚涂料	醋酸乙烯、丙烯酸酯	水泥砂浆、加气混凝土等基层	2
	各色丙烯酸拉毛涂料	苯乙烯、丙烯酸酯	水泥砂浆等基层，也可用于室内顶棚	1
	TJW－2 彩色弹涂料材料	硅酸钠	水泥砂浆、混凝土等基层	0.5
	104 外墙涂料	聚乙烯醇	水泥砂浆、混凝土、砖墙等基层	1～2
	外墙多彩涂料	硅酸钠	外墙	0.8
（4）薄质型涂料	BT 丙烯酸外墙涂料	丙烯酸酯	水泥砂浆、混凝土、砖墙等基层	3
	LT－2 有光乳胶漆	苯乙烯、丙烯酸酯	混凝土、木质及预涂底漆的钢质表面	6～7
	SA－1 乙丙外墙涂料	醋酸乙烯、丙烯酸酯	水泥砂浆、混凝土、砖墙等基层	3.5～4.5
	外墙平光乳胶涂料	苯乙烯、丙烯酸酯	外墙面	6～7
	各色外用乳胶涂料	丙烯酸酯	水泥砂浆、白灰砂浆等基层	4～6

表 5－6 内墙顶棚涂料的参考用量

名称		主要成分	适用范围	参考用量 /$m^2 \cdot kg^{-1}$
（1）苯丙类涂料	苯丙有光乳胶漆	苯乙烯、丙烯酸酯	室内外墙体、天花板、木制门窗	4～5
	苯丙无光内用乳胶漆	苯乙烯、丙烯酸酯	水泥砂浆、灰泥、石棉板、木材、纤维板	6
	SJ 内墙滚花涂料	苯乙烯、丙烯酸酯	内墙面	5～6
	彩色内墙涂料	丙烯酸酯	内墙面	3～4
（2）乙丙类涂料	8101－5 内墙乳胶漆	醋酸乙烯、丙烯酸酯	室内涂饰	4～6
	乙丙内墙涂料	醋酸乙烯、丙烯酸酯	内墙面	6～8
	高耐磨内墙涂料	醋酸乙烯、丙烯酸	内墙面	5～6
（3）聚乙烯醇类涂料	ST－1 内墙涂料	聚乙烯醇	内墙面	6
	象牌 2 型内墙涂料	聚乙烯醇	内墙面	3～4
	811 号内墙涂料	聚乙烯醇	内墙面	3
	HC－80 内墙涂料	聚乙烯醇、硅溶液	内墙面	2.5～3
（4）硅酸盐类涂料	砂胶顶棚涂料	有机和无机高分子胶黏剂	天花板	1
	C－3 毛面顶棚涂料	有机和无机胶黏剂	室内顶棚	1
（5）复合类涂料	FN－841 内墙涂料	复合高分子胶黏剂、碳酸盐、矿物盐	内墙面	
	TJ841 内墙装饰涂料	有机高分子	内墙面	2.5～4
（6）丙烯酸类涂料	PG－838 内墙可擦洗涂料	丙烯酸系乳液、改性水溶性树脂	水泥砂浆、混合砂浆、纸筋、麻刀灰磨面	3
	JQ831 耐擦洗内墙涂料	丙烯酸乳液	内墙装饰	3～4
	各色丙烯酸滚花涂料	丙烯胶乳液	水泥和抹灰墙面	3
（7）氯乙烯类涂料	氯偏共聚乳液内墙涂料	氯乙烯、偏氯乙烯	内墙面	3.3
	氯偏乳胶内墙涂料	氯乙烯、偏氯乙烯	内墙装饰	5
（8）其他类涂料	建筑水性涂料	水溶性胶黏剂	内墙面	4～5
	854NW 涂料		水泥、灰、砖墙等墙面	3～5
	内墙涂花装饰涂料		内墙面	3～4

5.5 屋面瓦和防水卷材用量的计算

5.5.1 屋面瓦用量计算

建筑常用的屋面瓦，有平瓦（水泥瓦、黏土瓦）和波形瓦（石棉水泥、塑料瓦、玻璃钢瓦、钢丝网水泥瓦、铝瓦），古建筑的琉璃瓦和民间的小青瓦等。

屋面瓦用量计算公式如下：

$$每100m^2瓦屋面用量=\frac{100}{(瓦长-搭接长)\times(瓦宽-搭接宽)}\times(1+损耗率) \tag{5-11}$$

平瓦和波形瓦，其搭接宽度，如波形瓦大波和中波瓦不应少于半个波，平瓦搭接长度为60~80mm，宽度为30~40mm；小波瓦不应少于一个波；上下两排瓦搭接长度，应根据屋面坡度而定，但不应小于100mm的用量。

【例5-11】 玻璃钢波形瓦，规格为1820mm×720mm，搭接长为150mm，搭接宽为62.5mm，损耗率为2.5%，求100m²的用量。

解：

$$每100m^2\ 玻璃钢波形瓦用量=\frac{100}{(1.82-0.15)\times(0.72-0.0625)}\times(1+0.025)=94\ 块$$

5.5.2 防水卷材用量计算

油毡搭接长边不应小于100mm，短边不应小于150mm。

计算公式如下：

$$每100m^2\ 卷材用量=\frac{每卷面积\times100}{(卷材宽-长边搭接)\times(卷材长-短边搭接)}\times(1+损耗率) \tag{5-12}$$

【例5-12】 油毡规格为915mm×21860mm，搭接长边为100mm，搭接短边为150mm，损耗率为2.5%，求100m²的用量。

解： $每100m^2\ 油毡用量=\frac{0.915\times21.86\times100}{(0.915-0.1)\times(21.86-0.15)}\times(1+0.025)=132.98m^2$

本章小结

（1）抹灰工程分为一般抹灰和装饰抹灰两大类。抹灰砂浆配合比，均以体积比计算。

（2）建筑装饰用块料（板）包括建筑用板材、瓷砖、石材等，材料用量计算依据施工工艺中是否有拼缝计算。

（3）壁纸计算量因不同花纹图案、不同房间面积、不同阴阳角和施工方法（搭缝法、拼缝法），其损耗随之增减，一般在10%~20%之间；计算大面积铺设所需地毯的用量，其损耗按面积增加10%计算；楼梯地毯用量一般是先计算楼梯的正投影面积，然后再乘以系数1.5。

（4）屋面瓦和防水卷材材料用量依据搭接长度和搭接宽度计算。

思 考 题

5-1 配制5m³抹灰用混合砂浆配合比为1:3:9（水泥:石灰膏:砂），求材料用量。

5-2 纸面石膏板包括哪几种?

5-3 矿棉装饰吸声板规格为496mm×496mm，损耗率为1%，计算100m²需用张数。

5-4 花岗岩板规格为610mm×305mm，接缝宽为5mm，损耗率为1.5%，计算200m²需用块数。

5-5 如何计算壁纸用量?

5-6 地毯按图案花饰分哪几类?

5-7 如何计算地毯用量?

6　建筑装饰工程工程量清单计价

教学提示：本章介绍了建设工程工程量清单的基本概念、工程量清单的构成、工程量清单的计价方法、工程量清单的计价格式、工程量清单的报价程序以及建筑装饰工程工程量清单项目及其计算规则。

学习要求：学习完本章内容，学生应熟练工程量清单的基本概念、工程量清单的构成、工程量清单的计价方法、工程量清单的计价格式以及工程量清单的报价程序等内容，并掌握建筑装饰工程工程量清单项目及其计算规则。

2003 年 7 月 1 日，国家建设部颁布的《建设工程工程量清单计价规范》（GB 50500—2003）开始实施；2008 年 12 月 1 日，新修订的国家标准《建设工程工程量清单计价规范》（GB 50500—2008）开始实施，其中规定政府投资项目必须采用工程量清单计价。推行工程量清单计价方法是工程造价计价方法改革的一项重要举措，也是我国与国际建设项目管理接轨的必然要求。

6.1　建设工程工程量清单计价概述

6.1.1　工程量清单计价的概念

工程量清单是依据建设工程设计图纸、工程量计算规则、一定的计量单位、技术标准等计算所得的构成工程实体各分部分项的、可供编制标底和投标报价的实物工程量的汇总清单表。工程量清单是体现招标人要求投标人完成的工程项目及其相应工程实体数量的列表，反映全部工程内容以及为实现这些内容而进行的其他工作。采用工程量清单方式招标，工程量清单必须作为招标文件的组成部分，其准确性和完整性由招标人负责。

工程量清单计价是指招标人公开提供工程量清单，投标人自主报价或招标人编制标底及双方签订合同价款、工程竣工结算等活动。

工程量清单计价适用于建设工程招标投标的工程量清单计价活动。工程量清单计价是与现行“定额”计价方式共存于招标投标计价过程中的另一种方式。凡是建设工程招标投标实现工程量清单计价的，不论招标主体是政府机构、国有企业单位、集体企业、私人企业和外商投资企业，还是资金来源是国有资金、外国政府贷款及援助资金、私人资金等都应遵循工程量清单计价。

6.1.2　工程量清单的编制依据

工程量清单的编制依据主要包括：

（1）中华人民共和国住房和城乡建设部颁布的《建设工程工程量清单计价规范》（GB 50500—2008）（以下简称《计价规范》）。

《计价规范》是根据《中华人民共和国建筑法》、《中华人民共和国合同法》、《中华人民共和国招投标法》等法律以及最高人民法院《关于审理建设工程施工合同纠纷案件适用法律问题的解释》（法释［2004］14号），按照我国工程造价管理改革的总体目标，本着国家宏观调控、市场竞争形成价格的原则制定的。

（2）国家或省级、行业建设主管部门颁发的计价依据和办法。

（3）建设工程设计文件。

（4）与建设工程项目有关的标准、规范、技术资料。

（5）招标文件及其补充通知、答疑纪要。

（6）施工现场情况、工程特点及常规施工方案。

（7）其他相关资料。

6.1.3 工程量清单的作用

工程量清单是编制招标工程标底和投标报价的依据，也是支付工程进度款和竣工结算时调整工程量的依据。它可供建设各方计价时使用，并为投标者提供一个公开、公平、公正的竞争环境，是评标、定标的基础，也为竣工时调整工程量、办理工程结算及工程索赔提供重要依据。工程量清单的主要作用如下：

（1）工程量清单为投标人的投标竞争提供了一个平等和共同的基础。工程量清单是由招标人编制，将要求投标人完成的工程项目及其相应工程实体数量全部列出，为投标人提供拟建工程的基本内容、实体数量和质量要求等的基础信息。这样，在建设工程的招标投标中，投标人的竞争活动就有了一个共同基础，投标人机会均等。工程量清单使所有参加投标的投标人均是在拟完成相同的工程项目、相同的工程实体数量和质量要求的条件下进行公平竞争，每一个投标人所掌握的信息和受到的待遇是客观、公正和公平的。工程量清单是建设工程计价的依据。在招标投标过程中，招标人根据工程量清单编制招标工程的标底价格；投标人按照工程量清单所表述的内容，依据企业定额计算投标价格，自主填报工程量清单所列项目的单价与合价。

（2）工程量清单是工程付款和结算的依据。在施工阶段，发包人根据承包人是否完成工程量清单规定的内容以及投标时在工程量清单中所报的单价作为支付工程进度款和进行结算的依据。工程结算时，发包人按照工程量清单计价表中的序号对已实施的分部分项工程或计价项目，按合同单价和相关的合同条款计算应支付给承包人的工程款项。

（3）工程量清单是调整工程量、进行工程量索赔的依据。在发生工程变更、索赔、增加新的工程项目等情况时，可以选用或者参照工程清单中的分部分项工程或计价项目与合同单价来确定变更项目或索赔项目的单价和相关费用。

6.1.4 《计价规范》的内容

《计价规范》包括规范条文和附录两部分，二者具有同等效力。

规范条文共5章，分为：总则、术语、工程量清单编制、工程量清单计价、工程量清单及其计价格式。

规范条文就《计价规范》的适用范围、遵循的原则、工程量清单编制的规则、工程量清单计价的规则、工程量清单及其计价格式等做了明确规定。

附录共有5个，分别是：

(1) 附录A 建筑工程工程量清单项目及计算规则；

(2) 附录B 装饰装修工程工程量清单项目及计算规则；

(3) 附录C 安装工程工程量清单项目及计算规则；

(4) 附录D 市政工程工程量清单项目及计算规则；

(5) 附录E 园林绿化工程工程量清单项目及计算规则。

附录就建筑工程、装饰装修工程、安装工程、市政工程、园林绿化工程等工程量清单的项目名称、项目特征、计量单位、工程量计算规则和工程内容等做了明确规定。

6.2 工程量清单的构成

《计价规范》明确规定，工程量清单是工程量清单计价的基础，应作为编制招标控制价、投标报价、计算工程量、支付工程款、调整合同价款、办理竣工结算以及工程索赔等的依据之一。工程量清单应由分部分项工程量清单、措施项目清单、其他项目清单、规费项目清单、税金项目清单组成。

6.2.1 分部分项工程量清单

分部分项工程量清单应包括项目编码、项目名称、项目特征、计量单位和工程量。《计价规范》规定："分部分项工程量清单应根据附录规定的项目编码、项目名称、项目特征、计量单位和工程量计算规则进行编制。"

6.2.1.1 项目编码

分部分项工程量清单项目编码以五级编码设置，用十二位阿拉伯数字表示。一、二、三、四级编码全国统一；第五级编码由工程量清单编制人区分工程的清单项目特征而分别编制。各级编码代表的含义如下：

(1) 第一级表示工程分类顺序码（分两位）；建筑工程为01、装饰装修工程为02、安装工程为03、市政工程为04、园林绿化工程为05；

(2) 第二级表示专业工程顺序码（分两位）；

(3) 第三级表示分部工程顺序码（分两位）；

(4) 第四级表示分项工程项目顺序码（分三位）；

(5) 第五级表示工程量清单项目顺序码（分三位）。

项目编码结构如图6-1所示（以装饰装修工程为例）。

6.2.1.2 项目名称

《计价规范》附录表中的"项目名称"为分项工程项目名称，是形成分部分项工程量清单项目名称的基础，在此基础上增填相应项目特征，即为清单项目名称。分项工程项目名称一般以工程实体而命名，项目名称如有缺项，招标人可按相应的原则进行补充，并报当地工程造价管理部门备案。

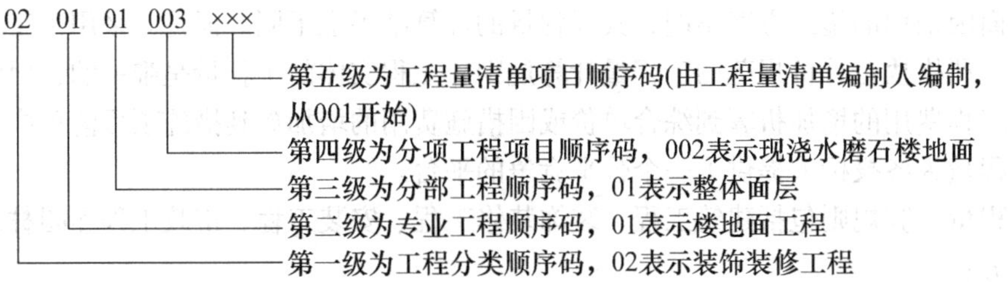

图6-1 工程量清单项目编码结构

6.2.1.3 项目特征

清单项目特征主要涉及项目的自身特征（材质、型号、规格、品牌）、项目的工艺特征以及对项目施工方法可能产生影响的特征。如锚杆支护项目特征描述为：

（1）锚孔直径；

（2）锚孔平均深度；

（3）锚固方法、浆液种类；

（4）支护厚度、材料种类；

（5）混凝土强度等级；

（6）砂浆强度等级；

（7）土质情况。

其自身特征为孔径、孔深、支护厚度、各种材料种类；工艺特征为锚固方法；对项目施工方法可能产生影响的特征为土质情况。这些特征对投标人的报价影响很大。特征描述不清，将导致投标人对招标人的需求不全面，达不到正确报价的目的。对清单项目特征不同的项目应分别列项，如基础工程虽然仅混凝土强度等级不同，但这足以影响投标人的报价，故应分开列项。

6.2.1.4 计量单位

计量单位应采用基本单位，除各专业另有特殊规定外均按以下单位计量：

（1）以质量计算的项目——吨或千克（t 或 kg）；

（2）以体积计算的项目——立方米（m^3）；

（3）以面积计算的项目——平方米（m^2）；

（4）以长度计算的项目——米（m）；

（5）以自然计量单位计算的项目——个、套、块、樘、组、台等；

（6）没有具体数量的项目——宗、项等。

各专业有特殊计量单位的，再另外加以说明。

6.2.1.5 工程数量的计算

《计价规范》明确了清单项目的工程量计算规则，其实质是以形成工程实体为准，并以完成后的净值来计算的。这一计算方法与之前执行的综合定额有着本质的区别，综合定额除了计算净值外，还包括因施工方案所采用的施工方法而导致的工程量的增加。如基坑、开挖工程，其施工方案可能采用放坡开挖，或采用其他的结构围护形式（视工程地质情况和承包商的经验实力而定），如采用放坡开挖方法施工，则土方工程量的计算结果是基坑开挖土方量净值与因放坡而增加的土方工程量之和。采用其他结构围护形式施工的工程量计算结果更是不同。即同一项工程，不同的承包商计算出来的工程量可能不同，同一承包商因采用的施工方案不同，其工程量的计算结果也不同。但是，采用了工程量清单计价法，严格执行计价规范的工程量计算规则，工程实体的工程量是唯一的，而将施工方案引起工程费用的增加折算到综合单价或因措施费用的增加放到措施项目清单中。统一的清单工程量为各投标人提供了一个公平竞争的平台。

工程量计算规则包括建筑工程、装饰装修工程、安装工程、市政工程和园林绿化工程五个部分：

（1）建筑工程包括土石方工程，地基与桩基础工程，砌筑工程，混凝土及钢筋混凝土工程，厂库房大门、特种门、木结构工程，金属结构工程，屋面及防水工程，防腐、隔热、保温工程。

（2）装饰装修工程包括楼地面工程，墙柱面工程，天棚工程，门窗工程，油漆、涂料、裱糊工程，其他装饰工程。

（3）安装工程包括机械设备安装工程，电气设备安装工程，热力设备安装工程，炉窑砌筑工程，静置设备与工艺金属结构制作安装工程，工业管道工程，消防工程，给排水、采暖、燃气工程，通风空调工程，自动化控制仪表安装工程，通信设备及线路工程，建筑智能化系统设备安装工程，长距离输送管道工程。

（4）市政工程包括土石方工程，道路工程，桥涵护岸工程，隧道工程，市政管网工程，地铁工程，钢筋工程，拆除工程，厂区、小区道路工程。

（5）园林绿化工程包括绿化工程，园路、园桥、假山工程，园林景观工程。

6.2.2 措施项目清单的编制

措施项目是指为完成工程项目施工，发生于该工程施工前和施工过程中技术、生活、安全等方面的非工程实体项目。措施项目清单应根据拟建工程的实际情况列项。措施项目清单可分为通用项目清单和专业工程项目清单。

通用措施项目可按表6－1选择列项。

表6－1 通用措施项目一览表

序 号	项目名称
1	安全文明施工（含环境保护、文明施工、安全施工、临时设施）
2	夜间施工
3	二次搬运
4	冬雨季施工
5	大型机械设备进出场及安拆
6	施工排水
7	施工降水
8	地上、地下设施，建筑物的临时保护设施
9	已完工程及设备保护

专业项目所列内容是指各专业工程根据各自专业的要求，按相应专业列出的措施项目。专业工程的措施项目可按《计价规范》附录中规定的项目选择列项。若出现《计价规范》未列的项目，可根据工程实际情况补充。

措施项目清单的设置，需要参考拟建工程的常规施工组织设计，以确定环境保护、文明安全施工、临时设施、材料的二次搬运等项目。参考拟建工程的常规施工方案，以确定大型机械设备进出场及安拆、混凝土模板及支架、脚手架、施工排水降水、垂直运输机械、组装平台等项目。参阅相关的施工规范与工程验收规范，可以确定施工方案没有表述的，但为实现施工规范与工程验收规范要求而必须发生的技术措施；设计文件中不足以写进施工方案但要通过一定的技术措施才能实现的内容；招标文件中提出的需通过一定的技术措施才能实现的要求。

措施项目中可以计算工程量的项目清单宜采用分部分项工程量清单的方式编制，列出项目编码、项目名称、项目特征、计量单位和工程量计算规则；不能计算工程量的项目清单，以“项”为计量单位。

6.2.3　其他项目清单的编制

其他项目清单是指分部分项工程量清单、措施项目清单所包含的内容以外，因招标人的特殊要求而发生的与拟建工程有关的其他费用项目和相应数量的清单。其他项目清单宜按照下列内容列项：

(1) 暂列金额。暂列金额是指招标人在工程量清单中暂定并包括在合同价款中的一笔款项。用于施工合同签订时尚未确定或者不可预见的所需材料、设备、服务的采购，施工中可能发生的工程变更、合同约定调整因素出现时的工程价款调整以及发生的索赔、现场签证确认等的费用。

(2) 暂估价。其包括材料暂估单价、专业工程暂估价，是指招标人在工程量清单中提供的用于支付必然发生但暂时不能确定价格的材料的单价以及专业工程的金额。

“暂估价”是在招标阶段预见肯定要发生，只是因为标准不明确或者需要由专业承包人完成，暂时又无法确定具体价格时采用的一种价格形式。

(3) 计日工。计日工是为了解决现场发生的零星工作的计价而设立的。国际上常见的标准合同条款中，大多数都设立了计日工计价机制。计日工以完成零星工作所消耗的人工工时、材料数量、机械台班进行计量，并按照计日工表中填报的适用项目的单价进行计价支付。计日工适用的所谓零星工作一般是指合同约定之外的或者因变更而产生的、工程量清单中没有相应项目的额外工作，尤其是那些时间不允许事先商定价格的额外工作。计日工为额外和变更的计价提供了一个方便快捷的途径。但是，在以往的实践中，计日工经常被忽略。其中一个主要原因是因为计日工项目的单价水平一般要高于工程量清单项目单价的水平。理论上讲，合理的计日工单价水平一定是高于工程量清单的价格水平，其原因在于计日工往往是用于一些突发性的额外工作，缺少计划性，承包人在调动施工生产资源方面难免不影响已经计划好的工作，生产资源的使用效率也有一定的降低，客观上造成超出常规的额外投入。另一方面，计日工清单往往忽略给出一个暂定的工程量，无法纳入有效的竞争，也是造成计日工单价水平偏高的原因之一。因此，为了获得合理的计日工单价，计日工表中一定要给出暂定数量，并且需要根据经验，尽可能估算一个比较贴近实际的数量。当然，尽可能把项目列全，防患于未然，也是值得充分重视的工作。

在施工过程中，完成发包人提出的施工图纸以外的零星项目或工作，按合同中约定的计日工综合单价计价。

(4) 总承包服务费。总承包服务费是为了解决招标人在法律、法规允许的条件下进行专业工程发包以及自行采购供应材料、设备时，要求总承包人对发包的专业工程提供协调和配合服务；对供应的材料、设备提供收、发和保管服务以及对施工现场进行统一管理；对竣工资料进行统一汇总整理等发生并向总承包人支付的费用。招标人应当预计费用并按投标人的投标报价向投标人支付该项费用。

出现《计价规范》未列的项目，可根据工程实际情况补充。

6.2.4 规费项目清单

规费是指根据省级政府或省级有关权力部门规定必须缴纳的，应计入建筑安装工程造价的费用。

规费项目清单应按照下列内容列项：

(1) 工程排污费。工程排污费是指施工现场按规定缴纳的工程排污费。

(2) 工程定额测定费。工程定额测定费是指按规定支付工程造价（定额）管理部门的定额测定费。

(3) 社会保障费。其包括养老保险费、失业保险费、医疗保险费。其中：养老保险费是指企业按规定标准为职工缴纳的基本养老保险费；失业保险费是指企业按照国家规定标准为职工缴纳的失业保险费；医疗保险费是指企业按照规定标准为职工缴纳的基本医疗保险费。

(4) 住房公积金。住房公积金是指企业按规定标准为职工缴纳的住房公积金。

(5) 危险作业意外伤害保险。危险作业意外伤害保险是指按照建筑法规定，企业为从事危险作业的建筑安装施工人员支付的意外伤害保险费。

出现《计价规范》未列的项目，应根据省级政府或省级有关权力部门的规定列项。

6.2.5 税金项目清单

税金项目清单应包括：营业税、城市维护建设税、教育费附加。

(1) 营业税。营业税的税额为营业额的3%。计算公式为：

$$营业税=营业额\times 3\%$$

其中，营业额是指从事建筑、安装、修缮、装饰及其他工程作业收取的全部收入，还包括建筑、修缮、装饰工程所用原材料及其他物资和动力的价款，当安装设备的价值作为按照工程产值时，亦包括所安装设备的价款。但建筑业的总承包人将工程分包或转包给他人的，其营业额中不包括付给分包或转包人的价款。

(2) 城市维护建设税。城市维护建设税是国家为了加强城乡的维护建设，扩大和稳定城市、乡镇维护建设资金来源，而对有经营收入的单位和个人征收的一种税。

城市维护建设税应纳税额的计算公式为：

$$应纳税额=应纳营业税额\times 适用税率$$

城市维护建设税的纳税人所在地为市区的，按营业税的7%征收；所在地为县镇的，按营业税的5%征收；所在地为农村的，按营业税的1%征收。

(3) 教育费附加。教育费附加税额为营业税的3%。计算公式为：

$$应纳税额=应纳营业税额\times 3\%$$

为了计算上的方便，可将营业税、城市维护建设税和教育费附加合并在一起计算，以工程成本加利润为基数计算税金，即：

税金 =（直接费 + 间接费 + 利润）× 税率

税率（计税系数）= {1/[1 − 营业税税率 ×（1 + 城市维护建设税税率 + 教育费附加税率）] − 1} ×100%

出现《计价规范》未列的项目，应根据税务部门的规定列项。

6.3 工程量清单计价的方法

6.3.1 工程量清单计价的建筑安装造价组成

《计价规范》规定采用工程量清单计价，建设工程造价由分部分项工程费、措施项目费、其他项目费、规费和税金组成，如图 6 − 2 所示。

在工程量清单计价中，如按分部分项工程单价组成来分，工程量清单报价主要有三种形式，即工料单价法、综合单价法和全费用综合单价法。

（1）工料单价法。按下式计算：

工料单价 = 人工费 + 材料费 + 机械使用费

（2）综合单价法。按下式计算：

综合单价 = 人工费 + 材料费 + 机械使用费 + 管理费 + 利润

（3）全费用综合单价法。按下式计算：

全费用综合单价 = 人工费 + 材料费 + 机械使用费 + 措施项目费 + 管理费 + 规费 + 利润 + 税金

《计价规费》规定分部分项工程量清单应采用综合单价计价。《计价规范》中的工程量清单综合单价是指完成一个规定计量单位的分部分项工程量清单项目或措施清单项目所需的人工费、材料费、施工机械使用费和企业管理费与利润，以及一定范围内的风险费用。这里的“综合单价”并不是真正意义上的全费用综合单价，而是一种狭义上的综合单价，规费和税金等不可竞争的费用并不包括在项目单价中。

措施项目清单计价应根据拟建工程的施工组织设计，可以计算工程量的措施项目，应按分部分项工程量清单的方式采用综合单价计价；其余的措施项目可以“项”为单位的方式计价，应包括除规费、税金外的全部费用。

措施项目清单中的安全文明施工费应按照国家或省级、行业建设主管部门的规定计价，不得作为竞争性费用。

其他项目清单应根据工程特点和《计价规范》的规定计价。

招标人在工程量清单中提供了暂估价的材料和专业工程属于依法必须招标的，由承包人和招标人共同通过招标确定材料单价与专业工程分包价。若材料不属于依法必须招标的，经发、承包双方协商确认单价后计价。若专业工程不属于依法必须招标的，由发包人、总承包人与分包人按有关计价依据进行计价。

规费和税金应按国家或省级、行业建设主管部门的规定计算，不得作为竞争性费用。

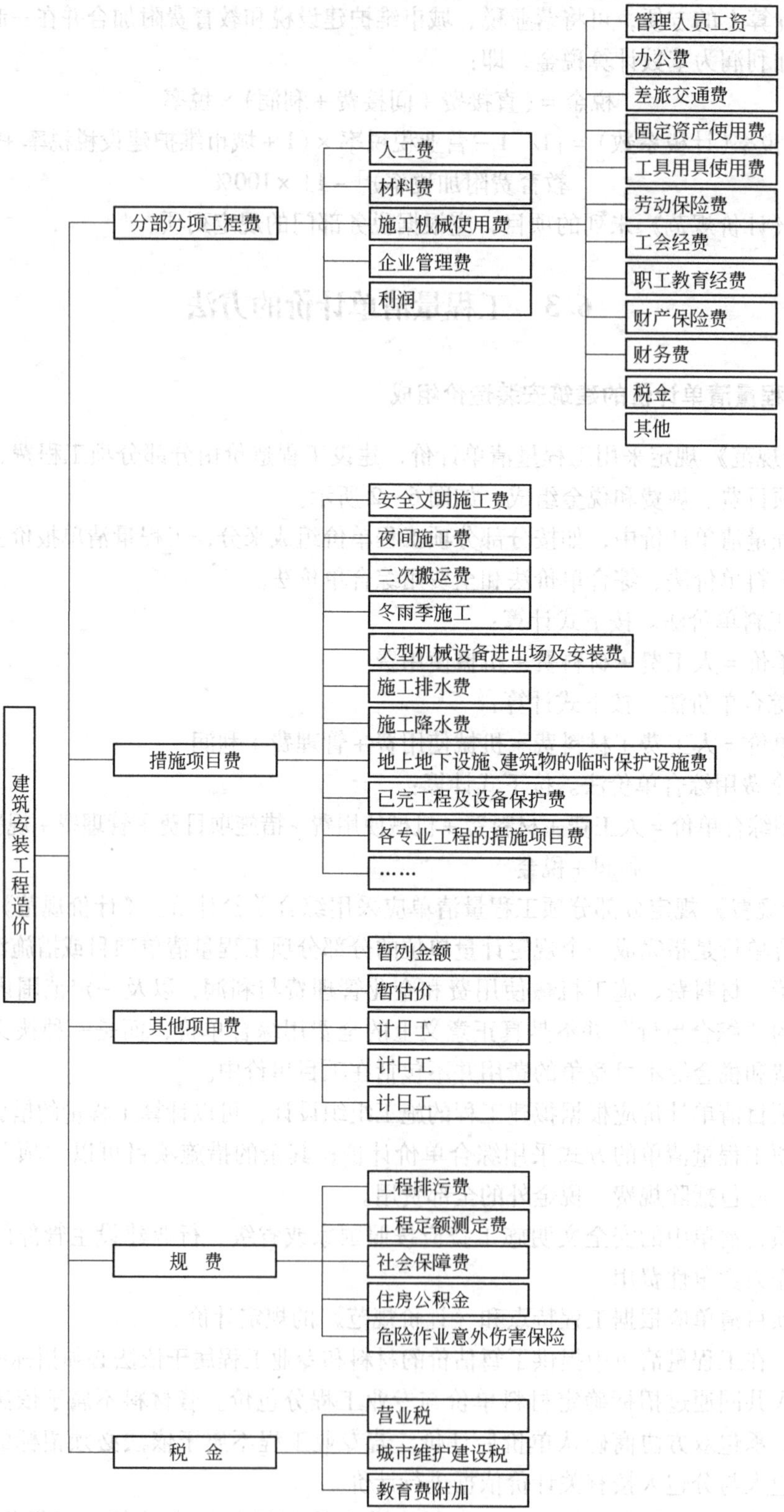

图 6－2　工程量清单计价的建筑安装造价组成

采用工程量清单计价的工程，应在招标文件或合同中明确风险内容及其范围（幅度），不得采用无限风险、所有风险或类似语句规定风险内容及其范围（幅度）。

6.3.2 工程量清单计价的基本过程

工程量清单计价过程可以分为两个阶段：工程量清单编制和工程量清单应用两个阶段。

6.3.2.1 工程量清单的编制

工程量清单的编制程序如图6-3所示。

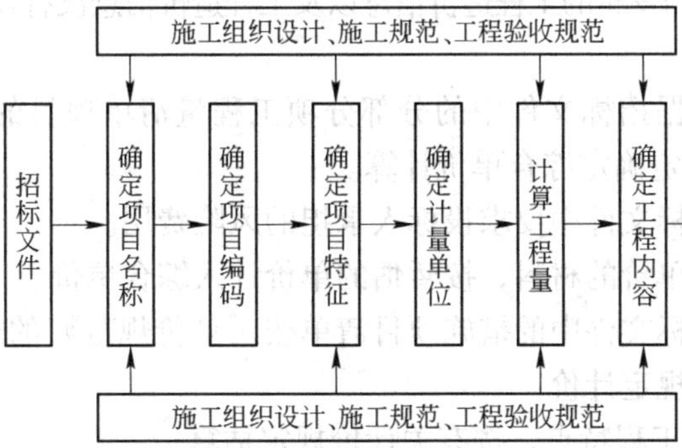

图6-3 工程量清单编制程序

6.3.2.2 工程量清单应用

工程量清单应用过程如图6-4所示。

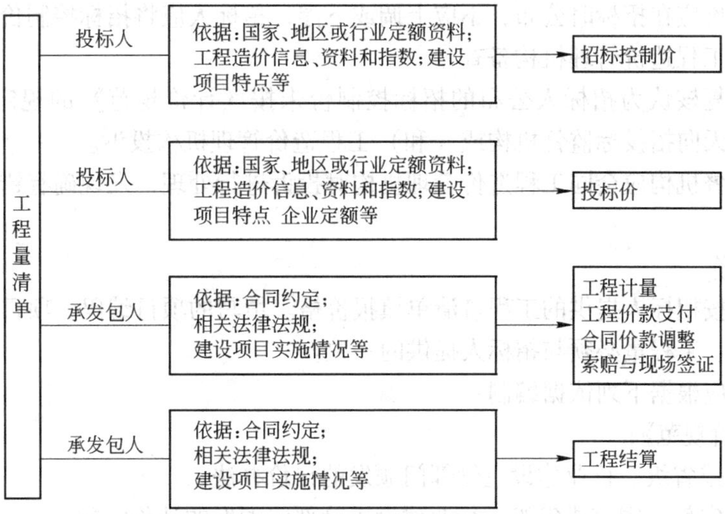

图6-4 工程量清单应用过程

A 招标控制价

国有资金投资的工程建设项目应实行工程量清单招标，并应编制招标控制价。招标控制价超过批准的概算时，招标人应将其报原概算审批部门审核。投标人的投标报价高于招标控制价的，其投标应予以拒绝。

招标控制价应由具有编制能力的招标人，或受其委托具有相应资质的工程造价咨询人编制。

招标控制价应根据下列依据编制：

(1)《计价规范》；

(2) 国家或省级、行业建设主管部门颁发的计价定额和计价办法；

(3) 建设工程设计文件及相关资料；

(4) 招标文件中的工程量清单及有关要求；

(5) 与建设项目相关的标准、规范、技术资料；

(6) 工程造价管理机构发布的工程造价信息以及工程造价信息没有发布的参照市场价；

(7) 其他的相关资料。

分部分项工程费应根据招标文件中的分部分项工程量清单项目的特征描述及有关要求，按《计价规范》的规定确定综合单价计算。

综合单价中应包括招标文件中要求投标人承担的风险费用。

招标文件提供了暂估单价的材料，按暂估的单价计入综合单价。

措施项目费应根据招标文件中的措施项目清单按《计价规范》的规定计价。

其他项目费应按下列规定计价：

(1) 暂列金额应根据工程特点，按有关计价规定估算；

(2) 暂估价中的材料单价应根据工程造价信息或参照市场价格估算；暂估价中的专业工程金额应分不同专业，按有关计价规定估算；

(3) 计日工应根据工程特点和有关计价依据计算；

(4) 总承包服务费应根据招标文件列出的内容和要求估算。

招标控制价应在招标时公布，不应上调或下浮，招标人应将招标控制价及有关资料报送工程所在地工程造价管理机构备查。

投标人经复核认为招标人公布的招标控制价未按《计价规范》的规定进行编制的，应在开标前5天向招投标监督机构或（和）工程造价管理机构投诉。

招投标监督机构应会同工程造价管理机构对投诉进行处理，发现确有错误的，应责成招标人修改。

B 投标价

投标人应按招标人提供的工程量清单填报价格。填写的项目编码、项目名称、项目特征、计量单位、工程量必须与招标人提供的一致。

投标报价应根据下列依据编制：

(1)《计价规范》；

(2) 国家或省级、行业建设主管部门颁发的计价办法；

(3) 企业定额，国家或省级、行业建设主管部门颁发的计价定额；

(4) 招标文件、工程量清单及其补充通知、答疑纪要；

(5) 建设工程设计文件及相关资料；

(6) 施工现场情况、工程特点及拟定的投标施工组织设计或施工方案；

(7) 与建设项目相关的标准、规范等技术资料；

(8) 市场价格信息或工程造价管理机构发布的工程造价信息；

(9) 其他的相关资料。

分部分项工程费应依据《计价规范》第2.0.4 条综合单价的组成内容，按招标文件中分部分项工程量清单项目的特征描述确定综合单价计算。

综合单价中应考虑招标文件中要求投标人承担的风险费用。

招标文件中提供了暂估单价的材料，按暂估的单价计入综合单价。

投标人可根据工程实际情况结合施工组织设计，对招标人所列的措施项目进行增补。

措施项目费应根据招标文件中的措施项目清单及投标时拟定的施工组织设计或施工方案按《计价规范》第4.1.4 条的规定自主确定。其中安全文明施工费应按照《计价规范》第4.1.5 条的规定确定。

其他项目费应按下列规定报价：

(1) 暂列金额应按招标人在其他项目清单中列出的金额填写；

(2) 材料暂估价应按招标人在其他项目清单中列出的单价计入综合单价；专业工程暂估价应按招标人在其他项目清单中列出的金额填写；

(3) 计日工按招标人在其他项目清单中列出的项目和数量，自主确定综合单价并计算计日工费用；

(4) 总承包服务费根据招标文件中列出的内容和提出的要求自主确定。

规费和税金应按《计价规范》第4.1.8 条的规定确定。

投标总价应当与分部分项工程费、措施项目费、其他项目费和规费、税金的合计金额一致。

C　工程合同价款的约定

实行招标的工程合同价款应在中标通知书发出之日起30 天内，由发、承包双方依据招标文件和中标人的投标文件在书面合同中约定。

不实行招标的工程合同价款，在发、承包双方认可的工程价款基础上，由发、承包双方在合同中约定。

实行招标的工程，合同约定不得违背招、投标文件中关于工期、造价、质量等方面的实质性内容。

招标文件与中标人投标文件不一致的地方，以投标文件为准。

实行工程量清单计价的工程，宜采用单价合同。

发、承包双方应在合同条款中对下列事项进行约定；合同中没有约定或约定不明的，由双方协商确定；协商不能达成一致的，按《计价规范》执行。

(1) 预付工程款的数额、支付时间及抵扣方式；

(2) 工程计量与支付工程进度款的方式、数额及时间；

(3) 工程价款的调整因素、方法、程序、支付及时间；

(4) 索赔与现场签证的程序、金额确认与支付时间；

(5) 发生工程价款争议的解决方法及时间；

(6) 承担风险的内容、范围以及超出约定内容、范围的调整办法；

(7) 工程竣工价款结算编制与核对、支付及时间；

(8) 工程质量保证（保修）金的数额、预扣方式及时间；

(9) 与履行合同、支付价款有关的其他事项等。

D 工程计量与价款支付

发包人应按照合同约定支付工程预付款。支付的工程预付款，按照合同约定在工程进度款中抵扣。

发包人支付工程进度款，应按照合同约定计量和支付，支付周期同计量周期。

工程计量时，若发现工程量清单中出现漏项、工程量计算偏差，以及工程变更引起工程量的增减，应按承包人在履行合同义务过程中实际完成的工程量计算。

承包人应按照合同约定，向发包人递交已完工程量报告。发包人应在接到报告后按合同约定进行核对。

承包人应在每个付款周期末，向发包人递交进度款支付申请，并附相应的证明文件。除合同另有约定外，进度款支付申请应包括下列内容：

(1) 本周期已完成工程的价款；

(2) 累计已完成的工程价款；

(3) 累计已支付的工程价款；

(4) 本周期已完成计日工金额；

(5) 应增加和扣减的变更金额；

(6) 应增加和扣减的索赔金额；

(7) 应抵扣的工程预付款；

(8) 应扣减的质量保证金；

(9) 根据合同应增加和扣减的其他金额；

(10) 本付款周期实际应支付的工程价款。

发包人在收到承包人递交的工程进度款支付申请及相应的证明文件后，发包人应在合同约定时间内核对和支付工程进度款。发包人应扣回的工程预付款，与工程进度款同期结算抵扣。

发包人未在合同约定时间内支付工程进度款，承包人应及时向发包人发出要求付款的通知，发包人收到承包人通知后仍不按要求付款，可与承包人协商签订延期付款协议，经承包人同意后延期支付。

协议应明确延期支付的时间和从付款申请生效后按同期银行贷款利率计算应付款的利息。

发包人不按合同约定支付工程进度款，双方又未达成延期付款协议，导致施工无法进行时，承包人可停止施工，由发包人承担违约责任。

E 索赔与现场签证

合同一方向另一方提出索赔时，应有正当的索赔理由和有效证据，并应符合合同的相关约定。

若承包人认为非承包人原因发生的事件造成了承包人的经济损失，承包人应在确认该事件发生后，按合同约定向发包人发出索赔通知。

发包人在收到最终索赔报告后并在合同约定时间内，未向承包人作出答复，视为该项索赔已经认可。

承包人索赔按下列程序处理：

(1) 承包人在合同约定的时间内向发包人递交费用索赔意向通知书；

（2）发包人指定专人收集与索赔有关的资料；

（3）承包人在合同约定的时间内向发包人递交费用索赔申请表；

（4）发包人指定的专人初步审查费用索赔申请表，符合《计价规范》第4.6.1条规定的条件时予以受理；

（5）发包人指定的专人进行费用索赔核对，经造价工程师复核索赔金额后，与承包人协商确定并由发包人批准；

（6）发包人指定的专人应在合同约定的时间内签署费用索赔审批表，或发出要求承包人提交有关索赔的进一步详细资料的通知，待收到承包人提交的详细资料后，按《计价规范》规定的程序进行。

若承包人的费用索赔与工程延期索赔要求相关联时，发包人在作出费用索赔的批准决定时，应结合工程延期的批准，综合作出费用索赔和工程延期的决定。

若发包人认为由于承包人的原因造成额外损失，发包人应在确认引起索赔的事件后，按合同约定向承包人发出索赔通知。

承包人在收到发包人索赔通知后并在合同约定时间内，未向发包人作出答复，视为该项索赔已经认可。

承包人应发包人要求完成合同以外的零星工作或非承包人责任事件发生时，承包人应按合同约定及时向发包人提出现场签证。

发、承包双方确认的索赔与现场签证费用与工程进度款同期支付。

F　工程价款调整

招标工程以投标截止日前28 天，非招标工程以合同签订前28 天为基准日，其后国家的法律、法规、规章和政策发生变化影响工程造价的，应按省级或行业建设主管部门或其授权的工程造价管理机构发布的规定调整合同价款。

若施工中出现施工图纸（含设计变更）与工程量清单项目特征描述不符的，发、承包双方应按新的项目特征确定相应工程量清单项目的综合单价。

因分部分项工程量清单漏项或非承包人原因的工程变更，造成增加新的工程量清单项目，其对应的综合单价按下列方法确定：

（1）合同中已有适用的综合单价，按合同中已有的综合单价确定；

（2）合同中有类似的综合单价，参照类似的综合单价确定；

（3）合同中没有适用或类似的综合单价，由承包人提出综合单价，经发包人确认后执行。

因分部分项工程量清单漏项或非承包人原因的工程变更，引起措施项目发生变化，造成施工组织设计或施工方案变更，原措施费中已有的措施项目，按原措施费的组价方法调整；原措施费中没有的措施项目，由承包人根据措施项目变更情况，提出适当的措施费变更，经发包人确认后调整。

因非承包人原因引起的工程量增减，该项工程量变化在合同约定幅度以内的，应执行原有的综合单价；该项工程量变化在合同约定幅度以外的，其综合单价及措施项目费应予以调整。

若施工期内市场价格波动超出一定幅度时，应按合同约定调整工程价款；合同没有约定或约定不明确的，应按省级或行业建设主管部门或其授权的工程造价管理机构的规定调整。

因不可抗力事件导致的费用，发、承包双方应按以下原则分别承担并调整工程价款。

(1) 工程本身的损害、因工程损害导致第三方人员伤亡和财产损失，以及运至施工场地用于施工的材料和待安装的设备的损害，由发包人承担；

(2) 发包人、承包人人员伤亡由其所在单位负责，并承担相应费用；

(3) 承包人的施工机械设备损坏及停工损失，由承包人承担；

(4) 停工期间，承包人应发包人要求留在施工场地的必要的管理人员及保卫人员的费用，由发包人承担；

(5) 工程所需清理、修复费用，由发包人承担。

工程价款调整报告应由受益方在合同约定时间内向合同的另一方提出，经对方确认后调整合同价款。受益方未在合同约定时间内提出工程价款调整报告的，视为不涉及合同价款的调整。

收到工程价款调整报告的一方应在合同约定时间内确认或提出协商意见，否则，视为工程价款调整报告已经确认。

经发、承包双方确定调整的工程价款，作为追加（减）合同价款与工程进度款同期支付。

G 竣工结算

工程完工后，发、承包双方应在合同约定时间内办理工程竣工结算。

工程竣工结算由承包人或受其委托具有相应资质的工程造价咨询人编制，由发包人或受其委托具有相应资质的工程造价咨询人核对。

工程竣工结算应依据：

(1)《计价规范》；

(2) 施工合同；

(3) 工程竣工图纸及资料；

(4) 双方确认的工程量；

(5) 双方确认追加（减）的工程价款；

(6) 双方确认的索赔、现场签证事项及价款；

(7) 投标文件；

(8) 招标文件；

(9) 其他依据。

分部分项工程费应依据双方确认的工程量、合同约定的综合单价计算；如发生调整的，以发、承包双方确认调整的综合单价计算。

措施项目费应依据合同约定的项目和金额计算；如发生调整的，以发、承包双方确认调整的金额计算，其中安全文明施工费应按《计价规范》第4.1.5条的规定计算。

其他项目费用应按下列规定计算：

(1) 计日工应按发包人实际签证确认的事项计算；

(2) 暂估价中的材料单价应按发、承包双方最终确认价在综合单价中调整；专业工程暂估价应按中标价或发包人、承包人与分包人最终确认价计算；

(3) 总承包服务费应依据合同约定金额计算，如发生调整的，以发、承包双方确认调整的金额计算；

(4) 索赔费用应依据发、承包双方确认的索赔事项和金额计算；

(5) 现场签证费用应依据发、承包双方签证资料确认的金额计算；

(6) 暂列金额应减去工程价款调整与索赔、现场签证金额计算，如有余额归发包人。

规费和税金应按《计价规范》第4.1.8 条的规定计算。

承包人应在合同约定时间内编制完成竣工结算书，并在提交竣工验收报告的同时递交给发包人。

承包人未在合同约定时间内递交竣工结算书，经发包人催促后仍未提供或没有明确答复的，发包人可以根据已有资料办理结算。

发包人在收到承包人递交的竣工结算书后，应按合同约定时间核对。

同一工程竣工结算核对完成，发、承包双方签字确认后，禁止发包人又要求承包人与另一个或多个工程造价咨询人重复核对竣工结算。

发包人或受其委托的工程造价咨询人收到承包人递交的竣工结算书后，在合同约定时间内，不核对竣工结算或未提出核对意见的，视为承包人递交的竣工结算书已经认可，发包人应向承包人支付工程结算价款。

承包人在接到发包人提出的核对意见后，在合同约定时间内，不确认也未提出异议的，视为发包人提出的核对意见已经认可，竣工结算办理完毕。

发包人应对承包人递交的竣工结算书签收，拒不签收的，承包人可以不交付竣工工程。

承包人未在合同约定时间内递交竣工结算书的，发包人要求交付竣工工程，承包人应当交付。

竣工结算办理完毕，发包人应将竣工结算书报送工程所在地工程造价管理机构备案。竣工结算书作为工程竣工验收备案、交付使用的必备文件。

竣工结算办理完毕，发包人应根据确认的竣工结算书在合同约定时间内向承包人支付工程竣工结算价款。

发包人未在合同约定时间内向承包人支付工程结算价款的，承包人可催告发包人支付结算价款。

如达成延期支付协议的，发包人应按同期银行同类贷款利率支付拖欠工程价款的利息。如未达成延期支付协议，承包人可以与发包人协商将该工程折价，或申请人民法院将该工程依法拍卖，承包人就该工程折价或者拍卖的价款优先受偿。

H 工程计价争议处理

在工程计价中，对工程造价计价依据、办法以及相关政策规定发生争议事项的，由工程造价管理机构负责解释。

发包人以对工程质量有异议，拒绝办理工程竣工结算的，已竣工验收或已竣工未验收但实际投入使用的工程，其质量争议按该工程保修合同执行，竣工结算按合同约定办理；已竣工未验收且未实际投入使用的工程以及停工、停建工程的质量争议，双方应就有争议的部分委托有资质的检测鉴定机构进行检测，根据检测结果确定解决方案，或按工程质量监督机构的处理决定执行后办理竣工结算，无争议部分的竣工结算按合同约定办理。

发、承包双方发生工程造价合同纠纷时，应通过下列办法解决：

(1) 双方协商；

(2) 提请调解，工程造价管理机构负责调解工程造价问题；

(3) 按合同约定向仲裁机构申请仲裁或向人民法院起诉。

在合同纠纷案件处理中，需作工程造价鉴定的，应委托具有相应资质的工程造价咨询人进行。

6.3.3 工程量清单计价的方法

6.3.3.1 工程造价的计算

利用综合单价法计价，需分项计算清单项目，汇总得到工程总造价。

分部分项工程费 = Σ分部分项工程量 × 分部分项工程综合单价

措施项目费 = Σ措施项目工程量 × 措施项目综合单价 + Σ单项措施费

单位工程报价 = 分部分项工程费 + 措施项目费 + 其他项目费 + 规范 + 税金

6.3.3.2 分部分项工程费计算

(1) 工程量的计算。招标文件中的工程量清单标明的工程量是投标人投标报价的共同基础，竣工结算的工程量按发、承包双方在合同中约定应予计量且实际完成的工程量确定。

工程量清单计价模式下，招标人提供的分部分项工程量是按施工图图示尺寸计算得到的工程净量。在计算直接工程费（人工费、材料费、机械使用费）时，必须考虑施工方案等各种影响因素，重新计算施工作业量，以施工作业量为基数完成计价。施工方案的不同，施工作业量的计算方法与计算结果也不相同。同一工程，由于施工方案的不同，工程造价各异。投标单位可根据工程条件选择能发挥自身技术优势的施工方案，力求降低工程造价，确立在招投标中的竞争优势。同时，必须注意工程量清单计算规则是针对清单项目的主项的计算方法及计量单位进行确定，对主项以外的工程内容的计算方法及计量单位不作规定，由投标人根据施工图及投标人的经验自行确定。最后综合处理形成分部分项工程量清单综合单价。

(2) 人、料、机数量测算。企业可以按反映企业水平的企业定额或参照政府消耗量定额确定人工、材料、机械台班的耗用量。

(3) 市场调查和询价。根据工程项目的具体情况，考虑市场资源的供求状况，采用市场价格作为参考，考虑一定的调价系数，确定人工工资单价、材料预算价格和施工机械台班单价。

(4) 计算清单项目分项工程的直接工程费单价。按确定的分项工程人工、材料和机械的消耗量及询价获得的人工工资单价、材料预算单价、施工机械台班单价，计算出对应分项工程单位数量的人工费、材料费和机械费。

(5) 计算综合单价。分部分项工程的综合单价由相应的直接工程费、企业管理费与利润，以及一定范围内的风险费用构成。企业管理费及利润通常根据各地区规定的费率乘以规定的计算基础得出。

6.3.3.3 措施项目费计算

措施项目清单计价应根据建设工程的施工组织设计，可以计算工程量的措施项目，应按分部分项工程量清单的方式采用综合单价计价；其余的措施项目可以以"项"为单位的方式计价，应包括除规费、税金外的全部费用。

措施项目清单中的安全文明施工费应按照国家或省级、行业建设主管部门的规定计价，不得作为竞争性费用。

计算措施项目综合单价的方法有：

(1) 参数法计价。参数法计价是指按一定的基数乘系数的方法或自定义公式进行计算。

这种方法简单明了，但最大的难点是公式的科学性、准确性难以把握。系数高低直接反映投标人的施工水平。这种方法主要适用于施工过程中必须发生，但在投标时很难具体分项预测，又无法单独列出项目内容的措施项目，如夜间施工费、二次搬运费等，按此方法计价。

（2）实物量法计价。实物量法计价就是根据需要消耗的实物工程量与实物单价计算措施费。比如，脚手架搭拆费可根据脚手架摊销量和脚手架价格及搭、拆、运输费计算，租赁费可按脚手架每日租金和搭设周期及搭、拆、运输费计算。

（3）分包法计价。在分包价格的基础上增加投标人的管理费及风险费进行计价的方法，这种方法适合可以分包的独立项目。如大型机械设备进出场及安拆费的计算。

在对措施项目计价时，每一项费用都要求是综合单价，但是并非每个措施项目内人工费、材料费、机械费、管理费和利润都必须有。

6.3.3.4 其他项目费计算

其他项目费由暂列金额、暂估价、记日工、总承包服务费等内容构成。暂列金额和暂估价由招标人按估算金额确定。招标人在工程量清单中提供的暂估价的材料和专业工程，若属于依法必须招标的，由承包人和招标人共同通过招标确定材料单价与专业工程分包价；若材料不属于依法必须招标的，经发、承包双方协商确认单价后计价；若专业工程不属于依法必须招标的，由发包人、总承包人与分包人按有关计价依据进行计价。记日工和总承包服务费由承包人根据招标人提出的要求，按估算的费用确定。在编制招标控制价、投标报价、竣工结算时，其他项目费计价的要求不一样。

6.3.3.5 规费与税金的计算

规费指政府和有关权力部门规定必须缴纳的费用。具体计算时，一般按国家及有关部门规定的计算公式和费率标准进行计算。

建筑安装工程税金是指国家税法规定的应计入建筑安装工程造价内的营业税、城市维护建设税及教育费附加。如国家税法发生变化或地方政府及税务部门依据职权对税种进行了调整，应对税金项目清单进行相应调整。

规费和税金应按国家或省级、行业建设主管部门的规定计算，不得作为竞争性费用。

6.3.3.6 风险费用

采用工程量清单计价的工程，应在招标文件或合同中明确风险内容及其范围（幅度）。风险具体指工程建设施工阶段发、承包双方在招投标活动和合同履约及施工中所面临涉及工程计价方面的风险。

6.4 工程量清单计价的格式

根据《计价规范》的规定，计价表格由封面，总说明，投标报价汇总表，分部分项工程量清单表，措施项目清单表，其他项目清单表，规费、税金项目清单与计价表，工程款支付申请（核准）表等组成。

6.4.1 封面

封面包括工程量清单封面、招标控制价封面、投标总价封面、竣工结算总价封面，各种封面分别见图6－5～图6－8。

________________________工程

工程量清单

招 标 人：________________　　工程造价：________________

（单位盖章）　　（单位资质专用章）

法定代表人　　法定代表人

或其授权人：________________　　或其授权人：________________

（签字或盖章）　　（签字或盖章）

编 制 人：________________　　复 核 人：________________

（造价人员签字盖专用章）　　（造价人员签字盖专用章）

编制时间：　　年　　月　　日　　复核时间：　　年　　月　　日

图6-5　工程量清单封面

______________________工程

招标控制价

招标控制价(小写)：______________________

（大写）：______________________

招 标 人：______________________（单位盖章）

工程造价咨询人：______________________（单位资质专用章）

法定代表人或其授权人：______________________（签字或盖章）

法定代表人或其授权人______________________（签字或盖章）

编 制 人：______________________（造价人员签字盖专用章）

复 核 人：______________________（造价工程师签字盖专用章）

编制时间：　　年　　月　　日　　　复核时间：　　年　　月　　日

图6－6　招标控制价封面

投 标 总 价

招 标 人：________________________________

工程名称：________________________________

投标总价（小写）：________________________

（大写）：________________________

投 标 人：________________________________

（单位盖章）

法定代表人
或其授权人：______________________________

（签字或盖章）

编 制 人：________________________________

（造价人员签字盖专用章）

编制时间：　　年　　月　　日

图6－7　投标总价封面

______________________工程

竣 工 结 算 总 价

中标价（小写）：______________（大写）：______________

结算价（小写）：______________（大写）：______________

发 包 人：__________　承 包 人：__________　工程造价咨 询 人：__________

（单位盖章）　（单位盖章）　（单位资质专用章）

选定代表人或其授权人：__________　法定代表人或其授权人：__________　法定代表人或其授权人：__________

（签字或盖章）　（签字或盖章）　（签字或盖章）

编 制 人：______________　核 对 人：______________

（造价人员签字盖专用章）　（造价工程师签字盖专用章）

编制时间：　年　月　日　核对时间：　年　月　日

图6-8　竣工结算总价封面

6.4.2 总说明

总说明应按下列内容填写：

（1）工程概况。工程概况包括建设规模、工程特征、计划工期、施工现场实际情况、交通运输情况、自然地理条件、环境保护要求等。

（2）工程招标和分包范围。

（3）工程量清单编制依据。

（4）工程质量、材料、施工等的特殊要求。

（5）招标人自行采购材料的名称、规格型号、数量等。

（6）其他项目清单中招标人部分的（包括预留金、材料购置费等）金额数量。

（7）其他需说明的问题。

总说明样式见表 6－2。

表 6－2 总说明样式

总说明

工程名称：××厂职工住宅工程　　　　第　页共　页

1. 工程概况：本工程为砖混结构，混凝土灌注桩基，建筑层数为 7 层，建筑面积为 10940m^2，招标计划工期为 300 日历天，投标工期为 280 日历天。 2. 投标报价包括范围：本次招标的住宅工程施工图范围内的建筑工程和安装工程。 3. 投标报价编制依据： （1）招标文件及其所提供的工程量清单和有关报价的要求，招标文件的补充通知和答疑纪要。 （2）住宅楼施工图及投标施工组织设计。 （3）有关的技术标准、规范和安全管理规定等。 （4）省建设主管部门颁发的计价定额和计价管理办法及相关计价文件。 （5）材料价格根据本公司掌握的价格情况并参照工程所在地工程造价管理机构××××年×月工程造价信息发布的价格。

6.4.3 汇总表

汇总表分为两类：一类为招标控制价（或投标报价）汇总表；另一类为竣工结算汇总表。

招标控制价（或投标报价）汇总表包括：工程项目招标控制价（或投标报价）汇总表、单项工程招标控制价（或投标报价）汇总表和单位工程招标控制价（或投标报价）汇总表。

竣工结算汇总表包括：工程项目竣工结算汇总表、单项工程竣工结算汇总表、单位工程竣工结算汇总表。

表 6－3～表 6－5 分别为××厂职工住宅工程的工程项目投标报价汇总表、单项工程投标报价汇总表和单位工程投标报价汇总表。

表 6－3 工程项目投标报价汇总表

工程名称：××厂职工住宅工程　　　　第　页共　页

序号	单项工程名称	金额/元	其中		
			暂估价/元	安全文明施工费/元	规费/元
1	职工住宅工程	10045112	1200000	326749	323989
合计		10045112	1200000	326749	323989

注：1. 本表适用于工程项目招标控制价或投标报价的汇总；

2. 本工程仅为一栋住宅楼，故单项工程即为工程项目。

表 6－4 单项工程投标报价汇总表

工程名称：××厂职工住宅工程　　　　第　页共　页

序号	单项工程名称	金额/元	其中		
			暂估价/元	安全文明施工费/元	规费/元
1	职工住宅工程	10045112	1200000	326749	323989
合计		10045112	1200000	326749	323989

注：本表适用于单项工程招标控制价或投标报价的汇总。暂估价包括分部分项工程中的暂估价和专业工程暂估价。

表 6－5 单位工程投标报价汇总表

工程名称：××大厂职工住宅工程　　　　标段：　　　　第　页共　页

序号	汇总内容	金额/元	其中，暂估价/元
1	分部分项工程	7754651	1000000
1.1	A.1 土（石）方工程	103298	
1.2	A.2 桩与地基基础工程	409831	
1.3	A.3 砌筑工程	919171	
1.4	A.4 混凝土及钢筋混凝土工程	3221650	1000000
1.5	A.6 金属结构工程	34179	

续表 6－5

序号	汇 总 内 容	金额/元	其中，暂估价/元
1.6	A.7 屋面及防水工程	321834	
1.7	A.8 防腐、隔热、保温工程	174156	
1.8	B.1 楼地面工程	328075	
1.9	B.2 墙柱面工程	653957	
1.10	B.3 天棚工程	233831	
1.11	B.4 门窗工程	396466	
1.12	B.5 油漆、涂料、裱糊工程	283502	
1.13	C.2 电器设备安装工程	360140	
1.14	C.8 给排水安装工程	314561	
2	措施项目	986809	—
2.1	安装文明施工费	326749	—
3	其他项目	648420	—
3.1	暂列金额	400000	—
3.2	专业工程暂估价	200000	—
3.3	计日工	32420	—
3.4	总承包服务费	16000	—
4	规费	323989	—
5	税金	331243	—
招标控制价合计 =1 +2 +3 +4 +5		10045112	1000000

注：本表适用于工程单位控制价或投标报价汇总，如无单位工程的划分，单项工程汇总也使用本表汇总。

工程项目与单项工程投标报价和招标控制价汇总表在形式上是一样的，只是对价格的处理不同。需要说明的是，投标报价汇总表与投标函中投标报价金额应当一致。就投标文件的各个组成部分而言，投标函是最重要的文件，其他组成部分都是投标函的支持性文件，投标函是必须经过投标人签字盖章，并且在开标会上必须当众宣读的文件。如果投标报价汇总表的投标总价与投标函填报的投标总价不一致，应当以投标函中填写的大写金额为准。

表 6－6～表 6－8 分别为××厂职工住宅工程的工程项目竣工结算汇总表、单项工程竣工结算汇总表和单位工程竣工结算汇总表。

表 6－6　工程项目竣工结算汇总表

工程名称：××厂职工住宅工程　　　　第　页共　页

序号	单项工程名称	金额/元	其中	
			安全文明施工费/元	规费/元
1	职工住宅工程	10290413	332178	331781
合　计		10290413	332178	331781

注：本工程仅为一栋住宅楼，故单项工程即为工程项目。

表6－7 单项工程竣工结算汇总表

工程名称：××厂职工住宅工程　　　　第　页共　页

序号	单项工程名称	金额/元	其中	
			安全文明施工费/元	规费/元
1	职工住宅工程	10290413	332178	331781
合计		10290413	332178	331781

表6－8 单位工程竣工结算汇总表

工程名称：××厂职工住宅工程　　　　标段：　　　　第　页共　页

序号	汇总内容	金额/元
1	分部分项工程	7967428
1.1	A.1 土（石）方工程	121378
1.2	A.2 桩与地基基础工程	396537
1.3	A.3 砌筑工程	899320
1.4	A.4 混凝土及钢筋混凝土工程	3419395
1.5	A.6 金属结构工程	30521
1.6	A.7 屋面及防水工程	327826
1.7	A.8 防腐、隔热、保温工程	216534
1.8	B.1 楼地面工程	306073
1.9	B.2 墙柱面工程	649462
1.10	B.3 天棚工程	215866
1.11	B.4 门窗工程	417839
1.12	B.5 油漆、涂料、裱糊工程	290002
1.13	C.2 电器设备安装工程	356138
1.14	C.8 给排水安装工程	320537
2	措施项目	986809
2.1	安装文明施工费	332178
3	其他项目	665063
3.1	专业工程结算价	318462
3.2	计日工	92086
3.3	总承包服务费	28515
3.4	索赔与现场签证	226000
4	规费	331781
5	税金	339332
招标控制价合计＝1＋2＋3＋4＋5		10290413

注：如无单位工程划分，单项工程也使用本表汇总。

6.4.4　分部分项工程量清单表

6.4.4.1　分部分项工程量清单与计价表

分部分项工程量清单与计价表样式见表6-9。

表6-9　分部分项工程量清单与计价表

工程名称：××厂职工住宅工程　　标段：　　第　页共　页

序号	项目编码	项目名称	项目特征描述	计量单位	工程量	金额/元		
						综合单价	合价	其中：暂估价
		A.1 土（石）方工程						
1	010101001001	平整场地	Ⅱ、Ⅲ类土综合，土方就地挖填找平	m^3	1952	2.00	3904	
2	010101003001	挖基础土方	Ⅲ类土，条形基础，垫层底宽2m，挖土深度4m以内，弃土运距为7km	m^3	1835	31.41	57637	
		（其他略）						
		分部小计					103298	
		A.2 桩与地基基础工程						
3	010201003001	混凝土灌注桩	人工挖孔，二级土，桩长10m，有护壁段长9m，共42根，桩直径1000mm，扩大头直径1100mm，桩混凝土为C25，护壁混凝土为C20	m	425	436.19	185381	
		（其他略）						
		分部小计					409831	
本页小计							513129	
合　计							513129	

注：根据建设部、财政部发布的《建筑安装工程费用组成》（建标［2003］206号）的规定，为计取规费等的使用，可在表中增设其中："直接费"、"人工费"或"人工费+机械费"。

6.4.4.2　工程量清单综合单价分析表

工程量清单综合单价分析表样式见表6-10。

工程量清单综合单价分析表是评标委员会评审和判别综合单价组成和价格完整性、合理性的主要基础，同时也是工程变更调整综合单价时必不可少的基础价格数据来源。采用经评审的最低投标价法评标时，该分析表的重要性更加突出。

该分析表集中反映了构成每一个清单项目综合单价的各个价格要素的价格及主要的“工、料、机”消耗量。投标人在投标报价时，需要对每一个清单项目进行组价，为了使组价工作具有可追溯性（回复评标质疑时尤其需要），需要标明每一个数据的来源。该分析表实际上是投标人投标组价工作的一个阶段性成果文件。

表 6－10 工程量清单综合单价分析表

工程名称：××厂职工住宅工程　　　标段：　　　　　　　　　　　第　页共　页

项目编码	010201003001			项目名称		混凝土灌注桩		计量单位		m	
清单综合单价组成明细											
定额编号	定额名称	定额单位	数量	单价				合价			
				人工费	材料费	机械费	管理和利润	人工费	材料费	机械费	管理和利润
AB0291	挖孔桩芯混凝土 C25	$10m^3$	0.0866	916.28	2335.74	485.36	260.28	79.35	202.28	42.03	22.54
AB0284	挖孔桩护壁混凝土 C20	$10m^3$	0.02059	919.34	2692.35	490.04	268.54	18.93	55.44	10.09	5.53
人工单价		小计						98.28	257.72	52.12	28.07
58元/工日		未计价材料费									
清单项目综合单价								436.19			

材料费明细	主要材料名称、规格、型号	单位	数量	单价/元	合价/元	暂估单价/元	暂估合价/元
	混凝土 C25	m^3	0.8660	240.48	208.26		
	混凝土 C20	m^3	0.2059	218.80	45.05		
	水泥 42.5 级	kg	(355.826)	0.50	(177.91)		
	中砂	m^3	(0.495)	80.28	(39.74)		
	砾石 5～40mm	m^3	(0.883)	40.39	(35.66)		
	其他材料费			—	4.41	—	
	材料费小计			—	257.72	—	

注：1. 如不使用省级或行业建设主管部门发布的计价依据，可不填定额项目、编号等；

2. 招标文件提供了暂估单价的材料，按暂估的单价填入表内“暂估单价”栏及“暂估合价”栏。

6.4.5　措施项目清单表

6.4.5.1　措施项目清单与计价表（一）

措施项目清单与计价表（一）样式见表6-11。措施项目清单与计价表（一）适用于以“项”计价的措施项目。

表6-11　措施项目清单与计价表（一）

工程名称：××厂职工住宅工程　　　标段：　　　　　　　第　页共　页

序号	项目名称	计算基础	费率/%	金额/元
1	安全文明施工费	人工费	30	326749
2	夜间施工费	人工费	1.5	16337
3	二次搬运费	人工费	1	10892
4	冬雨季施工	人工费	0.6	6535
5	大型机械设备进出场及安拆费			17500
6	施工排水			3000
7	施工降水			18000
8	地上、地下设施、建筑物的临时保护设施			12000
9	已完工程及设备保护			8500
10	各专业工程的措施项目			310500
(1)	垂直运输机械			185000
(2)	脚手架			125500
合　计				730013

注：1. 本表适用于以“项”计价的措施项目；
2. 根据建设部、财政部发布的《建筑安装工程费用组成》（建标［2003］206号）的规定，“计算基础”可为“直接费”、“人工费”或“人工费+机械费”。

（1）编制工程量清单时，表中的项目可根据工程实际情况进行增减。

（2）编制招标控制价时，计费基础、费率应按省级或行业建设主管部门的规定计取。

（3）编制投标报价时，除“安全文明施工费”必须按《计价规范》的强制性规定和省级、行业建设主管部门的规定计取外，其他措施项目均可根据投标施工组织设计自主报价。

6.4.5.2　措施项目清单与计价表（二）

措施项目清单与计价表（二）样式见表6-12。措施项目清单与计价表（二）适用于以分部分项工程量清单项目综合单价形式计价的措施项目。

表 6-12 措施项目清单与计价表（二）

工程名称：××厂职工住宅工程　　标段：　　　　第　页共　页

序号	项目编码	项目名称	项目特征描述	计量单位	工程量	金额/元	
						综合单价	合价
1	AB001	现浇钢筋混凝土平板模板及支架	矩形板，支模高度 3m	m^2	1350	21.35	28823
2	AB002	现浇钢筋混凝土有梁板及支架	矩形梁，断面 200mm × 400mm，梁底支模高度 2.6m，板底支模高度 3m	m^2	1401	24.85	34815
		（其他略）					
本页小计							256796
合　计							256796

注：本表适用于以综合单价形式计价的措施项目。

6.4.6 其他项目清单表

其他项目清单表包括：其他项目清单与计价汇总表、暂列金额明细表、材料暂估单价表、专业工程暂估价表、计日工表、总承包服务费计价表、索赔与现场签证计价汇总表、费用索赔申请（核准）表、现场签证表。

6.4.6.1 其他项目清单与计价汇总表

其他项目清单与计价汇总表样式见表 6-13。

表 6-13 其他项目清单与计价汇总表

工程名称：××厂职工住宅工程　　标段：　　　　第　页共　页

序号	项目名称	计量单位	金额/元	备　注
1	暂列金额	项	400000	明细详见表 6.14
2	暂估价		200000	
2.1	材料暂估价		—	明细详见表 6.15
2.2	专业工程暂估价	项	200000	明细详见表 6.16
3	计日工		32420	明细详见表 6.17
4	总承包服务费		16000	明细详见表 6.18
合　计			648420	

注：材料暂估单价进入清单项目综合单价，此处不汇总。

应注意，在编制投标报价时，应按招标文件工程量清单提供的“暂列金额”和“专业工程暂估价”填写金额，不得变动。“计日工”、“总承包服务费”自主确定报价。

6.4.6.2 暂列金额明细表

暂列金额明细表样式见表6－14，“暂列金额”在《计价规范》的定义中已经明确。在实际履约过程中可能发生，也可能不发生。本表要求招标人能将暂列金额与拟用项目列出明细，但如确实不能详列也可只列暂定金额总额，投标人应将上述暂列金额计入投标总价中。

表6－14 暂列金额明细表

工程名称：××厂职工住宅工程　　标段：　　第 页共 页

序号	项 目 名 称	计量单位	暂定金额/元	备 注
1	工程量清单中工程量偏差和设计变更	项	150000	
2	政策性调整和材料价格风险	项	150000	
3	其 他	项	100000	
4				
合 计			400000	

注：此表由招标人填写，如不能详列，也可只列暂定金额总额，投标人应将上述暂列金额计入投标总价中。

上述的暂列金额，尽管包含在投标总价中（所以也将包含在中标人的合同总价中），但并不属于承包人所有的支配，是否属于承包人所有，受合同约定的支付程序的制约。

6.4.6.3 材料暂估单价表

材料暂估单价表样式见表6－15。暂估价是在招标阶段预见肯定要发生，只是因为标准不明确或者需要由专业承包人完成，暂时无法确定具体价格。

表6－15 材料暂估单价表

工程名称：××厂职工住宅工程　　标段：　　第 页共 页

序号	材料名称、规格、型号	计量单位	单价/元	备 注
1	钢筋（规格、型号综合）	t	5300	用在所有现浇混凝土钢筋清单项目
2				

注：1. 此表由招标人填写，并在备注栏说明暂估价的材料拟用在哪些清单项目上，投标人应将上述材料暂估单价计入工程量清单综合单价报价中；

2. 材料包括原材料、燃料、构配件以及按规定应计入建筑安装工程造价的设备。

6.4.6.4 专业工程暂估价表

专业工程暂估价表样式见表6－16。专业工程暂估价应在表内填写工程名称、工程内容、暂估金额，投标人应将上述金额计入投标总价中。

表6－16 专业工程暂列估价表

工程名称：××厂职工住宅工程　　标段：　　第　页共　页

序号	工程名称	工程内容	金额/元	备注
1	入户防盗门	安装	200000	
2				
合计			200000	

注：此表由招标人填写，投标人应将上述专业工程暂估价计入投标总价中。

6.4.6.5 计日工表

计日工表样式见表6－17。编制投标报价时，人工、材料、机械台班单价由投标人自主确定，按已给暂估数量计算合价计入投标总价中。

表6－17 计日工表

工程名称：××厂职工住宅工程　　标段：　　第　页共　页

编号	项目名称	单位	暂定数量	综合单价	合价
一	人工				
1	普工	工日	220	60	13200
2	技工（综合）	工日	70	80	5600
3					
4					
人工合计					18800
二	材料费				
1	钢筋（规格、型号综合）	t	1	5300	5300
2	水泥42.5级	t	4	500	2000

续表 6－17

编 号	项目名称	单 位	暂定数量	综合单价	合 价
3	中砂	m^3	8	100	800
4	砾石（5～40mm）	m^3	6	45	270
5	页岩砖（240mm×115mm×53mm）	千匹	1	300	300
6					
材料小计					8670
三	施工机械				
1	自升式塔式起重机（起重力矩1250kN·m）	台班	6	800	4800
2	灰浆搅拌机(400L)	台班	3	50	150
3					
4					
施工机械小计					4950
总 计					32420

注：此表项目名称、数量由招标人填写，编制招标控制价时，单价由招标人按有关计价规定确定；投标时，单价由投标人自主报价，计入投标总价中。

6.4.6.6 总承包服务费计价表

总承包服务费计价表样式见表 6－18。编制投标报价时，由投标人根据工程量清单中的总承包服务内容，自主决定报价。

表 6－18 总承包服务费计价表

工程名称：××厂职工住宅工程　　标段：　　第 页共 页

编 号	项目名称	项目价值/元	服务内容	费率/%	金额/元
1	发包人发包专业工程	150000	1. 按专业工程承包人的要求提供施工工作面并对施工现场进行统一管理，对竣工资料进行统一整理汇总； 2. 为专业工程承包人提供垂直运输机械和焊接电源接入点，并承担垂直运输费和电费； 3. 为防盗门安装后进行补缝和找平并承担相应费用	7	10500
2	发包人供应材料	1100000	对发包人供应的材料进行验收及保管和使用发放	0.5	5500
合 计					16000

6.4.6.7 索赔与现场签证计价汇总表

索赔与现场签证计价汇总表样式见表 6－19。

表 6－19 索赔与现场签证计价汇总表

工程名称：××厂职工住宅工程　　标段：　　第　页共　页

序号	签证及索赔项目名称	计量单位	数量	单价/元	合价/元	索赔及签证依据
1	现场管理费	天	2	1000	2000	工程师指令
2	误工费	天	3	2250	6750	气象报告等资料
	（其他略）					
本页小计					226000	—
合　计					226000	—

注：签证及索赔依据是指经双方认可的签证单和索赔依据的编号。

6.4.6.8 费用索赔申请（核准）表

费用索赔申请（核准）表样式见表 6－20。

表 6－20 费用索赔申请（核准）表

工程名称：××厂职工住宅工程　　标段：　　第　页共　页

致：________________________________（发包人全称）

根据施工合同条款第________条的约定，由于__________原因，我方要求索赔金额（大写）______

附：1. 费用索赔的详细理由和依据：

2. 索赔金额的计算：

3. 证明材料：

承包人（章）
承包人代表______
日　　期______

复核意见：	复核意见：
根据施工合同条款第____条的约定，你方提出的费用索赔申请经复核： □不同意此项索赔，具体意见见附件。 □同意此项索赔，索赔金额的计算，由造价工程师复核。 监理工程师______ 日　　期______	根据施工合同条款第____条的约定，你方______提出的费用索赔申请经复核，索赔金额为（大写）______元，（小写）______元。 造价工程师______ 日　　期______

审核意见：

□不同意此项索赔。

□同意此项索赔，与本期进度款同期支付。

发包人（章）
发包人代表______
日　　期______

注：1. 在选择栏中的“□”内作标识“√”；

2. 本表一式四份，由承包人填报，发包人、监理人、造价咨询人、承包人各存一份。

6.4.6.9 现场签证表

现场签证表样式见表6－21。

表6－21 现场签证表

工程名称：××厂职工住宅工程　　标段：　　第　页共　页

<table>
<tr><td>施工部位</td><td></td><td>日　期</td><td></td></tr>
<tr><td colspan="4">致：＿＿＿＿＿＿＿＿＿＿（发包人全称）
根据＿＿＿＿（指令人姓名）　年　月　日的口头指令或你方＿＿＿＿（或监理人）　年　月　日的书面通知，我方要求完成此项工作应支付价款金额为（大写）＿＿＿＿＿＿元，（小写）＿＿＿＿＿元，请予核准。
附：1. 签证事由及原因：
2. 附图及计算式：
承包人(章)
承包人代表＿＿＿＿
日　　期＿＿＿＿</td></tr>
<tr><td colspan="2">复核意见：
你方提出的此项签证申请经复核：
□不同意此项签证，具体意见见附件。
□同意此项签证，签证金额的计算，由造价工程师复核。
监理工程师＿＿＿＿
日　　期＿＿＿＿</td><td colspan="2">复核意见：
□此项签证按承包人中标的计日工单价计算，金额为＿＿＿＿（大写）元，（小写）＿＿＿＿元。
□此项签证因无计日工单价，金额为（大写）＿＿＿＿＿元，（小写）＿＿＿＿＿元。
造价工程师＿＿＿＿
日　　期＿＿＿＿</td></tr>
<tr><td colspan="4">审核意见：
□不同意此项签证。
□同意此项签证，价款与本期进度款同期支付。
发包人(章)
发包人代表＿＿＿＿
日　　期＿＿＿＿</td></tr>
</table>

注：1. 在选择栏中的“□”内作标识“√”；

2. 本表一式四份，由承包人在收到发包人（监理人）的口头或书面通知后填写，发包人、监理人、造价咨询人、承包人各存一份。

6.4.7 规费、税金项目清单表

规费、税金项目清单表样式见表6－22。

表6－22 规费、税金项目清单表

工程名称：××厂职工住宅工程　　标段：　　第　页共　页

序号	项目名称	计算基础	费率/%	金额/元
1	规　费			323989
1.1	工程排污费	按工程所在地环保部门规定按实计算		

续表 6－22

序号	项目名称	计 算 基 础	费率/%	金额/元
1.2	社会保障费	(1)+(2)+(3)		239614
(1)	养老保险费	人工费	14	152482
(2)	失业保险费	人工费	2	21783
(3)	医疗保险费	人工费	6	65349
1.3	住房公积金	人工费	6	65349
1.4	危险作业意外伤害保险	人工费	0.5	5446
1.5	工程定额测定费	税前工程造价	0.14	13580
2	税　金	分部分项工程费＋措施项目费＋其他项目费＋规范	3.41	331243
合　　计				655232

6.4.8 工程款支付申请（核准）表

工程款支付申请（核准）表样式见表 6－23。

表 6－23 工程款支付申请（核准）表

工程名称：××厂职工住宅工程　　标段：　　编号：

致：＿＿＿＿＿＿＿＿＿＿＿＿＿＿＿＿＿＿＿＿（发包人全称）

我方于＿＿＿＿至＿＿＿＿期间已完成了＿＿＿＿工作，根据施工合同的约定，现申请支付本期的工程款额（大写）＿＿＿＿元，（小写）＿＿＿＿元，请予核准。

序　号	名　称	金额/元	备　注
1	累计已完成的工程价款		
2	累计已实际支付的工程价款		
3	本周期已完成的工程价款		
4	本周期完成的计日工金额		
5	本周期应增加和扣减的变更金额		
6	本周期应增加和扣减的索赔金额		
7	本周期应抵扣的预付款		
8	本周期应扣减的质保金		
9	本周期应增加或扣减的其他金额		
10	本周期实际应支付的工程价款		

承包人(章)＿＿＿＿

承包人代表＿＿＿＿

日　　期＿＿＿＿

续表 6－23

复核意见： □与实际施工情况不相符，修改意见见附表。 □与实际施工情况相符，具体金额由造价工程师复核。 监理工程师________ 日　　期________	复核意见： 你方提出的支付申请经复核，本期间已完成工程款额为（大写）________元，（小写）________元，本期间应支付金额为（大写）________元，（小写）________元。 造价工程师________ 日　　期________
审核意见： □不同意。 □同意，支付时间为本表签发后的 15 天内。 发包人（章） 发包人代表________ 日　　期________	

注：1. 在选择栏中的“□”内作标识“√”；

2. 本表一式四份，由承包人填报，发包人、监理人、造价咨询人、承包人各存一份。

6.5 工程量清单报价的程序

投标报价应根据招标文件中的工程量清单和有关要求、施工现场实际情况及拟定的施工方案或施工组织设计，依据企业定额和市场信息，或参照建设行政主管部门发布的社会平均消耗量定额进行编制。投标报价由投标人自主确定，但不得低于成本，投标报价应由投标人或受其委托具有相应资质的工程造价咨询人编制。

投标人应按招标人提供的工程量清单填报报价。填写的项目编码、项目名称、项目特征、计量单位、工程量必须与招标人提供的一致。

6.5.1 工程量清单报价的依据

编制投标报价的依据包括：

（1）《计价规范》；

（2）国家或省级、行业建设主管部门颁发的计价依据和办法；

（3）企业定额，国家或省级、行业建设主管部门颁发的计价定额；

（4）招标文件、工程量清单及其补充通知、答疑纪要；

（5）建设工程设计文件及相关资料；

（6）施工现场情况、工程特点及拟定的投标施工组织设计或施工方案；

（7）与建设项目相关的标准、规范等技术资料；

(8) 市场价格信息或工程造价管理机构发布的工程造价信息;

(9) 其他的相关资料。

6.5.2 工程量清单报价的程序

6.5.2.1 复核或计算工程量

一般情况下，投标人必须按招标人提供的工程量清单进行组价，并按照综合单价的形式进行报价。但投标人在以招标人提供的工程量清单为依据来组价时，必须把施工方案及施工工艺造成的工程增量以价格的形式包括在综合单价内。工程量清单中的各分部分项工程量并不十分准确，若设计深度不够则可能有较大的误差，而工程量的多少是选择施工方法、安排人力和机械、准备材料必须考虑的因素，自然也影响分项工程的单价，因此一定要对工程量进行复核。有经验的投标人在计算施工工程量时就对工程量清单中的工程量进行审核，以便确定招标人提供的工程量的准确度和采用不平衡报价方法。

另一方面，在实现工程量清单计价时，建设工程项目分为三部分进行计价：分部分项工程项目计价、措施项目计价及其他项目计价。招标人提供的工程量清单是分部分项工程项目清单中的工程量，但不提供措施项目中的工程量及施工方案工程量，必须由投标人在投标时按设计文件及施工组织设计、施工方案进行二次计算。投标人由于考虑不全面而造成低价中标亏损，招标人不予承担。因此这部分用价格的形式分摊到报价内的量必须要认真计算和全面考虑。

6.5.2.2 确定单价、计算合价

在投标报价中，复核或计算各个分部分项工程的工程量后，就需要确定每一个分部分项工程的单价，并按照工程量清单报价的格式填写，然后计算出合价。

A 分部分项工程费报价

分部分项工程费应依据《计价规范》的综合单价的组成内容，按招标文件中分部分项工程量清单项目的特征描述确定综合单价计算。综合单价中应考虑招标文件中要求投标人承担的风险费用。招标文件中提供了暂估单价的材料，按暂估的单价计入综合单价。

确定分部分项工程量清单项目综合单价的最重要依据之一是该清单项目的特征描述，投标人投标报价时应根据招标文件中分部分项工程量清单项目的特征描述确定清单项目的综合单价。在招投标过程中，当出现招标文件分部分项工程量特征描述与设计图纸不符时，投标人应以分部分项工程量清单的项目特征描述为准，确定投标报价的综合单价。当施工中施工图纸或设计变更与工程量清单项目特征描述不一致时，发、承包双方应按实际施工的项目特征，依据合同约定重新确定综合单价。招标文件中提供了暂估单价的材料，按暂估的单价进入综合单价。招标文件中要求投标人承担的风险费用，投标人应考虑列入综合单价。在施工过程中，当出现的风险内容及其范围（幅度）在招标文件规定的范围（幅度）内时，综合单价不得变动，工程价款不作调整。

B 措施项目费报价

投标人可根据工程实际情况结合施工组织设计，对招标人所列的措施项目进行增补。措施项目费应根据招标文件中的措施项目清单及投标时的施工组织设计或施工方案按

《计价规范》的规定自主确定。由于投标人拥有的施工装备、技术水平和采用的施工方法有所差异，招标人提出的措施项目清单是根据一般情况确定的，没有考虑不同投标人的“个性”，投标人投标时应根据自身编制的投标施工组织设计（或施工方案）确定措施项目，并对招标人提供的措施项目进行调整。投标人根据投标施工组织设计（或施工方案）调整和确定的措施项目应通过评标委员会的评审。

措施项目费的计算包括：

（1）措施项目的内容应依据招标人提供的措施项目清单和投标人投标时拟定的施工组织设计或施工方案；

（2）措施项目费的计价方式应根据招标文件的规定，可以计算工程量的措施清单项目采用综合单价方式报价，其余的措施清单项目采用以“项”为计量单位的方式报价；

（3）措施项目费由投标人自主确定，但其中安全文明施工费应按国家或省级、行业建设主管部门的规定确定。

C 其他项目费报价

其他项目费应按下列规定报价：

（1）暂列金额应按招标人在其他项目清单中列出的金额填写；

（2）材料暂估价应按招标人在其他项目清单中列出的单价计入综合单价；专业工程暂估价应按招标人在其他项目清单中列出的金额填写；

（3）计日工按招标人在其他项目清单中列出的项目和数量，自主确定综合单价并计算计日工费用；

（4）总承包服务费根据招标文件中列出的内容和提出的要求自主确定。

D 规费和税金的报价

规费和税金应按《计价规范》的规定确定。规费和税金的计取标准是依据有关法律、法规和政策规定制定的，具有强制性。

6.5.2.3 确定分包工程费

分包人的工程分包费是投标价格的一个重要组成部分，有时总承包人投标价格中的相当部分是分包工程费。因此，在编制投标价格时需要有一个合适的价格来衡量分包人的价格，需要熟悉分包工程的范围，对分包人的能力进行评估。

6.5.2.4 确定投标价格

实行工程量清单招标，投标人的投标总价应当与组成工程量清单的分部分项工程费、措施项目费、其他项目费和规费、税金的合计金额相一致，即投标人在进行工程量清单招标的投标报价时，不能进行投标总价优惠（或降价、让利），投标人对投标报价的任何优惠（或降价、让利）均应反映在相应清单项目的综合单价中。

将分部分项工程的合价、措施项目费等汇总后就可以得到工程的总价，但计算出来的工程总价还不能作为投标价格。因为计算出来的价格可能存在重复计算或漏算，也有可能某些费用的预估有偏差，因此需要对计算出来的综合单价作出某些必要的调整。在对工程进行盈亏分析的基础上，找出计算中的问题并分析降低成本的措施。结合企业的投标策略，最后确定投标报价。

6.6 建筑装饰工程工程量清单项目及其计算规则

建筑装饰工程工程量清单项目包括楼地面工程，墙、柱面工程，天棚工程，门窗工程，油漆、涂料、裱糊工程以及其他工程等项目。

建筑装饰工程工程量清单项目及计算规则作为附录B列入《计价规范》中。

6.6.1 楼地面工程

楼地面工程包括整体面层、块料面层、橡塑面层、其他材料面层、踢脚线、楼梯装饰、扶手、栏杆、栏板装饰、台阶装饰、零星装饰等项目。

6.6.1.1 整体面层

工程量清单项目设置及工程量计算规则，应按表6-24的规定执行。

表6-24 整体面层（编码：020101）

项目编码	项目名称	项目特征	计量单位	工程量计算规则	工程内容
020101001	水泥砂浆楼地面	1. 垫层材料种类、厚度； 2. 找平层厚度、砂浆配合比； 3. 防水层厚度、材料种类； 4. 面层厚度、砂浆配合比	m^2	按设计图示尺寸以面积计算。扣除凸出地面构筑物、设备基础、室内铁道、地沟等所占面积，不扣除间壁墙和0.3 m^2以内的柱、垛、附墙烟囱及孔洞所占面积。门洞、空圈、暖气包槽、壁龛的开口部分不增加面积	1. 基层清理； 2. 垫层铺设； 3. 抹找平层； 4. 防水层铺设； 5. 抹面层； 6. 材料运输
020101002	现浇水磨石楼地面	1. 垫层材料种类、厚度； 2. 找平层厚度、砂浆配合比； 3. 防水层厚度、材料种类； 4. 面层厚度、水泥石子浆配合比； 5. 嵌条材料种类、规格； 6. 石子种类、规格、颜色； 7. 颜料种类、颜色； 8. 图案要求； 9. 磨光、酸洗、打蜡要求			1. 基层清理； 2. 垫层铺设； 3. 抹找平层； 4. 防水层铺设； 5. 面层铺设嵌缝条安装； 6. 磨光、酸洗、打蜡； 7. 材料运输
020101003	细石混凝土地面	1. 垫层材料种类、厚度； 2. 找平层厚度、砂浆配合比； 3. 防水层厚度、材料种类； 4. 面层厚度、混凝土强度等级			1. 基层清理； 2. 垫层铺设； 3. 抹找平层； 4. 防水层铺设； 5. 面层铺设； 6. 材料运输
020101004	菱苦土楼地面	1. 垫层材料种类、厚度； 2. 找平层厚度、砂浆配合比； 3. 防水层厚度、材料种类； 4. 面层厚度； 5. 打蜡要求			1. 基层清理； 2. 垫层铺设； 3. 抹找平层； 4. 防水层铺设； 5. 面层铺设； 6. 打蜡； 7. 材料运输

6.6.1.2 块料面层

工程量清单项目设置及工程量计算规则，应按表6－25的规定执行。

表6－25 块料面层（编码：020102）

项目编码	项目名称	项目特征	计量单位	工程量计算规则	工程内容
020102001	石材楼地面	1. 垫层材料种类、厚度； 2. 找平层厚度、砂浆配合比； 3. 防水层、材料种类； 4. 填充材料种类、厚度； 5. 结合层厚度、砂浆配合比； 6. 面层材料品种、规格、品牌、颜色； 7. 嵌缝材料种类； 8. 防护层材料种类； 9. 酸洗、打蜡要求	m^2	按设计图示尺寸以面积计算。扣除凸出地面构筑物、设备基础、室内铁道、地沟等所占面积，不扣除间壁墙和0.3m^2以内的柱、垛、附墙烟囱及孔洞所占面积。门洞、空圈、暖气包槽、壁龛的开口部分不增加面积	1. 基层清理、铺设垫层、抹找平层； 2. 防水层铺设、填充层； 3. 面层铺设； 4. 嵌缝； 5. 刷防护材料； 6. 酸洗、打蜡； 7. 材料运输
020102002	块料楼地面				

6.6.1.3 橡塑面层

工程量清单项目设置及工程量计算规则，应按表6－26的规定执行。

表6－26 橡塑面层（编码：020103）

项目编码	项目名称	项目特征	计量单位	工程量计算规则	工程内容
020103001	橡胶板楼地面	1. 找平层厚度、砂浆配合比； 2. 填充材料种类、厚度； 3. 粘结层厚度、材料种类； 4. 面层材料品种、规格、品牌、颜色； 5. 压线条种类	m^2	按设计图示尺寸以面积计算。门洞、空圈、暖气包槽、壁龛的开口部分并入相应的工程量内	1. 基层清理、抹找平层； 2. 铺设填充层； 3. 面层铺贴； 4. 压缝条装钉； 5. 材料运输
020103002	橡胶卷材楼地面				
020103003	塑料板楼地面				
020103004	塑料卷材楼地面				

6.6.1.4 其他材料面层

工程量清单项目设置及工程量计算规则，应按表6－27的规定执行。

表6－27 其他材料面层（编码：020104）

项目编码	项目名称	项目特征	计量单位	工程量计算规则	工程内容
020104001	楼地面地毯	1. 找平层厚度、砂浆配合比； 2. 填充材料种类、厚度； 3. 面层材料品种、规格、品牌、颜色； 4. 防护材料种类； 5. 粘结材料种类； 6. 压线条种类	m^2	按设计图示尺寸以面积计算。门洞、空圈、暖气包槽、壁龛的开口部分并入相应的工程量内	1. 基层清理、抹找平层； 2. 铺设填充层； 3. 铺贴面层； 4. 刷防护材料； 5. 装钉压条； 6. 材料运输

续表 6－27

项目编码	项目名称	项目特征	计量单位	工程量计算规则	工程内容
020104002	竹木地板	1. 找平层厚度、砂浆配合比； 2. 填充材料种类、厚度、找平层厚度、砂浆配合比； 3. 龙骨材料种类、规格、铺设间距； 4. 基层材料种类、规格； 5. 面层材料品种、规格、品牌、颜色； 6. 粘结材料种类； 7. 防护材料种类； 8. 油漆品种、刷漆遍数	m^2	按设计图示尺寸以面积计算。门洞、空圈、暖气包槽、壁龛的开口部分并入相应的工程量内	1. 基层清理、抹找平层； 2. 铺设填充层； 3. 龙骨铺设； 4. 铺设基层； 5. 面层铺贴； 6. 刷防护材料； 7. 材料运输
020104003	防静电活动地板	1. 找平层厚度、砂浆配合比； 2. 填充材料种类、厚度，找平层厚度、砂浆配合比； 3. 支架高度、材料种类； 4. 面层材料品种、规格、品牌、颜色； 5. 防护材料种类			1. 清理基层、抹找平层； 2. 铺设填充层； 3. 固定支架安装； 4. 活动面层安装； 5. 刷防护材料； 6. 材料运输
020104004	金属复合地板	1. 找平层厚度、砂浆配合比； 2. 填充材料种类、厚度，找平层厚度、砂浆配合比； 3. 龙骨材料种类、规格、铺设间距； 4. 基层材料种类、规格； 5. 面层材料品种、规格、品牌； 6. 防护材料种类			1. 清理基层、抹找平层； 2. 铺设填充层； 3. 龙骨铺设； 4. 基层铺设； 5. 面层铺贴； 6. 刷防护材料； 7. 材料运输

6.6.1.5 踢脚线

工程量清单项目设置及工程量计算规则，应按表 6－28 的规定执行。

表 6－28 踢脚线（编码：020105）

项目编码	项目名称	项目特征	计量单位	工程量计算规则	工程内容
020105001	水泥砂浆踢脚线	1. 踢脚线高度； 2. 底层厚度、砂浆配合比； 3. 面层厚度、砂浆配合比	m^2	按设计图示长度乘以高度以面积计算	1. 基层清理； 2. 底层抹灰； 3. 面层铺贴； 4. 勾缝； 5. 磨光、酸洗、打蜡； 6. 刷防护材料； 7. 材料运输
020105002	石材踢脚线	1. 踢脚线高度； 2. 底层厚度、砂浆配合比； 3. 粘贴层厚度、材料种类； 4. 面层材料品种、规格、品牌、颜色； 5. 勾缝材料种类； 6. 防护材料种类			
020105003	块料踢脚线				
020105004	现浇水磨石踢脚线	1. 踢脚线高度； 2. 底层厚度、砂浆配合比； 3. 面层厚度、水泥石子浆配合比； 4. 石子种类、规格、颜色； 5. 颜料种类、颜色； 6. 磨光、酸洗、打蜡要求			
020105005	塑料板踢脚线	1. 踢脚线高度； 2. 底层厚度、砂浆配合比； 3. 粘结层厚度、材料种类； 4. 面层材料种类、规格、品牌、颜色			
020105006	木质踢脚线	1. 踢脚线高度； 2. 底层厚度、砂浆配合比； 3. 基层材料种类； 4. 面层材料品种、规格、品牌、颜色； 5. 防护材料种类； 6. 油漆品种、刷漆遍数			1. 基层清理； 2. 底层抹灰； 3. 基层铺贴； 4. 面层铺贴； 5. 刷防护材料； 6. 刷油漆； 7. 材料运输
020105007	金属踢脚线				
020105008	防静电踢脚线				

6.6.1.6 楼梯装饰

工程量清单项目设置及工程量计算规则，应按表 6－29 的规定执行。

表6-29 楼梯装饰（编码：020106）

项目编码	项目名称	项目特征	计量单位	工程量计算规则	工程内容
020106001	石材楼梯面层	1. 找平层厚度、砂浆配合比； 2. 粘结层厚度、材料种类； 3. 面层材料品种、规格、品牌、颜色； 4. 防滑条材料种类、规格； 5. 勾缝材料种类； 6. 防护层材料种类； 7. 酸洗、打蜡要求	m^2	按设计图示尺寸以楼梯（包括踏步、休息平台及500mm以内的楼梯井）水平投影面积计算。楼梯与楼地面相连时，算至梯口梁内侧边沿；无梯口梁者，算至最上一层踏步边沿加300mm	1. 基层清理； 2. 抹找平层； 3. 面层铺贴； 4. 贴嵌防滑条； 5. 勾缝； 6. 刷防护材料； 7. 酸洗、打蜡； 8. 材料运输
020106002	块料楼梯面层				
020106003	水泥砂浆楼梯面	1. 找平层厚度、砂浆配合比； 2. 面层厚度、砂浆配合比； 3. 防滑条材料种类、规格			1. 基层清理； 2. 抹找平层； 3. 抹面层； 4. 抹防滑条； 5. 材料运输
020106004	现浇水磨石楼梯面	1. 找平层厚度、砂浆配合比； 2. 面层厚度、水泥石子浆配合比； 3. 防滑条材料种类、规格； 4. 石子种类、规格、颜色； 5. 颜料种类、颜色； 6. 磨光、酸洗、打蜡要求			1. 基层清理； 2. 抹找平层； 3. 抹面层； 4. 贴嵌防滑条； 5. 磨光、酸洗、打蜡； 6. 材料运输
020106005	地毯楼梯面	1. 基层种类； 2. 找平层厚度、砂浆配合比； 3. 面层材料品种、规格、品牌、颜色； 4. 防护材料种类； 5. 粘结材料种类； 6. 固定配件材料种类、规格			1. 基层清理； 2. 抹找平层； 3. 铺贴面层； 4. 固定配件安装； 5. 刷防护材料； 6. 材料运输
020106006	木板楼梯面	1. 找平层厚度、砂浆配合比； 2. 基层材料种类、规格； 3. 面层材料品种、规格、品牌、颜色； 4. 粘结材料种类； 5. 防护材料种类； 6. 油漆品种、刷漆遍数			1. 基层清理； 2. 抹找平层； 3. 基层铺贴； 4. 面层铺贴； 5. 刷防护材料、油漆； 6. 材料运输

6.6.1.7 扶手、栏杆、栏板装饰

工程量清单项目设置及工程量计算规则，应按表6-30的规定执行。

表 6-30 扶手、栏杆、栏板装饰（编码：020107）

项目编码	项目名称	项目特征	计量单位	工程量计算规则	工程内容
020107001	金属扶手带栏杆、栏板	1. 扶手材料种类、规格、品牌、颜色； 2. 栏杆材料种类、规格、品牌、颜色； 3. 栏板材料种类、规格、品牌、颜色； 4. 固定配件种类； 5. 防护材料种类； 6. 油漆品种、刷漆遍数	m	按设计图纸尺寸以扶手中心线长度（包括弯头长度）计算	1. 制作； 2. 运输； 3. 安装； 4. 刷防护材料； 5. 刷油漆
020107002	硬木扶手带栏杆、栏板				
020107003	塑料扶手带栏杆、栏板				
020107004	金属靠墙扶手	1. 扶手材料种类、规格、品牌、颜色； 2. 固定配件种类； 3. 防护材料种类； 4. 油漆品种、刷漆遍数			
020107005	硬木靠墙扶手				
020107006	塑料靠墙扶手				

6.6.1.8 台阶装饰

工程量清单项目设置及工程量计算规则，应按表 6-31 的规定执行。

表 6-31 台阶装饰（编码：020108）

项目编码	项目名称	项目特征	计量单位	工程量计算规则	工程内容
020108001	石材台阶面	1. 垫层材料种类、厚度； 2. 找平层厚度、砂浆配合比； 3. 粘结层材料种类； 4. 面层材料品种、规格、品牌、颜色； 5. 勾缝材料种类； 6. 防滑条材料种类、规格； 7. 防护材料种类	m^2	按设计图示尺寸以台阶（包括最上层踏步边沿加300mm）水平投影面积计算	1. 基层清理； 2. 铺设垫层； 3. 抹找平层； 4. 面层铺贴； 5. 贴嵌防滑条； 6. 勾缝； 7. 刷防护材料； 8. 材料运输
020108002	块料台阶面				
020108003	水泥砂浆台阶面	1. 垫层材料种类、厚度； 2. 找平层厚度、砂浆配合比； 3. 面层厚度、砂浆配合比； 4. 防滑条材料种类			1. 基层清理； 2. 铺设垫层； 3. 抹找平层； 4. 抹面层； 5. 抹防滑条； 6. 材料运输
020108004	现浇水磨石台阶面	1. 垫层材料种类、厚度； 2. 找平层厚度、砂浆配合比； 3. 面层厚度、砂浆配合比； 4. 防滑条材料种类； 5. 石子种类、规格、颜色； 6. 颜料种类、规格、颜色； 7. 磨光、酸洗、打蜡要求			1. 基层清理； 2. 铺设垫层； 3. 抹找平层； 4. 抹面层； 5. 贴嵌防滑条； 6. 打磨、酸洗、打蜡； 7. 材料运输
020108005	剁假石台阶面	1. 垫层材料种类、厚度； 2. 找平层厚度、砂浆配合比； 3. 面层厚度、砂浆配合比； 4. 剁假石要求			1. 基层清理； 2. 铺设垫层； 3. 抹找平层； 4. 抹面层； 5. 剁假石； 6. 材料运输

6.6.1.9 零星装饰项目

工程量清单项目设置及工程量计算规则，应按表 6－32 的规定执行。

表 6－32 零星装饰项目（编码：020109）

项目编码	项目名称	项目特征	计量单位	工程量计算规则	工程内容
020109001	石材零星项目	1. 工程部位； 2. 找平层厚度、砂浆配合比； 3. 粘结合层厚度、材料种类； 4. 面层材料品种、规格、品牌、颜色； 5. 勾缝材料种类； 6. 防护材料种类； 7. 酸洗、打蜡要求	m^2	按设计图示尺寸以面积计算	1. 基层清理； 2. 抹找平层； 3. 面层铺贴； 4. 勾缝； 5. 刷防护材料； 6. 酸洗、打蜡； 7. 材料运输
020109002	碎拼石材零星项目				
020109003	块料零星项目				
020109004	水泥砂浆零星项目	1. 工程部位； 2. 找平层厚度、砂浆配合比； 3. 面层厚度、砂浆厚度			1. 基层清理； 2. 抹找平层； 3. 抹面层； 4. 材料运输

6.6.1.10 其他相关问题

其他相关问题应按下列规定处理：

（1）楼梯、阳台、走廊、回廊及其他的装饰性扶手、栏杆、栏板，应按表 6－30 中项目编码列项。

（2）楼梯、台阶侧面装饰，0.5m^2以内少量分散的楼地面装修，应按 6－32 中项目编码列项。

【例 6－1】 某装饰工程，业主根据设计施工图计算一台阶水平投影面积（不包括最后一步踏步 300mm）为 29.34m^2，台阶长度为 32.6m，宽度为 300mm，高度为 150mm，80mm 厚混凝土 C10 基层，体积 6.06m^3，100mm 厚 3∶7 灰土垫层，体积 3.59m^3，面层为芝麻白花岗岩，板厚 25mm。试用工程量清单报价法计算报价。（本例题中在计算过程中使用的人、材、机的单价及其含量，包括计算综合单价的各项计价比例，均系根据某企业定额查的。教学和实际工程中可根据使用情况换用。）

解：

投标人投标报价计算如下：

1．花岗石面层（25mm 厚）

（1）人工费：25 元/工日 ×0.56 工日/m^2 ×29.34m^2 =410.76 元

（2）材料费：白水泥：0.55 元/kg ×0.155kg/m^2 ×29.34m^2 =2.50 元

花岗石：124 元/m^2 ×1.56m^2/m^2 ×29.34m^2 =5708.27 元

1∶3 水泥砂浆：125 元/m^3 ×0.0299m^3/m^2 ×29.34m^2 = 109.66 元

其他材料费：2.4 元/m^2 ×29.34m^2 = 70.42 元

小计：5890.85 元

（3）机械费：200L 灰浆搅拌机：49. 18 元/台班 × 0. 0052 台班/m^2 × 29. 34m^2 = 7. 50 元

切割机：52. 0 元/台班 ×0. 0969 台班/m^2 ×29. 34m^2 = 147. 84 元

小计：7. 50 元 +147. 84 元 = 155. 34 元

（4）合计：6456. 95 元

2. 基层（80mm 厚，混凝土 C10）

（1）人工费：32. 27 元/m^3 ×6. 06m^3 = 195. 56 元

（2）材料费：151. 30 元/m^3 ×6. 06m^3 = 916. 88 元

（3）机械费：15. 61 元/m^3 ×6. 06m^3 =94. 60 元

（4）合计：195. 56 元 + 916. 88 元 + 94. 60 元 =1207. 04 元

3. 100mm 厚三七灰土垫层

（1）人工费：22. 73 元/m^3 ×3. 59m^3 = 81. 60 元

（2）材料费：22. 37 元/m^3 ×3. 59m^3 =80. 31 元

（3）机械费：1. 78 元/m^3 ×3. 59m^3 = 6. 39 元

（4）合计：81. 60 元 + 80. 31 元 + 6. 39 元 =168. 30 元

4. 花岗岩踢脚板（25mm 厚）

（1）人工费：2. 81 元/m ×32. 6m = 91. 61 元

（2）材料费：14. 16 元/m ×32. 6m = 461. 65 元

（3）机械费：1. 42 元/m ×32. 6m = 46. 29 元

（4）合计：91. 61 元 + 461. 65 元 + 46. 29 元 =599. 55 元

5. 综合

（1）直接费合计：6456. 95 元 +1207. 04 元 +168. 30 元 +599. 55 元 =8431. 84 元

（2）管理费：直接费 ×34% =8431. 84 元 ×34% =2866. 83 元

（3）利润：直接费 ×8% =8431. 84 元 ×8% =674. 55 元

（4）总计：8431. 84 元 + 2866. 83 元 + 674. 55 元 =11973. 22 元

（5）综合单价：11973. 22 元 ÷29. 34m^2 = 408. 09 元/m^2

6. 将相关计算结果列为清单，见表 6 –33、表 6 –34。

表 6 –33 分部分项工程量清单计价表

工程名称：某工程 第 页共 页

序号	项目编码	项目名称	计量单位	工程数量	金额/元	
					综合单价	合价
	020108001001	B. 1 楼地面工程 石材台阶面 芝麻白花岗岩 25mm 厚 粘结层水泥砂浆 1∶3 基层 80mm 厚混凝土 C10 3∶7 灰土垫层 100mm 厚	m^3	29. 34	408. 09	11973. 22

表 6－34 分部分项工程量清单综合单价计算表

工程名称：某工程　　　　计量单位：m^2

项目编码：020108001001　　　　工程数量：29.34

项目名称：花岗岩台阶　　　　综合单价：408.09 元/m^2

序号	定额编号	工程内容	单位	数量	其中					
					人工费/元	材料费/元	机械费/元	管理费/元	利润/元	小计/元
	企 1－034	花岗岩台阶 25mm 厚面层芝麻白花岗石	m^2	1.000	14.00	200.78	5.29	74.82	17.61	312.5
	企 1－7	80mm 厚混凝土 C10 基层	m^3	0.207	6.67	31.25	3.22	13.99	3.29	58.42
	企 1－1	100mm 厚 3:7 灰土垫层	m^3	0.122	2.78	2.74	0.22	1.95	0.46	8.15
	企 1－174	25mm 厚芝麻白花岗石踢脚板	m^2	1.111	3.12	15.73	1.58	6.95	1.63	29.01
		合　计			26.57	250.5	10.31	97.71	22.99	408.09

6.6.2 墙、柱面工程

墙、柱面工程包括墙面抹灰、柱面抹灰、零星抹灰、墙面镶贴块料、柱面镶贴块料、零星镶贴块料、墙饰面、柱（梁）饰面、隔断、幕墙等工程。

6.6.2.1 墙面抹灰

工程量清单项目设置及工程量计算规则，应按表 6－35 的规定执行。

表 6－35 墙面抹灰（编码：020201）

项目编码	项目名称	项目特征	计量单位	工程量计算规则	工程内容
020201001	墙面一般抹灰	1. 墙体类型； 2. 底层厚度、砂浆配合比； 3. 面层厚度、砂浆配合比； 4. 装饰面材料种类； 5. 分格缝宽度、材料种类	m^2	按设计图示尺寸以面积计算。扣除墙裙、门窗洞口及单个 0.3m^2 以外的孔洞面积，不扣除踢脚线、挂镜线和墙与构件交接处的面积，门窗洞口和孔洞的侧壁及顶面不增加面积。附墙柱、梁、垛、烟囱侧壁并入相应的墙面面积内。 1. 外墙抹灰面积按外墙垂直投影面积计算； 2. 外墙裙抹灰面积按其长度乘以高度计算； 3. 内墙抹灰面积按主墙间的净长乘以高度计算： （1）无墙裙的，高度按室内楼地面至天棚底面计算； （2）有墙裙的，高度按墙裙顶至天棚底面计算； 4. 内墙裙抹灰面按内墙净长乘以高度计算	1. 基层清理； 2. 砂浆制作、运输； 3. 底层抹灰； 4. 抹面层； 5. 抹装饰面； 6. 勾分格缝
020201002	墙面装饰抹灰				
020201003	墙面勾缝	1. 墙体类型； 2. 勾缝类型； 3. 勾缝材料种类			1. 基层清理； 2. 砂浆制作、运输； 3. 勾缝

6.6.2.2 柱面抹灰

工程量清单项目设置及工程量计算规则，应按表6－36的规定执行。

表6－36 柱面抹灰（编码：020202）

项目编码	项目名称	项目特征	计量单位	工程量计算规则	工程内容
020202001	柱面一般抹灰	1. 柱体类型； 2. 底层厚度、砂浆配合比； 3. 面层厚度、砂浆配合比； 4. 装饰面材料种类； 5. 分格缝宽度、材料种类	m^2	按设计图示柱断面周长乘以高度以面积计算	1. 基层清理； 2. 砂浆制作、运输； 3. 底层抹灰； 4. 抹面层； 5. 抹装饰面； 6. 勾分格缝
020202002	柱面装饰抹灰				
020202003	柱面勾缝	1. 墙体类型； 2. 勾缝类型； 3. 勾缝材料种类			1. 基层清理； 2. 砂浆制作、运输； 3. 勾缝

6.6.2.3 零星抹灰

工程量清单项目设置及工程量计算规则，应按表6－37的规定执行。

表6－37 零星抹灰（编码：020203）

项目编码	项目名称	项目特征	计量单位	工程量计算规则	工程内容
020203001	零星项目一般抹灰	1. 墙体类型； 2. 底层厚度、砂浆配合比； 3. 面层厚度、砂浆配合比； 4. 装饰面材料种类； 5. 分格缝宽度、材料种类	m^2	按设计图示尺寸以面积计算	1. 基层清理； 2. 砂浆制作、运输； 3. 底层抹灰； 4. 抹面层； 5. 抹装饰面； 6. 勾分格缝
020203002	零星项目装饰抹灰				

6.6.2.4 墙面镶贴块料

工程量清单项目设置及工程量计算规则，应按表6－38的规定执行。

表6－38 墙面镶贴块料（编码：020204）

项目编码	项目名称	项目特征	计量单位	工程量计算规则	工程内容
020204001	石材墙面	1. 墙体类型； 2. 底层厚度、砂浆配合比； 3. 贴结层厚度、材料种类； 4. 挂贴方式； 5. 干挂方式（膨胀螺栓、钢龙骨）； 6. 面层材料品种、规格、品牌、颜色； 7. 缝宽、嵌缝材料种类； 8. 防护材料种类； 9. 磨光、酸洗、打蜡要求	m^2	按设计图示尺寸以镶贴面积计算	1. 基层清理； 2. 砂浆制作、运输； 3. 底层抹灰； 4. 结合层铺贴； 5. 面层铺贴； 6. 面层挂贴； 7. 面层干挂； 8. 嵌缝； 9. 刷防护材料； 10. 磨光、酸洗、打蜡
020204002	碎拼石材				
020204003	块料墙面				
020204004	干挂石材钢骨架	1. 骨架种类、规格； 2. 油漆品种、刷油遍数	t	按设计图示尺寸以质量计算	1. 骨架制作、运输、安装； 2. 骨架油漆

6.6.2.5 柱面镶贴块料

工程量清单项目设置及工程量计算规则，应按表6－39的规定执行。

表6－39 柱面镶贴块料（编码：020205）

项目编码	项目名称	项目特征	计量单位	工程量计算规则	工程内容
020205001	石材柱面	1. 柱体材料； 2. 柱截面类型、尺寸； 3. 底层厚度、砂浆配合比； 4. 粘结层厚度、材料种类； 5. 挂贴方式； 6. 干贴方式； 7. 面层材料品种、规格、品牌、颜色； 8. 缝宽、嵌缝材料种类； 9. 防护材料种类； 10. 磨光、酸洗、打蜡要求	m^2	按设计图示尺寸以镶贴面积计算	1. 基层清理； 2. 砂浆制作、运输； 3. 底层抹灰； 4. 结合层铺贴； 5. 面层铺贴； 6. 面层挂贴； 7. 面层干挂； 8. 嵌缝； 9. 刷防护材料； 10. 磨光、酸洗、打蜡
020205002	拼碎石材柱面				
020205003	块料柱面				
020205004	石材梁面	1. 底层厚度、砂浆配合比； 2. 粘结层厚度、材料种类； 3. 面层材料品种、规格、品牌、颜色； 4. 缝宽、嵌缝材料种类； 5. 防护材料种类； 6. 磨光、酸洗、打蜡要求			1. 基层清理； 2. 砂浆制作、运输； 3. 底层抹灰； 4. 结合层铺贴； 5. 面层铺贴； 6. 面层挂贴； 7. 嵌缝； 8. 刷防护材料； 9. 磨光、酸洗、打蜡
020205005	块料梁面				

6.6.2.6 零星镶贴块料

工程量清单项目设置及工程量计算规则，应按表6－40的规定执行。

表6－40 零星镶贴块料（编码：020206）

项目编码	项目名称	项目特征	计量单位	工程量计算规则	工程内容
020206001	石材零星项目	1. 柱、墙体类型； 2. 底层厚度、砂浆配合比； 3. 粘结层厚度、材料种类； 4. 挂贴方式； 5. 干挂方式； 6. 面层材料品种、规格、品牌、颜色； 7. 缝宽、嵌缝材料种类； 8. 防护材料种类； 9. 磨光、酸洗、打蜡要求	m^2	按设计图示尺寸以镶贴面积计算	1. 基层清理； 2. 砂浆制作、运输； 3. 底层抹灰； 4. 结合层铺贴； 5. 面层铺贴； 6. 面层挂贴； 7. 面层干挂； 8. 嵌缝； 9. 刷防护材料； 10. 磨光、酸洗、打蜡
020206002	拼碎石材零星项目				
020206003	块料零星项目				

6.6.2.7 墙饰面

工程量清单项目设置及工程量计算规则，应按表6-41的规定执行。

表6-41 墙饰面（编码：020207）

项目编码	项目名称	项目特征	计量单位	工程量计算规则	工程内容
020207001	柱(梁)面装饰	1. 柱（梁）体类型； 2. 底层厚度、砂浆配合比； 3. 龙骨材料种类、规格、中距； 4. 隔离层材料种类； 5. 基层材料种类、规格； 6. 面层材料品种、规格、品种、颜色； 7. 压条材料种类、规格； 8. 防护材料种类； 9. 油漆品种、刷漆遍数	m^2	按设计图示饰面外围尺寸以面积计算。柱帽、柱墩并入相应柱饰面工程量内	1. 基层清理； 2. 砂浆制作、运输； 3. 底层抹灰； 4. 龙骨制作、运输、安装； 5. 钉隔离层； 6. 基层铺钉； 7. 面层铺贴； 8. 刷防护材料、油漆

6.6.2.8 柱（梁）饰面

工程量清单项目设置及工程量计算规则，应按表6-42的规定执行。

表6-42 柱（梁）饰面（编码：020208）

项目编码	项目名称	项目特征	计量单位	工程量计算规则	工程内容
020208001	柱(梁)面装饰	1. 柱（梁）体类型； 2. 底层厚度、砂浆配合比； 3. 龙骨材料种类、规格、中距； 4. 隔离层材料种类； 5. 基层材料种类、规格； 6. 面层材料品种、规格、品种、颜色； 7. 压条材料种类、规格； 8. 防护材料种类； 9. 油漆品种、刷漆遍数	m^2	按设计图示饰面外围尺寸以面积计算。柱帽、柱墩并入相应柱饰面工程量内	1. 基层清理； 2. 砂浆制作、运输； 3. 底层抹灰； 4. 龙骨制作、运输、安装； 5. 钉隔离层； 6. 基层铺钉； 7. 面层铺贴； 8. 刷防护材料、油漆

6.6.2.9 隔断

工程量清单项目设置及工程量计算规则，应按表6-43的规定执行。

表6-43 隔断（编码：020209）

项目编码	项目名称	项目特征	计量单位	工程量计算规则	工程内容
020209001	隔断	1. 骨架、边框材料种类、规格； 2. 隔板材料品种、规格、品牌、颜色； 3. 嵌缝、塞口材料品种； 4. 压条材料种类； 5. 防护材料种类； 6. 油漆品种、刷漆遍数	m^2	按设计图示框外围尺寸以面积计算。扣除单个 $0.3m^2$ 以上的孔洞所占面积；浴厕门的材质与隔断相同时，门的面积并入隔断面积内	1. 骨架及边框制作、运输、安装； 2. 隔板制作、运输、安装； 3. 嵌缝、塞口； 4. 装钉压条； 5. 刷防护材料、油漆

6.6.2.10 幕墙

工程量清单项目设置及工程量计算规则，应按表6－44的规定执行。

表6－44 幕墙（编码：0202010）

项目编码	项目名称	项目特征	计量单位	工程量计算规则	工程内容
020210001	带骨架幕墙	1. 骨架材料种类、规格、中距； 2. 面层材料品种、规格、品种、颜色； 3. 面层固定方式； 4. 嵌缝、塞口材料种类	m^2	按设计图示框外围尺寸以面积计算。与幕墙同种材质的窗所占面积不扣除	1. 骨架制作、运输、安装； 2. 面层安装； 3. 嵌缝、塞口； 4. 清洗
020210002	全玻幕墙	1. 玻璃品种、规格、品牌、颜色； 2. 粘结塞口材料种类； 3. 固定方式		按设计图示尺寸以面积计算，带肋全玻幕墙按展开面积计算	1. 幕墙安装； 2. 嵌缝、塞口； 3. 清洗

6.6.2.11 其他相关问题

其他相关问题应按下列规定处理：

（1）石灰砂浆、水泥砂浆、水泥混合砂浆、聚合物水泥砂浆、麻刀石灰、纸筋石灰、石膏灰等的抹灰应按表6－35中一般抹灰项目编码列项；水刷石、斩假石（剁斧石、剁假石）、干粘石、假面砖等的抹灰应按表6－35中装饰抹灰项目编码列项。

（2）$0.5m^2$以内少量分散的抹灰和镶贴块料面层，应按表6－35和表6－39中相关项目编码列项。

【例6－2】 某宾馆玻璃隔断带电子感应自动门，业主根据设计施工图计算：12mm厚钢化玻璃隔断为$10.8m^2$；单独不锈钢边框为$1.26m^2$；12mm厚钢化玻璃门为$9.6m^2$；电磁感应装置一套。试用工程量清单报价法计算报价。（本例题在计算过程中使用的人、材、机的单价及其含量，包括计算综合单价的各项计价比例，均系依据某企业定额查得。教学和实际工程中可根据使用情况换用。）

解：

投标人投标报价计算如下：

1. 12mm厚钢化玻璃隔断

（1）人工费：45元/工日×0.3186工日/m^2×$10.8m^2$＝154.84元

（2）材料费：钢化玻璃：124元/m^2×$1.0604m^2/m^2$×$10.8m^2$＝1420.09元

膨胀螺栓：1.05元/套×3.5408套/m^2×$10.8m^2$＝40.30元

橡皮条：1.2元/m×1.5789m/m^2×$10.8m^2$＝20.46元

角钢：2.6元/kg×4.3622kg/m^2×$10.8m^2$＝122.49元

玻璃胶：18元/支×0.2573支/m^2×$10.8m^2$＝50.02元

小计：1420.09元＋40.30元＋20.46元＋122.49元＋50.02元＝1653.36元

（3）机械费：交流电焊机：54 元/台班 ×0.0022 台班/m^2 ×10.8m^2 = 1.28 元

电流切割机：52 元/台班 ×0.0438 台班/m^2 ×10.8m^2 =24.6 元

小计：1.28 元 +24.6 元 =25.88 元

（4）合计：154.84 元 +1653.36 元 +25.88 元 =1834.08 元

2. 单独不锈钢边框

（1）人工费：45 元/工日 ×0.3887 工日/m^2 ×1.26m^2 = 22.04 元

（2）材料费：锯材：1200 元/m^3 ×0.017m^3/m^2 ×1.26m^2 = 25.70 元

0.8mm 厚不锈钢板：300 元/m^2 ×1.26m^2 = 378.00 元

小计：22.04 元 +25.7 元 +378.00 元 =430.70 元

（3）机械费：人工圆锯机 ϕ500mm：15 元/台班 ×0.0017 台班/m^2 ×1.26m^2 = 0.03 元

杠压刨床：9 元/台班 ×0.0136 台班/m^2 ×1.26m^2 = 0.15 元

小计：（0.03 +0.15）元 =0.18 元

（4）合计：22.04 元 +430.70 元 +0.18 元 =425.92 元

3. 隔断综合计价

（1）直接费合计：1834.08 元 +425.92 元 =2260.00 元

（2）管理费：直接费 ×17% =2260.00 元 ×17% =384.20 元

（3）利润：直接费 ×8% = 2260.00 元 ×8% =180. 80 元

（4）总计：2260.00 元 +384.20 元 +180.80 元 =2825.00 元

（5）综合单价：2825.00 元 ÷10.8m^2 = 261.57 元/m^2

4. 电子感应玻璃门电磁感应器

（1）人工费：65 元/工日 ×1.0 工日/樘 ×1 =65 元/樘

（2）材料费：12000 元/樘 +12000 元/樘 ×0.1% =12012 元/樘

（3）合计：65 元/樘 +12012 元/樘 =12077 元/樘

5. 12mm 厚钢化玻璃门

（1）人工费：45 元/工日 ×12.2 工日/樘 ×1 = 549 元/樘

（2）材料费：钢化玻璃：124 元/m^2 ×9.6m^2/樘 =1190.40 元/樘

玻璃胶：18 元/支 ×9.6 支/樘 =126.00 元/樘

其他材料费：1.32 元/樘

小计：1317.72 元/樘

（3）合计：549 元/樘 +1317.72 元/樘 =1866.72 元/樘

6. 门综合计价

（1）直接费：12077 元/樘 +1866.72 元/樘 =13943.72 元/樘

（2）管理费：直接费 ×10% =13943.72 元/樘 ×10% =1394.37 元/樘

（3）利润：直接费 ×5% =13943.72 元/樘 ×5% =697.19 元/樘

（4）总计：13943.72 元/樘 +1394.37 元/樘 +697.19 元/樘 =16035.28 元/樘

（5）综合单价：16035.28 元/樘

7. 将结果列为清单见表 6 –45。

表 6－45 分部分项工程量清单计价表

工程名称：某工程　　　　第　页共　页

序号	项目编码	项目名称	计量单位	工程数量	金额/元	
					综合单价	合价
	020209001001	B.2 墙、柱面工程 玻璃隔断 12mm 厚钢化玻璃隔断 0.8mm 厚镜面不锈钢边框 玻璃胶嵌缝	m^2	10.8	261.57	2825.00
	020404001001	电子感应门 12mm 厚钢化玻璃门 电磁感应器（日本 ABA）	樘	1	16035.28	16035.28
		⋮				
		本页小计				
		合　计				

6.6.3 天棚工程

天棚工程包括抹灰、顶棚吊顶、顶棚其他装饰。

6.6.3.1 天棚抹灰

工程量清单项目设置及工程量计算规则，应按表 6－46 的规定执行。

表 6－46 天棚抹灰（编码：020301）

项目编码	项目名称	项目特征	计量单位	工程量计算规则	工程内容
020301001	天棚抹灰	1. 基层类型； 2. 抹灰厚度、材料种类； 3. 装饰线条道数； 4. 砂浆配合比	m^2	按设计图示尺寸以水平投影面积计算。不扣除间壁墙、垛、柱、附墙烟囱、检查口和管道所占的面积，带梁天棚、梁两侧抹灰面积并入天棚面积内，板式楼梯底面抹灰按斜面积计算，锯齿形楼梯底板抹灰按展开面积计算	1. 基层清理； 2. 底层抹灰； 3. 抹面层； 4. 抹装饰线条

6.6.3.2 天棚吊顶

工程量清单项目设置及工程量计算规则，应按表 6－47 的规定执行。

表 6－47 天棚吊顶（编码：020302）

项目编码	项目名称	项目特征	计量单位	工程量计算规则	工程内容
020302001	天棚吊顶	1. 吊顶形式； 2. 龙骨类型、材料种类、规格、中距； 3. 基层材料种类、规格； 4. 面层材料品种、规格、品牌、颜色； 5. 压条材料种类、规格； 6. 嵌缝材料种类； 7. 防护材料种类； 8. 油漆品种、刷漆遍数	m^2	按设计图示尺寸以水平投影面积计算。天棚面中的灯槽及跌级、锯齿形、吊挂式、藻井式天棚面积不展开计算。不扣除间壁墙、检查口、附墙烟囱、柱垛和管道所占面积，扣除单个 $0.3m^2$ 以外的孔洞、独立柱及与天棚相连的窗帘盒所占的面积	1. 基层清理； 2. 龙骨安装； 3. 基层板铺贴； 4. 面层铺贴； 5. 嵌缝； 6. 刷防护材料、油漆
020302002	格栅吊顶	1. 龙骨类型、材料种类、规格、中距； 2. 基层材料种类、规格； 3. 面层材料品种、规格、品牌、颜色； 4. 防护材料种类； 5. 油漆品种、刷漆遍数		按设计图示尺寸以水平投影面积计算	1. 基层清理； 2. 底层抹灰； 3. 安装龙骨； 4. 基层板铺贴； 5. 面层铺贴； 6. 刷防护材料、油漆
020302003	吊筒吊顶	1. 底层厚度、砂浆配合比； 2. 吊筒形状、规格、颜色、材料种类； 3. 防护材料种类； 4. 油漆品种、刷漆遍数			1. 基层清理； 2. 底层抹灰； 3. 吊筒安装； 4. 刷防护材料、油漆
020302004	藤条造型悬挂吊顶	1. 底层厚度、砂浆配合比； 2. 骨架材料种类、规格； 3. 面层材料品种、规格、颜色； 4. 防护层材料种类； 5. 油漆品种、刷漆遍数			1. 基层清理； 2. 底层抹灰； 3. 龙骨安装； 4. 铺贴面层； 5. 刷防护材料、油漆
020302005	组物软雕吊顶				
020302006	网架（装饰）吊顶	1. 底层厚度、砂浆配合比； 2. 面层材料品种、规格、颜色； 3. 防护材料品种； 4. 油漆品种、刷漆遍数			1. 基层清理； 2. 底面抹灰； 3. 面层安装； 4. 刷防护材料、油漆

6.6.3.3 天棚其他装饰

工程量清单项目设置及工程量计算规则，应按表6-48的规定执行。

表6-48 天棚其他装饰（编码：020303）

项目编码	项目名称	项目特征	计量单位	工程量计算规则	工程内容
020303001	灯带	1. 灯带形式、尺寸； 2. 格栅片材料品种、规格、品牌、颜色； 3. 安装固定方式	m^2	按设计图示尺寸以框外围面积计算	安装、固定
020303002	送风口、回风口	1. 风口材料品种、规格、品牌、颜色； 2. 安装固定方式； 3. 防护材料种类	个	按设计图示数量计算	1. 安装、固定； 2. 刷防护材料

注：采光天棚和天棚设保温隔热吸声层时，应按防腐、隔热、保温工程中相关项目编码列项。

【例6-3】 某业主根据施工图计算工程量见表6-49，试计算投标人投标报价。

表6-49 业主提供的某工程清单工程量（部分）

工程名称：某地区某住宅楼装饰装修工程

序号	项目编码	项目名称	计量单位	工程数量
1	020301001001	顶棚抹灰面石灰砂浆	m^2	850.37

解：

投标人投标报价计算如下：

（1）工程量清单计价工料机分析表。

1）现浇板顶棚抹灰面。现浇板顶棚石灰砂浆工料机分析表见表6-50。

表6-50 现浇板顶棚石灰砂浆工料机分析表

项目编码：020301001001 （计量单位：$100m^2$）

序号	工作内容	1. 顶棚抹灰；2. 抹装饰线条			
	名称	单位	单位/元	消耗量	合价/元
1	综合工日	工日	22.00	13.91	306.02
2	素水泥浆	m^3	379.95	0.10	37.99
3	纸筋石灰浆	m^3	158.32	0.20	31.66
4	混合砂浆1:3:9	m^3	100.41	0.62	62.25
5	混合砂浆1:0.5:1	m^3	189.56	0.90	170.60
6	水	m^3	1.34	0.19	0.25
7	松厚板	m^3	966.44	0.016	15.46
8	108胶	kg	1.46	2.76	4.03
9	灰浆搅拌机200L（小型）	台班	42.51	0.29	12.33
合计					640.59

2）预制板顶棚抹灰面。预制板顶棚石灰砂浆工料机分析表见表6－51。

表6－51　预制板顶棚石灰砂浆工料机分析表

项目编码：020301001001　　　　　　　　（计量单位：100m²）

序号	工作内容	1. 顶棚抹灰；2. 抹装饰线条			
	名　称	单位	单价/元	消耗量	合价/元
1	综合工日	工日	22.00	15.19	334.18
2	素水泥浆	m^3	379.95	0.10	37.99
3	纸筋石灰浆	m^3	158.32	0.20	31.66
4	混合砂浆1:3:9	m^3	100.41	0.72	72.30
5	混合砂浆1:0.5:1	m^3	189.56	1.12	212.31
6	水	m^3	1.34	0.19	0.25
7	松厚板	m^3	966.44	0.016	15.46
8	108胶	kg	1.46	2.76	4.03
9	灰浆搅拌机200L（小型）	台班	42.51	0.34	14.45
合　计					722.63

（2）分部分项工程量清单综合单价分析表。分部分项工程量清单综合单价分析表见表6－52。

表6－52　分部分项工程量清单综合单价分析表

工程名称：某地区某住宅楼装饰装修工程　　　　　　　　（单位：元）

序号	项目编码	清单项目			计算单位				清单项目工程量		综合单价
	020301001001	顶棚抹灰面　石灰砂浆			m^2				850.37		9.37
					综合单价组成						
	定额编号	子目名称	单位	工程量	单价	人工费	材料费	机械费	管理费	利润	合价
1	11－286	混凝土顶棚（现浇）石灰砂浆	$100m^2$	2.999	640.59	306.02	322.24	12.33	122.41	107.11	2609.46
2	11－287	混凝土顶棚（预制）石灰砂浆	$100m^2$	5.505	722.63	334.18	374.00	14.45	133.67	116.96	5357.80
子目合价：7967.26											

6.6.4 门窗工程

门窗工程包括木门、金属门、金属卷帘门、其他门、木窗、金属窗、门窗套、窗帘盒、窗帘轨、窗台板等。

6.6.4.1 木门

工程量清单项目设置及工程量计算规则，应按表6－53的规定执行。

表6－53 木门（编码：020401）

项目编码	项目名称	项目特征	计量单位	工程量计算规则	工程内容
020401001	镶板木门	1. 门类型； 2. 框截面尺寸、单扇面积； 3. 骨架材料种类； 4. 面层材料品种、规格、品牌、颜色； 5. 玻璃品种、厚度，五金材料、品种、规格； 6. 防护层材料种类； 7. 油漆品种、刷漆遍数	樘/m^2	按设计图示数量或设计图示洞口尺寸面积计算	1. 门制作、运输、安装； 2. 五金、玻璃安装； 3. 刷防护材料、油漆
020401002	企口木板门				
020401003	实木装饰门				
020401004	胶合板门				
020401005	夹板装饰门	1. 门类型； 2. 框截面尺寸、单扇面积； 3. 骨架材料种类； 4. 防火材料种类； 5. 门纱材料品种、规格； 6. 面层材料品种、规格、品牌、颜色； 7. 玻璃品种、厚度，五金材料、品种、规格； 8. 防护材料种类； 9. 油漆品种、刷漆遍数按设计图示数量计算			
020401006	木质防火门				
020401007	木纱门				
020401008	连窗门	1. 门窗类型； 2. 框截面尺寸、单扇面积； 3. 骨架材料种类； 4. 面层材料品种、规格、品牌、颜色； 5. 玻璃品种、厚度，五金材料、品种、规格； 6. 防护材料种类； 7. 油漆品种、刷漆遍数			

6.6.4.2 金属门

工程量清单项目设置及工程量计算规则，应按表6－54的规定执行。

表 6－54 金属门（编码：020402）

项目编码	项目名称	项目特征	计量单位	工程量计算规则	工程内容
020402001	金属平开门	1. 门类型； 2. 框材质、外围尺寸； 3. 扇材质、外围尺寸； 4. 玻璃品种、厚度，五金材料、品种、规格； 5. 防护材料种类； 6. 油漆品种、刷漆遍数	樘/m^2	按设计图示数量或设计图示洞口尺寸面积计算	1. 门制作、运输、安装； 2. 五金、玻璃安装； 3. 刷防护材料、油漆
020402002	金属推拉门				
020402003	金属地弹门				
020402004	彩板门				
020402005	塑钢门				
020402006	防盗门				
020402007	钢质防火门				

6.6.4.3 金属卷帘门

工程量清单项目设置及工程量计算规则，应按表 6－55 的规定执行。

表 6－55 金属卷帘门（编码：020403）

项目编码	项目名称	项目特征	计量单位	工程量计算规则	工程内容
020403001	金属卷闸门	1. 门材质、框外围尺寸； 2. 启动装置品种、规格、品牌； 3. 五金材料、品种、规格； 4. 刷防护材料种类	樘/m^2	按设计图示数量或设计图示洞口尺寸面积计算	1. 门制作、运输、安装； 2. 启动装置、五金安装； 3. 刷防护材料、油漆
020403002	金属格栅门				
020403003	防火卷帘门				

6.6.4.4 其他门

工程量清单项目设置及工程量计算规则，应按表 6－56 的规定执行。

表 6－56 其他门（编码：020404）

项目编码	项目名称	项目特征	计量单位	工程量计算规则	工程内容
020404001	电子感应门	1. 门材质、品牌、外围尺寸； 2. 玻璃品种、厚度，五金材料、品种、规格； 3. 电子配件品种、规格、品牌； 4. 防护材料种类； 5. 油漆品种、刷漆遍数	樘/m^2	按设计图示数量或设计图示洞口尺寸面积计算	1. 门制作、运输、安装； 2. 五金、电子配件安装； 3. 刷防护材料油漆
020404002	转 门				
020404003	电子对讲门				
020404004	电动伸缩门				
020404005	全玻门（带扇框）	1. 门类型； 2. 框材质、外围尺寸； 3. 扇材质、外围尺寸； 4. 玻璃品种、厚度，五金材料、品种、规格； 5. 油漆品种、刷漆遍数			1. 门制作、运输、安装； 2. 五金安装； 3. 刷防护材料、油漆
020404006	全玻自由门（无扇框）				
020404007	半玻门（带扇框）				1. 门扇骨架及基层制作、运输、安装； 2. 包面层； 3. 五金安装； 4. 刷防护材料
020404008	镜面不锈钢饰面门				

6.6.4.5 木窗

工程量清单项目设置及工程量计算规则，应按表6－57的规定执行。

表6－57 木窗（编码：020405）

项目编码	项目名称	项目特征	计量单位	工程量计算规则	工程内容
020405001	木质平开窗	1. 窗类型； 2. 框材质、外围尺寸； 3. 扇材质、外围尺寸； 4. 玻璃品种、厚度，五金材料、品种、规格； 5. 防护材料种类； 6. 油漆品种、刷漆遍数	樘/m^2	按设计图示数量或设计图示洞口尺寸面积计算	1. 窗制作、运输、安装； 2. 五金、玻璃安装； 3. 刷防护材料、油漆
020405002	木质推拉窗				
020405003	矩形木百叶窗				
020405004	异形木百叶窗				
020405005	木组合窗				
020405006	木天窗				
020405007	矩形木固定窗				
020405008	异形木固定窗				
020405009	装饰空花木窗				

6.6.4.6 金属窗

工程量清单项目设置及工程量计算规则，应按表6－58的规定执行。

表6－58 金属窗（编码：020406）

项目编码	项目名称	项目特征	计量单位	工程量计算规则	工程内容
020406001	金属推拉窗	1. 窗类型； 2. 框材质、外围尺寸； 3. 扇材质、外围尺寸； 4. 玻璃品种、厚度，五金材料、品种、规格； 5. 防护材料种类； 6. 油漆品种、刷漆遍数	樘/m^2	按设计图示数量或设计图示洞口尺寸面积计算	1. 窗制作、运输、安装； 2. 五金、玻璃安装； 3. 刷防护材料、油漆
020406002	金属平开窗				
020406003	金属固定窗				
020406004	金属百叶窗				
020406005	金属组合窗				
020406006	彩板窗				
020406007	塑钢窗				
020406008	金属防盗窗				
020406009	金属格栅窗				
0204060010	特殊五金	1. 五金名称、用途； 2. 五金材料、品种、规格	个/套	按设计图示数量计算	1. 五金安装； 2. 刷防护材料、油漆

6.6.4.7 门窗套

工程量清单项目设置及工程量计算规则，应按表6－59的规定执行。

表6－59 门窗套（编码：020407）

项目编码	项目名称	项目特征	计量单位	工程量计算规则	工程内容
020407001	木门窗套	1. 底层厚度、砂浆配合比； 2. 立筋材料种类、规格； 3. 基层材料种类； 4. 面层材料品种、规格、品牌、颜色； 5. 防护材料种类； 6. 油漆品种、刷漆遍数	m^2	按设计图示尺寸以展开面积计算	1. 基层清理； 2. 底层抹灰； 3. 立筋制作、安装； 4. 基层板安装； 5. 面层铺贴； 6. 刷防护材料、油漆
020407002	金属门窗套				
020407003	石材门窗套				
020407004	门窗木贴脸				
020407005	硬木筒子板				
020407006	饰面夹板筒子板				

6.6.4.8 窗帘盒、窗帘轨

工程量清单项目设置及工程量计算规则，应按表6－60的规定执行。

表6－60 窗帘盒、窗帘轨（编码：020408）

项目编码	项目名称	项目特征	计量单位	工程量计算规则	工程内容
020408001	木窗帘盒	1. 窗帘盒材质、规格、颜色； 2. 窗帘轨材质、规格； 3. 防护材料种类； 4. 油漆种类、刷漆遍数	m	按设计图示尺寸以长度计算	1. 制作、运输、安装； 2. 刷防护材料、油漆
020408002	饰面夹板、塑料窗帘盒				
020408003	金属窗帘盒				
020408004	窗帘轨				

6.6.4.9 窗台板

工程量清单项目设置及工程量计算规则，应按表6－61的规定执行。

表6－61 窗台板（编码：020409）

项目编码	项目名称	项目特征	计量单位	工程量计算规则	工程内容
020409001	木窗台板	1. 找平层厚度、砂浆配合比； 2. 窗台板材质、规格、颜色； 3. 防护材料种类； 4. 油漆种类、刷漆遍数	m	按设计图示尺寸以长度计算	1. 基层清理； 2. 抹找平层； 3. 窗台板制作、安装； 4. 刷防护材料、油漆
020409002	铝塑窗台板				
020409003	石材窗台板				
020409004	金属窗台板				

6.6.4.10 其他相关问题

其他相关问题应按下列规定处理：

（1）玻璃、百叶面积占其门扇面积一半以内者应为半玻门或半百叶门，超过一半时应为全玻门或全百叶门。

（2）木门五金应包括：折页、插销、风钩、弓背拉手、搭扣、木螺钉、弹簧折页（自动门）、管子拉手（自由门、地弹门）、地弹簧（地弹门）、角铁、门轧头（地弹门、自由门）等。

（3）木窗五金应包括：折页、插销、风钩、木螺钉、滑轮滑轨（推拉窗）等。

（4）铝合金窗五金应包括：卡锁、滑轮、铰拉、执手、拉把、拉手、风撑、角码、牛角制等。

（5）铝合金门五金应包括：地弹簧、门锁、拉手、门插、门铰、螺钉等。

（6）其他门五金应包括L形执手插锁（双舌）、球形执手锁（单舌）、门轧头、地锁、防盗门扣、门眼（猫眼）、门碰珠、电子销（磁卡销）、闭门器、装饰拉手等。

6.6.5 油漆、涂料、裱糊工程

油漆、涂料、裱糊工程包括门油漆、窗油漆、扶手、板条面、线条面、木材面油漆、金属面油漆、抹灰面油漆、喷刷涂料、裱糊等。

6.6.5.1 门油漆

工程量清单项目设置及工程量计算规则，应按表6-62的规定执行。

表6-62 门油漆（编码：020501）

项目编码	项目名称	项目特征	计量单位	工程量计算规则	工程内容
020501001	门油漆	1. 门类型； 2. 腻子种类； 3. 刮腻子要求； 4. 防护材料种类； 5. 油漆品种、刷漆遍数	樘/m^2	按设计图示数量或设计图示单面洞口面积计算	1. 基层清理； 2. 刮腻子； 3. 刷防护材料、油漆

6.6.5.2 窗油漆

工程量清单项目设置及工程量计算规则，应按表6-63的规定执行。

表6-63 窗油漆（编码：020502）

项目编码	项目名称	项目特征	计量单位	工程量计算规则	工程内容
020502001	窗油漆	1. 窗类型； 2. 腻子种类； 3. 刮腻子要求； 4. 防护材料种类； 5. 油漆品种、刷漆遍数	樘/m^2	按设计图示数量或设计图示单面洞口面积计算	1. 基层清理； 2. 刮腻子； 3. 刷防护材料、油漆

6.6.5.3 木扶手及其他板条线条油漆

工程量清单项目设置及工程量计算规则，应按表6-64的规定执行。

表6-64 木扶手及其他板条线条油漆（编码：020503）

项目编码	项目名称	项目特征	计量单位	工程量计算规则	工程内容
020503001	木扶手油漆	1. 腻子种类； 2. 刮腻子要求； 3. 油漆体单位展开面积； 4. 油漆体长度； 5. 防护材料种类； 6. 油漆品种、刷漆遍数	m	按设计图示尺寸以长度计算	1. 基层清理； 2. 刮腻子； 3. 刷防护材料、油漆
020503002	窗帘盒油漆				
020503003	封檐板、顺水板油漆				
020503004	挂衣板、黑板框油漆				
020503005	挂镜线、窗帘棍、单独木线油漆				

6.6.5.4 木材面油漆

工程量清单项目设置及工程量计算规则，应按表6-65的规定执行。

表 6－65　木材面油漆（编码：020504）

项目编码	项目名称	项目特征	计量单位	工程量计算规则	工程内容
020504001	木板、纤维板、胶合板油漆	1. 腻子种类； 2. 刮腻子要求； 3. 防护材料种类； 4. 油漆品种、刷漆遍数	m²	按设计图示尺寸以面积计算	1. 基层清理； 2. 刮腻子； 3. 刷防护材料、油漆
020504002	木护墙、木墙裙油漆				
020504003	窗台板、筒子板、盖板、门窗套、踢脚线油漆				
020504004	清水板条天棚、檐口油漆				
020504005	木方格吊顶天棚油漆				
020504006	吸声板墙面、天棚面油漆				
020504007	暖气罩油漆				
020504008	木间壁、木隔断油漆			按设计图示尺寸以单面外围面积计算	
020504009	玻璃间壁露明墙筋油漆				
0205040010	木栅栏、木栏杆（带扶手）油漆				
0205040011	衣柜、壁柜油漆			按设计图示尺寸以油漆部分展开面积计算	
0205040012	梁柱饰面油漆				
0205040013	零星木装修油漆				
0205040014	木地板油漆			按设计图示尺寸以面积计算；空洞、空圈、暖气包槽、壁龛的开口部分并入相应的工程量内	
0205040015	木地板烫硬蜡面	1. 硬蜡品种； 2. 面层处理要求			1. 基层清理； 2. 烫蜡

6.6.5.5　金属面油漆

工程量清单项目设置及工程量计算规则，应按表6－66的规定执行。

表6－66　金属面油漆（编码：020505）

项目编码	项目名称	项目特征	计量单位	工程量计算规则	工程内容
020505001	金属面油漆	1. 腻子种类； 2. 刮腻子要求； 3. 防护材料种类； 4. 油漆品种、刷漆遍数	t	按设计图示尺寸以质量计算	1. 基层清理； 2. 刮腻子； 3. 刷防护材料、油漆

6.6.5.6　抹灰面油漆

工程量清单项目设置及工程量计算规则，应按表6－67的规定执行。

表6－67　抹灰面油漆（编码：020506）

项目编码	项目名称	项目特征	计量单位	工程量计算规则	工程内容
020506001	抹灰面油漆	1. 基层类型； 2. 线条宽度、道数； 3. 腻子种类； 4. 刮腻子要求； 5. 防护材料种类； 6. 油漆品种、刷漆遍数	m^2	按设计图示尺寸以面积计算	1. 基层清理； 2. 刮腻子； 3. 刷防护材料、油漆
020506002	抹灰线条油漆		m	按设计图示尺寸以长度计算	

6.6.5.7　喷塑、涂料

工程量清单项目设置及工程量计算规则，应按表6－68的规定执行。

表6－68　喷刷、涂料（编码：020507）

项目编码	项目名称	项目特征	计量单位	工程量计算规则	工程内容
020507001	刷喷涂料	1. 基层类型； 2. 腻子种类； 3. 刮腻子要求； 4. 涂料品种、刷喷遍数	m^2	按设计图示尺寸以面积计算	1. 基层清理； 2. 刮腻子； 3. 刷、喷涂料

6.6.5.8　花饰、线条刷涂料

工程量清单项目设置及工程量计算规则，应按表6－69的规定执行。

表6－69　花饰、线条刷涂料（编码：020508）

项目编码	项目名称	项目特征	计量单位	工程量计算规则	工程内容
020508001	空花格、栏杆刷涂料	1. 腻子种类； 2. 线条宽度； 3. 刮腻子要求； 4. 涂料品种、刷喷遍数	m^2	按设计图示尺寸以单面外围面积计算	1. 基层清理； 2. 刮腻子； 3. 刷、喷涂料
020508002	线条刷涂料		m	按设计图示尺寸以长度计算	

6.6.5.9　裱糊

工程量清单项目设置及工程量计算规则，应按表6－70的规定执行。

表6-70 裱糊（编码：020509）

项目编码	项目名称	项目特征	计量单位	工程量计算规则	工程内容
020509001	墙纸裱糊	1. 基层类型； 2. 裱糊构件部位； 3. 腻子种类； 4. 刮腻子要求； 5. 粘结材料种类； 6. 防护材料种类； 7. 面层材料品种、规格、品牌、颜色	m^2	按设计图示尺寸以面积计算	1. 基层清理； 2. 刮腻子； 3. 面层铺粘； 4. 刷防护材料
020509002	织锦缎裱糊				

6.6.5.10 其他相关问题

其他相关问题应按下列规定处理：

（1）门油漆应区分单层木门、双层（一玻一纱）木门、双层（单裁口）木门、全玻自由门、半玻自由门、装饰门及有框门或无框门等，分别编码列项。

（2）窗油漆应区分单层玻璃窗、双层（一玻一纱）木窗、双层框扇（单裁口）木窗、双层框三层（二玻一纱）木窗、单层组合窗、双层组合窗、木百叶窗、木推拉窗等，分别编码列项。

（3）木扶手应区分带托板与不带托板，分别编码列项。

6.6.6 其他工程

其他工程包括柜类、货架、暖气罩、浴厕配件、压条、装饰线、雨篷、旗杆、招牌、灯箱、美术字等项目。

6.6.6.1 柜类、货架

工程量清单项目设置及工程量计算规则，应按表6-71的规定执行。

表6-71 柜类、货架（编码：020601）

项目编码	项目名称	项目特征	计量单位	工程量计算规则	工程内容
020601001	柜台	1. 台柜规格； 2. 材料种类、规格； 3. 五金种类、规格； 4. 防护材料种类； 5. 油漆品种、刷漆遍数	个	按设计图示数量计算	1. 台柜制作、运输、安装（安放）； 2. 刷防护材料、油漆
020601002	酒柜				
020601003	衣柜				
020601004	存包柜				
020601005	鞋柜				
020601006	书柜				
020601007	厨房壁柜				
020601008	木壁柜				
020601009	厨房低柜				
0206010010	厨房吊柜				
0206010011	矮柜				
0206010012	吧台背柜				
0206010013	酒吧吊柜				
0206010014	酒吧台				
0206010015	展台				
0206010016	收银台				
0206010017	试衣间				
0206010018	货架				
0206010019	书架				
0206010020	服务台				

6.6.6.2 暖气罩

工程量清单项目设置及工程量计算规则，应按表6－72的规定执行。

表6－72 暖气罩（编码：020602）

项目编码	项目名称	项目特征	计量单位	工程量计算规则	工程内容
020602001	饰面板暖气罩	1. 暖气罩材质； 2. 单个罩垂直投影面积； 3. 防护材料种类； 4. 油漆品种、刷漆遍数	m^2	按设计图示尺寸以垂直投影面积（不展开）计算	1. 暖气罩制作、运输、安装； 2. 刷防护材料、油漆
020602002	塑料板暖气罩				
020602003	金属暖气罩				

6.6.6.3 浴厕配件

工程量清单项目设置及工程量计算规则，应按表6－73的规定执行。

表6－73 浴厕配件（编码：020603）

项目编码	项目名称	项目特征	计量单位	工程量计算规则	工程内容
020603001	洗漱台	1. 材料品种、规格、品牌、颜色； 2. 支架、配件品种、规格、品牌； 3. 油漆品种、刷漆遍数	m^2	按设计图示尺寸以台面外接矩形面积计算。不扣除孔洞、挖弯、削角所占面积，挡板、吊沿板面积并入台面面积内	1. 台面及支架制作、运输、安装； 2. 杆、环、盒、配件安装； 3. 刷油漆
020603002	晒衣架		根（套）	按设计图示数量计算	
020603003	帘子杆				
020603004	浴缸拉手				
020603005	毛巾杆（架）				
020603006	毛巾环		副		
020603007	卫生纸盒		个		
020603008	肥皂盒				
020603009	镜面玻璃	1. 镜面玻璃品种、规格； 2. 框材质、断面尺寸； 3. 基层材料种类； 4. 防护材料种类； 5. 油漆品种、刷漆遍数	m^2	按设计图示尺寸以边框外围面积计算	1. 基层安装； 2. 玻璃及框制作、运输、安装； 3. 刷防护材料、油漆
0206030010	镜 箱	1. 箱材质、规格； 2. 玻璃品种、规格； 3. 基层材料种类； 4. 防护材料种类； 5. 油漆品种、刷漆遍数	个	按设计图示数量计算	1. 基层安装； 2. 箱体制作、运输、安装； 3. 玻璃安装； 4. 刷防护材料、油漆

6.6.6.4 压条、装饰线

工程量清单项目设置及工程量计算规则，应按表6－74的规定执行。

表6－74 压条、装饰线（编码：020604）

项目编码	项目名称	项目特征	计量单位	工程量计算规则	工程内容
020604001	金属装饰线	1. 基层类型； 2. 线条材料品种、规格、颜色； 3. 防护材料种类； 4. 油漆品种、刷漆遍数	m	按设计图示尺寸以长度计算	1. 线条制作、安装； 2. 刷防护材料、油漆
020604002	木质装饰线				
020604003	石材装饰线				
020604004	石膏装饰线				
020604005	镜面玻璃线				
020604006	铝塑装饰线				
020604007	塑料装饰线				

6.6.6.5 雨篷、旗杆

工程量清单项目设置及工程量计算规则，应按表6－75的规定执行。

表6－75 雨篷、旗杆（编码：020605）

项目编码	项目名称	项目特征	计量单位	工程量计算规则	工程内容
020605001	雨篷吊挂饰面	1. 基层类型； 2. 龙骨材料种类、规格、中距； 3. 面层材料品种、规格、品牌； 4. 吊顶（天棚）材料、品种、规格、品牌； 5. 嵌缝材料种类； 6. 防护材料种类； 7. 油漆品种、刷漆遍数	m^2	按设计图示尺寸以水平投影面积计算	1. 底层抹灰； 2. 龙骨基层安装； 3. 面层安装； 4. 刷防护材料、油漆
020605002	金属旗杆	1. 旗杆材料、种类、规格； 2. 旗杆高度； 3. 基础材料种类； 4. 基座材料种类； 5. 基座面层材料、种类、规格	根	按设计图示数量计算	1. 土石挖填； 2. 基础混凝土浇筑； 3. 旗杆制作、安装； 4. 旗杆台座制作、饰面

6.6.6.6 招牌、灯箱

工程量清单项目设置及工程量计算规则，应按表6－76的规定执行。

表6－76 招牌、灯箱（编码：020606）

项目编码	项目名称	项目特征	计量单位	工程量计算规则	工程内容
020606001	平面、箱式招牌	1. 箱体规格； 2. 基层材料种类； 3. 面层材料种类； 4. 防护材料种类； 5. 油漆品种、刷漆遍数	m^2	按设计图示尺寸以正立面边框外围面积计算。复杂的凸凹造型部分不增加面积	1. 基层安装； 2. 箱体及支架制作、运输、安装； 3. 面层制作、安装； 4. 刷防护材料、油漆
020606002	竖式标箱				
020606003	灯　箱		个	按设计图示数量计算	

6.6.6.7　美术字

工程量清单项目设置及工程量计算规则，应按表6－77的规定执行。

表6－77 美术字（编码：020607）

项目编码	项目名称	项目特征	计量单位	工程量计算规则	工程内容
020607001	泡沫塑料字	1. 基层类型； 2. 镌字材料品种、颜色； 3. 字体规格； 4. 固定方式； 5. 油漆品种、刷漆遍数	个	按设计图示数量计算	1. 字制作、运输、安装； 2. 刷油漆
020607002	有机玻璃字				
020607003	木质字				
020607004	金属字				

本章小结

（1）本章介绍了工程量清单的概念、编制依据、作用，对《建设工程工程量清单计价规范》（GB 50500—2008）的内容进行了说明。

（2）建设工程工程量清单由分部分项工程量清单、措施项目清单、其他项目清单、规费项目清单、税金项目清单等组成。

（3）建设工程造价由分部分项工程费、措施项目费、其他项目费、规费和税金组成；工程量清单报价主要有三种形式，即工料单价法、综合单价法和全费用综合单价法。

（4）计价表格由封面，总说明，投标报价汇总表，分部分项工程量清单表，措施项目清单表，其他项目清单表，规费、税金项目清单与计价表，工程款支付申请（核准）表等组成。

（5）工程量清单报价的程序为：复核或计算工程量，确定单价、计算合价，确定分包工程费，确定投标价格。

（6）建筑装饰工程工程量清单项目包括楼地面工程，墙、柱面工程，天棚工程，门窗工程，油漆、涂料、裱糊工程以及其他工程等项目。

思 考 题

6－1　工程量清单的编制依据和作用是什么？

6－2　《建设工程工程量清单计价规范》（GB 50500—2008）的内容有哪些？

6－3　建设工程造价由哪些费用组成？

6－4　工程量清单报价的程序有哪些？

6－5　建筑装饰工程工程量清单项目包括哪些内容？

7 建筑装饰装修工程结算

教学提示： 本章介绍了工程结算和建筑装饰装修工程结算的相关内容。

学习要求： 学习完本章内容，学生应熟悉工程结算的方式和必要性，熟悉建筑装饰装修工程结算的作用和结算内容。

建筑装饰装修工程施工过程中或完工后要编制结算文件，工程结算是建筑装饰装修工程完成的成果的反应，也是合同双方就完成的工作进行相互确认和给付工程款的过程。本章主要介绍建筑装饰装修工程结算的内容。

7.1 工程结算概述

7.1.1 工程结算的概念

工程结算是指承包商在工程实施过程中，依据承包合同中关于付款条款的规定和已经完成的工程量，按照规定的程序向建设单位（业主）收取工程价款的一项经济活动。

7.1.2 工程结算的原则

工程结算是一项细致的工作，它既要正确地贯彻执行国家及地方的有关规定，又要实事求是、客观地反映建筑安装工人所创造的价值。工程结算编制要遵守以下原则：

（1）对进行工程结算的项目内容应全面清理，必须具备结算条件：即符合设计要求和施工质量验收规范，符合合同有关条款的规定；未完工程或工程质量不合格的，不能进行结算；需要返工的，应返修并经检验合格后才能结算。返工消耗的工料费用，不能列入竣工结算。在工程结算中，要实事求是地处理调增（减）的有关内容，做到既合理又合法。

（2）严格遵守国家和地方的有关规定，以维护各方的合法权益，保证工程结算价款的统一。

7.1.3 工程结算的方式及必要性

7.1.3.1 工程结算的方式

目前，根据实际情况，工程结算可采取多种方式进行工程结算。

（1）按月结算。这种办法主要是实行旬末或月中预支，月终结算，竣工后清算的办法。跨年度竣工的工程，在年终进行工程盘点，办理年度结算。我国相当一部分建筑安装工程价款的结算，都是按月结算。

（2）竣工后一次结算。根据建设项目或单项工程建设期的长短，或者工程承包合同价值的多少，有的工程结算可以实行工程价款每月月中预支，竣工后一次结算。

（3）分段结算。这种工程结算方式主要是指当年不能竣工的单项工程或单位工程，按照工程形象进度，划分不同阶段进行结算。分段结算可以按月预支工程款。

（4）目标工程结算方式。这种结算方式是在工程合同中，将承包工程的内容分解成不同的控制界面，以业主验收控制界面作为支付工程价款的前提条件。也就是说，将合同中的过程内容分解成不同的验收单元，当承包商完成单元工程内容并经过业主（或其委托人）验收后，业主支付构成单元工作内容的工程价款。

7.1.3.2 工程结算的必要性

（1）工程价款结算是施工单位确定完成工程量，统计和核算工程成本的依据。

（2）工程结算是考核经济效益的重要指标。对于承包商来说，只有通过工程价款的结算，才能确定已完工程的收入，进行内部经济核算和考核工程成本，从而获得相应的利润和经济效益。

（3）进行工程结算，是业主落实投资完成额，承包商与业主从财务方面处理账务往来的依据。

7.2 建筑装饰装修工程结算

7.2.1 建筑装饰装修工程结算的概念

建筑装饰装修工程结算，是指承担装饰工程施工的单位将已完成部分的过程，向建设单位（甲方）结算工程价款，以补偿施工过程中的资金与物资的消耗，保证装饰工程施工顺利进行。

7.2.2 建筑装饰工程结算的作用

由于存在建筑装饰工程结算调整的客观必然性，通过建设主管部门和金融机构对报批的建筑装饰工程预算进行开工前的审查和工程后期的结算审查与调整，能够进一步规范建筑装饰市场价格行为，重新调配和改正原预算文件中不合理的内容，达到维护承发包双方合法权益、加强建筑装饰资金管理的目的。因此建筑装饰工程结算的作用是显而易见的，其具体表现为：

（1）加强建筑装饰资金管理。在建筑装饰工程的施工过程中，建设单位应根据施工企业所完成的工程量，支付工程价款，在工程价款支付中必须依据工程价款结算来进行。

（2）为维护承发包双方合法权益提供基础。建筑装饰工程施工中，施工企业所取得的收入或建设单位所支付的费用，都涉及建设单位和施工单位的切身利益。不同阶段或时期，建设单位所支付的费用必须根据施工单位所完成的工作来确定，这个过程一般是通过编制工程结算来加以确定的。

（3）合理确定建筑装饰工程实际造价。建筑装饰工程预算是按照有关规定计算的预算造价，这一价格仅仅是一种预测价格，且工程在实际施工中会千变万化，因此，会造成工程造价发生变化。工程竣工后的实际工程造价到底是多少，必须在工程竣工后，根据工程实际条件，通过编制建筑装饰工程竣工结算来计算实际造价。

7.2.3　建筑装饰工程价款的结算分类

7.2.3.1　装饰工程价款的结算

工程价款结算就是对已完工程部分的价款进行结算。一般是由施工单位提出已完工程工程量报表及工程价款结算清单，经建设单位签证认可后，送建设银行审查，办理已完工程部分的结算手续。在施工企业未实行大流动资金制度的情况下，工程价款的结算一般是通过预收工程备料款的结算和工程进度款的结算来实现的。

为了提供施工单位用于备料的流动资金，根据工程承发包合同的规定，由建设单位在工程开工前，向施工单位预付用于购买材料和机具的款项。施工单位将这种款项称为预收备料款。

预收备料款的结算，包括备料款的拨付和扣还两个过程。

预收备料款的拨付，一般是在工程承发包合同签订后和工程开工前这段时间进行的。备料款的拨付，要适应物资的供应方式，做到款物结合，防止重复占用资金。建筑装饰工程的物资供应方式大致有三种：

（1）包工包全部材料。实行这一方式的工程，当预收备料款的数额确定后，建设单位应立即将备料款通过建设银行一次性付给施工单位。

（2）包工包部分材料。实行这一方式的工程，当供料的范围和数量确定后，建设单位应及时向施工单位拨付备料款。

（3）包工不包料。实行这一方式的工程，建设单位不需要向施工单位拨付备料款，而是自己备料。

预收备料款的数额，取决于主要材料占整个装饰工程工程量的比重、材料储备期、施工工期等因素。一般可按下式确定：

$$\text{预收备料款数额(万元)} = \frac{\text{全部装饰工程量(万元)} \times \text{主要材料比重(\%)}}{\text{合同工期天数}} \times \text{材料储备天数}$$

式中，材料储备天数可根据当地材料供应情况确定。

衡量预收备料款水平的一个重要指标，是预收备料款额度。

$$\begin{aligned}\text{预收备料款额度(\%)} &= \frac{\text{预收备料款数额}}{\text{全部装饰工程量}} \times 100\% \\ &= \text{主要材料占全部装饰工程量的比重(\%)} \times \frac{\text{材料储备天数}}{\text{合同工期天数}} \times 100\%\end{aligned}$$

在实际工作中，装饰工程备料款的额度，通常由各地区根据工程的装饰等级、施工工期和材料供应体制等条件，分别统一规定。一般不超过装饰工程量的25%，对于跨年度的装饰工程一般不超过当年装饰工程量的25%。

由建设单位通过建设银行向装饰施工单位拨付的备料款，是预付性质的款项，一般要随工程进展情况，以冲抵工程价款的方式陆续扣还，这称为预收备料款的扣还。确定备料款起扣时的工程进度（起扣点），应以未完工程所需主要材料价款与备料款相等为原则。

备料款起扣时的工程进度(起扣点)=1-预收备料款额度(%)/主要材料比重(%)

扣还预收备料款的数额，可按下式计算：

应扣备料款的数额=装饰工程计划工程量×[至本期累计进度(%)-起扣点进度(%)-已扣备料款进度(%)]×主要材料占全部装饰工程量比重(%)

在实际工作中，起扣点及扣还额，往往是由施工单位同建设单位根据具体情况而商定的。如有的规定，当工程进度达到60%以后，开始起扣备料款扣还的比例，是按每次完成10%工程进度后，即扣还预收备料款的25%。还有的采用竣工前一次扣抵备料款的做法，即工程施工前一次拨付备料款，在施工过程中不分次扣抵，而当已付工程进度款与预付备料款之和达到合同造价的95%，停止拨付工程进度款，待工程竣工后一并结算。

7.2.3.2 工程进度款的结算

建筑装饰工程进度款的结算，根据装饰工程及其施工的特点，一般可采用定期结算、分段结算和竣工后一次结算等方法。

A 定期结算

对于在施工的装饰工程，由施工单位定期（通常为一个月）提出已完工程工程量报表及工程价款结算清单，交由建设单位签证认可，再转交建设银行审查，并办理结算手续。具体做法有两种：

(1) 月中预支部分工程款，月末一次结算。月中由施工单位根据施工图预算和月度施工作业计划，填列“工程款预支账单”（预支额一般占当月工程量的5%左右），经建设单位签证同意后，送交建设银行审查，并办理预支拨款，待至月末时，施工单位根据已完成工程部分的实际进度统计，编制“工程进度款结算清单”，送交建设单位审核签证后，再转送建设银行审查，办理结算。月中预支部分应在月末结算时扣抵。

(2) 月中不支款，月末一次结算。结算过程同前者一样。

B 分段结算

分段结算就是根据工程形象进度计划，将工程划分为几个段落进行结算，当规定段落的工程进度完成后，立即进行结算。具体做法也有两种：一种是按段落预支，段落完工后结算；另一种是按段落分次预支，完工后一次结算。因此，分段结算实际上是一种不定期结算。

C 竣工后一次结算

这种方法的前提是施工企业实行大流动资金制度。即施工企业的流动资金由银行贷款解决，施工企业把同时施工的若干工程的施工和结算看做商品生产和销售，以先后不同的竣工工程结算价款来清偿银行贷款或充作周转资金。这种方法的做法是：在工程施工过程中不办理结算，待工程竣工后，经验收合格，根据施工单位编制的施工图调整预算（或竣工决算）进行一次性结算。这种方法有利于简化结算手续，促使施工企业增强时间和效率的观念，改善经营管理，加快施工速度和资金周转。同时也有利于银行充分发挥信贷的杠杆作用，促使建筑产品向商品化的方向转化，从而全面提高项目投资的经济效益。

应该指出的是，工程结算要与社会主义市场经济相适应，及时反映建筑市场的动态变化，过去那种“死预算”的做法，不能适应现在“活市场”的新情况。目前各地均实行“动态造价管理”的做法，即随市场价格因素的变化而对工程造价做相应的调整。具体做法是：各地定额管理部门定期（通常为一个月）公布市场材料指导价和各种费率调整信息，工程结算时，参照最新公布的材料市场指导价和调整费率进行。1992 年，建设部又提出了“控制量，指导价，竞争费”的改革方针，这为工程造价合理化指明了方向。为此，工程结算方式必须反映这一改革要求。根据施工企业的不同情况，可以采用不同的结算方式。

没有条件实行大流动资金制度的施工企业，工程结算可以沿用过去“预提备料款，分月结算”的办法，但是结算价格要反映市场的动态变化。即参考定额管理部门当月公布的材料市场指导价格和各种费率调整信息，经合同双方协商确定当月的结算价格，由施工单位提出当月已完工程工程量清单和按照结算价格确定的已完工程结算账单，交建设单位审核签证后，转交建设银行审查，并办理结算。

有条件实行大流动资金制度的施工企业，可以实行“分月核算，竣工后结算”的办法。分月核算，就是由施工单位以合同双方参考当月公布的指导价，而商定的当月预算价格为依据，核算当月的工作量，交建设单位审核签证，作为结算的依据，但当月不办理结算，待工程竣工后，经验收合格，一次性结算。这样既能反映价格动态变化，又能适应建筑产品商品化的要求。

在实行“预收备料款，分月结算”的办法中，每月结算的工程进度款数额，就是当月完成的工作量。当达到预收备料款起扣点以后，还要减去应扣还预收备料款额，即：

某月结算的工程进度款 = 当月完成的工作量 - 应扣还的预收备料款

实行招投标的工程，往往要求“一次包死，控制总价”。这样的工程，分月工程进度款的结算，可以采用“累进价款的结算办法”，即根据施工单位工程进度，完成多少结算多少，逐月累进。

例如，某建筑装饰工程不采取预收备料款的做法，而是将月末进入现场的材料存量价值列入当月完成的工作量报表中，由建设单位一并结算，待全部工程完工后一次结清。假设本装饰工程合同总价款为 400 万元，工期为 6 个月，则各月结算情况如下：

第一个月工程价款结算：

第一个月累计完成工作量	60 万元
月末现场材料存量价值	5 万元
合计	65 万元
扣保留金 5%	65 × 5% = 3.25 万元
应结工程款	65 - 3.25 = 61.75 万元
总价余额	400 - 61.75 = 338.25 万元
本月应结工程款 = 应结工程款 - 上月累计已结工程款	61.75 - 0 = 61.75 万元

第二月工程价款结算：

第二月累计完成工程量	130 万元
月末现场材料存量价值	8 万元
合计	138 万元
扣保留金 5%	138 × 5% = 6.9 万元

应结工程款	138 - 6.9 = 131.1 万元
总价余额	400 - 131.1 = 268.9 万元
本月应结工程款	131.1 - 61.75 = 69.35 万元

第三月工程价款结算：

第三月累计完成工程量	215 万元
月末现场材料存量价值	10 万元
合计	225 万元
扣保留金 5%	225 × 5% = 11.25 万元
应结工程款	225 - 11.25 = 213.75 万元
总价余额	400 - 213.75 = 186.25 万元
本月应结工程款	213.75 - 131.1 = 82.65 万元

第四月工程价款结算

第四月累计完成工程量	280 万元
月末现场材料存量价值	9 万元
合计	289 万元
扣保留金 5%	289 × 5% = 14.45 万元
应结工程价款	289 - 14.45 = 274.55 万元
总价余额	400 - 274.55 = 125.45 万元
本月应结工程款	274.55 - 213.75 = 60.8 万元

第五月工程价款结算

第五月累计完成工程量	355 万元
月末现场材料存量价值	5 万元
合计	360 万元
扣保留金 5%	360 × 5% = 18 万元
应结工程价款	360 - 18 = 342 万元
总价余额	400 - 342 = 58 万元
本月应结工程价款	342 - 274.55 = 67.45 万元

第六月工程价款结算

第六月累计完成工程量	400 万元
扣保留金 5%	400 × 5% = 20 万元
应结工程价款	400 - 20 = 380 万元
总价余额	400 - 380 = 20 万元

正好等于保留金

本月应结工程价款	380 - 342 = 38 万元

至第六期工程价款全部结完

合同总价	400 万元 = 380 万元（工程款）+ 20 万元（保留金）

这种结算方法有如下优点：

（1）不会有超支现象，以合同总价为最高额度。

（2）若上月工程量核定不准确，可以在下月工程量核定中调整，不会一错到底。

（3）施工单位可以根据工程价款累计结算额，核算工程成本和分析盈亏。

（4）建设单位可以根据工程价款累计结算额，了解工程进度情况。

7.2.3.3 装饰工程年终结算

装饰工程年终结算，是指一项装饰工程在本年度不能竣工，要跨入下年度继续施工，为了正确反映施工企业的年度经营成果以及建设单位投资完成情况，由施工企业会同建设单位对在施工的装饰工程进行已完（或未完）的工程量盘点，结清本年度的工程价款。

7.2.3.4 装饰工程竣工结算

装饰工程竣工结算，就是装饰工程竣工后，由施工单位根据合同规定，编制施工图调整预算（施工图调整预算是在施工图预算的基础上，考虑实际中的设计变更、材料代用、费用签证等因素而编制的）向建设单位办理最后工程价款结算，也称之为竣工结算。

7.2.4 建筑装饰工程结算的编制

7.2.4.1 结算对象

采用分次结算（包括按月结算和分段结算）的装饰工程，工程价款的结算对象是指完成预算定额规定全部工序的分项工程，对已投入人工、材料、机械，但没有完成预算定额规定的全部工序的分项工程，不能办理中间结算，在会计核算中作“未完施工”处理。

采用竣工后一次结算的装饰工程，工程价款的结算对象是整个竣工的装饰工程。

7.2.4.2 结算依据

（1）装饰工程施工图预算。

（2）装饰工程施工进度月报表，见表7－1，已完工程工程量清单，见表7－2。

表7－1 装饰工程量及主要材料用量月报表

工程名称：××装饰工程　　　　　　　　　　×年×月

分项工程名称	单位	工程量	主要材料用量				
			钢材/t	水泥/t	木材/m^3	玻璃/m^2	…
楼地面工程 ××地面 ××楼面	 m^2 m^2	 ××× ×××		 ××			
墙柱面工程 ××墙面 ××柱面	 m^2 m^2	 ××× ×××					
天棚工程 ××龙骨 ××面层							
⋮							
主要材料合计							

表 7-2 月完成装饰工作量计算书

工程名称：××装饰工程　　　　×年×月

定额编号	分项工程名称	单位	数量	金额/元	
				单价	合价
	一、楼地面工程 ××地面 ××楼面				
	二、墙柱面工程 ××墙面 ××柱面				
	⋮				
	定额直接费				
	间接费				
	工程差价				
	计划利润和税金				
	装饰工程月产值				

(3) 建筑装饰工程预算定额和各种费用定额。

(4) 定额管理部门公布的当月市场材料价格和各种费率调整信息。

(5) 分项工程验收单。

7.2.4.3 结算程序

(1) 施工单位在月末（一般在 25 号左右）根据分项工程完成情况和分项工程验收单，编制当月完成工程量报表，交建设单位核实签证。

(2) 按当月的材料动态价格和各种调整费率，计算出当月完成的装饰工程量。计算步骤如下：

①：直接费　　①＝Σ(分项工程量×定额基价)×(1＋其他直接费综合费率)

②：间接费　　② = $②_1 + ②_2 + ②_3$

$②_1$：管理费　　$②_1$ = ①×管理费率

$②_2$：临时设施费　　$②_2$ = ①×临时设施费率

$②_3$：劳保基金　　$②_3$ = ①×劳保基金取费标准

③：工程差费　　③ = $③_1 + ③_2 + ③_3$

$③_1$：材料价差　　$③_1$ = Σ(当月材料动态价－定额材料预算单价)×按定额用量确定的材料总用量×(1＋次要材料调差系数)

$③_2$：人工费调差　　$③_2$ = Σ(分项工程量×定额人工费)×人工费调差系数

$③_3$：机械费调差　　$③_3$ = Σ(分项工程量×定额机械费)×机械费调差系数

④：计划利润　　④＝(①＋②＋③)×计划利润率

⑤：税金　　⑤ = (① + $②_1$ + ③ + ④)×税率

当月完成的装饰工程量(即当月装饰工程施工产值)＝①＋②＋③＋④＋⑤

(3) 计算各种扣抵项和保留金。扣抵项有预收备料款、预支工程款、建设单位提供材料价款等。保留金按协议比例扣留，一般取工程量的5%，待工程竣工验收合格后，再如数支付给施工单位。

（4）编制装饰工程价款结算账单，交建设单位审核签证，转交建设银行审查，办理结算手续。

7.2.5　建筑装饰装修工程竣工结算的编制

建筑装饰装修工程竣工结算，是在原经审查的建筑装饰工程预算的基础上作部分调整，其调整的方法与建筑装饰装修工程预算的计算方法基本相同。

7.2.5.1　竣工结算涉及的内容

建筑装饰装修工程竣工结算在费用调整中主要涉及以下几方面的内容：

（1）原预算书的最终认定。在原预算书的工程造价计算中，由于某些原因如国家出台了新的调价政策等，将会使其费用发生变化，在竣工结算中必须加以确认。主要包括：

1）原预算书中编制依据的认定；

2）原预算书中费用构成的认定；

3）原预算书中各项取费的认定；

4）各省市、地区建设主管部门规定的调价金额、调价系数的认定。

（2）由设计变更提出的施工变更。由于建筑装饰工程设计变更，必然会造成施工变更，由此将会引起施工企业的费用发生变化，施工企业向发包方收取的费用也应作相应调整。

装饰工程设计变更，通常是指装饰工程设计图完成后，由于某种原因对原设计图提出的补充或修改。其补充或修改属补充性设计文件，是原设计文件的组成部分。

1）设计变更原则。建筑装饰装修工程设计变更，虽然不可避免，但应严格控制，尽量减少设计变更次数。设计变更是关系到设计质量、装饰效果与造价的重要反映。因此，在协商和决定设计变更时，应遵循下述原则：

①不应任意提高设计标准和扩大装饰面积。装饰标准和装饰效果是经过审批后确定的，不允许以设计变更为名而提高设计标准；任意扩大装饰面积等于推翻原设计。因此，设计变更应控制在设计标准与装饰设计规范允许的范围内，并处理好提高标准与控制装饰造价的关系。

②不应任意增加附属设施和材料用量。装饰工程中任意增加原装饰设计不包括的附属设备装饰装修，往往是采用设计变更以修改原设计的名义来实现的。这不但扩大了不必要的装饰部位，也造成了材料用量的增加。因此设计变更应控制在提高原装饰设计质量要求的范围内，并处理好一般性需要与确属需要的关系。

③不应任意拖延工期和影响投资效益。在装饰工程施工中有些设计变更虽属必要，但由于提出的时间已临近原工期规定交付时间或对原工期影响较大，甚至使施工缺乏必要的物资、材料和工种准备，搞乱原施工方案规定的施工进度。一方面给施工企业带来损失；另一方面造成工期延误，给建设单位按期开业，及时收回投资，使装饰工程发挥最佳效益受到影响。因此不应因设计变更拖延工期，应使设计变更控制在原定工期内，处理好拖延工期与装饰效益的关系。

④不应任意增加装饰投资和使装饰工程造价超标。由于频繁地补充、修改原设计，失

去了设计变更应有的控制范围，加大了装饰资金投入的盲目性，会给建筑装饰工程预算造价的控制和后期竣工结算带来困难，也会造成装饰资金的来源困难，使工程实施增加难度。

2）装饰工程设计变更的内容。建筑装饰装修工程设计变更的内容范围，一般包括：

①装饰工程设计交底会上提出的设计变更。装饰设计出图后要组织建设单位和施工单位，参加设计意图和施工技术等内容的交底会，对设计内容发包方或承包方提出有关装饰效果、施工处理等某些补充、修改的变更内容。

②设计单位提出的设计变更。设计单位或设计人员为更好地保证设计、施工装饰质量，在出图后或在施工进行中提出某些对原设计图补充、修改的变更内容。

③装饰施工中施工单位提出的设计变更。在装饰施工中，经常会出现预料不到的问题，为了保证装饰施工质量和效果，由施工单位提出某些装饰材料品种、规格和材质的替代或做法的改变，经设计单位和建设单位认可的变更内容。

④装饰建设单位提出的设计变更。

装饰工程施工中由于建设单位的某种期望和需要，提出改变某一装饰部位效果、使用材料和施工操作等方面内容的变更。

无论上述哪方提出的设计变更，在履行变更手续或变更文件的内容要求之后，均会引起施工变更，故设计变更是办理竣工结算的依据。

（3）其他施工变更。在工程施工中，有许多原因均可造成施工企业在工程实施中引起施工效率的降低和工程费用支出增加。经分析，若属于施工企业自身因素引起的，在竣工结算中不应包括此类费用的增加。但是，引起工程费用变化的原因是由建设单位或非施工企业造成的，则在竣工结算中应进行相应费用变化的调整，其内容一般包括：

1）由建设单位供料不及时引起的经济补偿；

2）现场停水停电引起的经济补偿；

3）抢工期抢进度引起的经济补偿；

4）其他零星铲除、清理和装饰工程引起的经济补偿；

5）主要装饰材料代用引起的增减费用；

6）由装饰工程质量事故引起的增减费用；

7）签证记工或零星记工。

（4）装饰材料价差。由于市场原因在不断变化，由此可能造成装饰材料的市场实际价格与地区材料预算价格出现差异，必然引起工程材料费发生变化，在办理竣工结算时应按规定进行调整。

1）主要材料（未计价材料）价差；

2）次要材料（未计价材料）价差。

7.2.5.2 竣工结算的调整内容

竣工结算主要针对前述原因，调整引起的费用增减。

（1）定额直接费的调整。原建筑装饰工程预算的定额直接费与工程实际定额直接费常会出现差异。其差异的引起原因主要有：

1）工程量的变化。工程量的变化即是原预算所计算的工程量，与工程实际完成工程量有所不同。造成工程量变化的原因主要有：原预算书编制依据的变化和各类施工变更。

2）建筑主管部门出台新的调价政策。建筑主管部门根据现行的预算定额所出台的针对人工费、机械费等的调价政策的变化，从而引起定额直接费中的人工费、机械费等的变化。

3）各类签证人工费。在工程施工中，经甲乙双方协商、签证认可的人工费等（如签证记工、零星记工、窝工等），此类费用也属于定额直接费的范畴。

（2）材料价差调整。材料价差应严格按当地建筑主管部门的规定进行调整。一般包括主要装饰材料的单调价差和次要材料的综合价差。在单调材料价差中要特别注意对主要材料的实际价格的认定工作。材料价差仅作为收取定额管理费和税金的计算基础。

（3）费用调整。当定额直接费，特别是定额人工费发生变化时，相应收取的间接费等的计算基础也要变化，其费用定额也要进行调整，其计算方法与建筑装饰工程预算的费用计算基本相同。

（4）其他费用调整。其他费用调整主要包括由建设单位供应的材料的材料费的调整，施工企业在施工现场使用建设单位的水、电费用结算等内容。

7.2.5.3　编制竣工结算应注意的问题

在编制竣工结算时所进行的费用调整应具有充分的依据。

（1）调整的内容范围是否符合规定。涉及竣工结算的每一份经济洽商，应考虑其洽商内容与预算定额及应取费用的相应项目内容是否符合规定，有无重复列项和漏项的内容。否则，应及时给予修正。

（2）签证手续是否符合规定。经济洽商都应有双方同意签证后的盖章和经办人员签名，涉及设计变更的经济洽商还应有三方即设计、承包方和发包方的盖章与经办人员签名，才能成立。否则，即认定手续不齐全，需审查原因。查清后补齐手续再进行调整。

（3）经济洽商资料是否符合规定。有些经济洽商虽属应调整之列，也有各方盖章和签名，但调整增减费用与应变更的依据不符合规定，资料不齐全或洽商记录含糊不清，使结算工作查无实据，如遇此类情况，应查明虚实，补齐资料和依据。

（4）经济洽商报送时间的规定 。结算中应注意经济洽商签发的时间，明确在原预算中是否已经考虑，避免对某一些经济洽商所涉及费用的重复计算和漏算。

（5）主要材料价格依据。主要材料价差的调整应注意对材料实际价格的认定工作，如材料购买的发票价格的签认或市场材料价格信息的认定等。若有关签认手续不齐，应及时补办。

（6）建筑主管部门的各项规定的完整性。

7.2.5.4　建筑装饰装修工程竣工结算审查

建筑装饰装修工程竣工结算的审查是一项十分重要的工作，它是对建筑装饰工程造价的最终认定。要进行竣工结算的审查，首先必须会熟练地编制竣工结算，只有在掌握了编制技巧之后，才能发现送审结算所存在的问题。在审查中应注意：

（1）首先应明确建筑装饰工程的工程类别、企业取费等级等问题；

（2）熟悉工程承包合同，明确合同中关于经济洽商的有关规定，从而审查各种洽商变更是否符合规定；

（3）注意经济洽商的费用性质，哪些费用可以进入直接费，作为取费的计算基础；

（4）核查计算书中是否有重复列项或重复计价的问题；

（5）应十分准确地把握各种材料用量与价格；

（6）材料的暂定价、材料代用价等建设单位是否已确认；

（7）定额缺项中的价格及材料用量是否合理；

（8）结算中的取费内容及计算方法是否正确。

本章小结

（1）工程结算是指承包商在工程实施过程中，依据承包合同中关于付款条款的规定和已经完成的工程量，按照规定的程序向建设单位（业主）收取工程价款的一项经济活动。

（2）工程结算的方式有按月结算、竣工后一次结算、分段结算、目标工程结算方式。

（3）装饰工程价款的结算有包工包全部材料结算、包工包部分材料结算、包工不包料结算。

思 考 题

7－1　工程结算的方式有哪些？

7－2　竣工结算涉及的内容有哪些？

7－3　竣工结算的调整内容有哪些？

7－4　编制竣工结算应注意的问题主要有哪些？

8　建筑装饰工程概预算软件应用

教学提示： 本章介绍了建筑装饰工程中常用概预算软件的应用，包括软件开发、系统程序设计、计算机辅助工程概预算系统的设计、公共数据库的建立与管理、初始数据库的形成与处理、概预算分析程序的编制、概预算分析结构及文件输出。

学习要求： 学习完本章内容，学生应熟练掌握计算机辅助编制建筑工程预算，快速完成工程量的计算、套定额、数据统计、分类、汇总等。

随着计算机的发展，建筑业中越来越广泛地使用计算机来解决工程中的实际问题。目前，我国建筑工程预算的电算化工作已逐步完善，用计算机辅助编制建筑工程预算已经相当普遍。利用计算机及其相应的建筑工程预算软件可以快速、精确地处理大量数据，并能保证计算结果的一致性，实现数据共享，可以代替或部分代替手工预算，从而快速完成工程量计算、套定额、数据统计、分类、汇总生成报表等工程。

8.1　概预算应用软件开发概述

8.1.1　计算机语言与软件开发

软件系统包括系统软件和应用软件两种。其中应用软件是根据用户不同的目的和要求而编制的专用程序。它大致可分为工程设计程序、过程控制程序、数据处理程序三类。

8.1.2　计算机辅助工程概预算

我国计算机在建筑工程概预算中的应用开始于 1973 年。当时，华罗庚教授领导的应用数学小分队在沈阳进行了应用计算机编制工程预算的试点，后来，华罗庚教授向当时的国家建委建议："在北京设立一台中心计算机，负责全国的建筑工程概预算编制工作"。遵照国家建委指示，原国家建委建筑科学研究院建筑经济室（即现在的中国建筑技术研究院建筑经济研究所）进行普遍推广应用计算机编制工程概预算的工作。1977 年 5 月，由原国家建委施工管理局和建筑科学研究院联合召开了"应用计算机编制工程概预算座谈会"。随着建筑市场的逐年扩大，工程建设招投标制度的全面实施，人们对建筑工程概预算的速度、质量、准确性提出了更高的要求。为了能迅速、准确地算出标底和报价，利用计算机进行建筑工程概预算成了解决问题的最佳途径。到目前，全国各省、市、自治区基本上都开展了应用计算机编制工程概预算的工作，且建筑工程概预算软件已开始由单一功能向集成化功能发展，从单项应用向综合应用和系统应用方面发展。

8.1.3 概预算软件简介

由于目前全国各地所采用的定额不同，定额栏目各异，因此，概预算软件的应用有很大的地区性限制。目前的概预算软件主要有计算工程量和套定额计算两大功能，而套定额计算功能又可建立不同地区的不同定额库（如建筑工程、安装工程、装饰工程、市政工程、房屋维修工程定额库），以便用于不同的地区和不同的预算要求。

目前，工程量计算主要是靠手工计算或手工输入图纸尺寸（按一定的规则填表），在自动识图并自动计算工程量方面取得了一定的进展。由于各种建筑项目的外形和内部结构各不相同，而且各种构件，如梁、柱、板、墙、门、窗等工程量的计算过程中又有一套复杂的扣减规则，要用计算机自动计算工程量，必然涉及复杂的工程图纸或其计算机图形的识别和处理。由于各设计单位使用的计算机软件不完全一样，设计者制图的习惯也不一致，因此，目前比较成熟的还是手工输入数据计算工程量，有些软件通过一些规定表格将数据进行一些组织，可以实现一定程度的自动化计算。目前比较有代表性的预算软件有：

(1) 中外合资海口奈特电脑软件公司与清华大学土木系合作研制的奈特工程预决算系统。该系统首创“图形矩阵法”土建工程量计算数学模型，使原本扣减关系复杂，重复、漏算多，计算繁杂的土建工程量计算，转化为简捷快速的计算机图形输入，再由计算机自动进行准确的扣减计算和汇总，其所需时间仅为手工计算的十分之一。

(2) 北京梦龙科技开发公司开发的《梦龙智能项目管理集成系统》，其中的梦龙工程概预算系统具有以下特点：

1）开放式数据库，适应全国各种情况，任意挂接各地定额。

2）专为定额站而作的设计，使定额及工料机的建库工作迅速准确，完全符合各地定额标准，用户可用来建立自己的补充定额库及材料库。

3）允许跨定额库操作，如做建筑工程预算时可以取安装工程定额库的定额子目。

4）用户可以自定义数据的分类方式和编码规则，各个常用部分均提供模板功能，允许用户自行维护。

5）可以将工程分割成若干部分，同时对各部分进行预算，最后进行合并，从而大大提高工作效率。

6）由于梦龙软件是一个集成系统，预算系统所得的数据可以直接进入梦龙投资控制系统和材料管理系统，亦可与梦龙项目管理系统交互数据，最大限度地利用数据资源，减少数据的重复录入。

(3) 北京广联达技术开发有限公司开发的广联达工程造价系列软件，包括图形自动计算工程量软件、工程概预算软件、钢筋翻样及下料软件、钢筋预算统计软件等。

(4) 海文电脑软件有限公司的建筑工程造价软件系列，其主要特点是：

1）专业齐全，包括土建、安装、市政等专业软件。

2）针对不同地区开发不同的版本。

3）多种灵活的输入方式，强大的换算功能。

4）工程分期报价，不同工期套用不同的信息价。

5）用户可灵活调整取费标准。

6）与工程量自动计算软件配合使用，不用重复输入数据。

由于篇幅的关系，本书不一一介绍以上软件的具体功能，其实，迄今为止，以上各公司软件都具有集成化的特征，各种主要功能大同小异，各软件的差别主要在于其集成化的程度不同，后续开发与维护能力、售后服务以及对当地定额的适应性有所不同。

8.2 计算机辅助工程预算软件的开发

8.2.1 Visual FoxPro3.0 数据库系统简介

Visual FoxPro3.0（简称 VFP3.0）是微软公司 1995 年推出的数据库产品。它继承和发扬了以往 dBASE 数据库系列产品（dBASE、Clipper、Foxbase、Foxpro 等）的优秀之处，摒弃了它们的缺点，同时又与上述产品的所有语句和数据库及其他的文件结构兼容。它将可视化开发环境与为创建集成 Microsoft Office Microsoft Bake Office 系列解决方案而提供的新工具结合，能快速应用程序开发且具有灵活的结构，并向电脑数据访问方面发展，使它真正成为可视化工具系列中的一员。

Visual FoxPro3.0 具有以下新功能：

（1）Visual FoxPro3.0 更新了数据库的概念。传统的数据库模型是以二维表 DBF 作为一个完整的数据库，每一个 DBF 独自为一个数据库，而在 Visual FoxPro3.0 中，数据库的概念是若干个二维表、表间关系和触发器的集合。有关系的数据（DBF）被封装在一起作为一个数据库，没有关系的数据分属于不同的数据库，原来的 DBF 变成了库中的一个表，不属于任何库的表称为 FREETABLE，关系清晰且处理方便。

（2）Visual FoxPro3.0 引入了可视化编程技术。

（3）Visual FoxPro3.0 使用面向对象的编程思想。

（4）直接支持客户机/服务器结构。

（5）Visual FoxPro3.0 使用 32 位方式。

现在，Visual FoxPro3.0 已发展到 6.0 以上版本，有兴趣者，可参阅相关书籍。

8.2.2 开发计算机辅助工程预算系统的基本步骤与方法

计算机辅助工程预算系统的开发主要包括系统规划、系统开发、系统运行与维护三个过程。

（1）系统规划。系统规划的基本任务是确定系统开发任务，根据用户的人力、物力、财力进行可行性分析，以此进行规划与审批，而后形成计划任务书。

（2）系统开发。系统开发包括系统分析、设计、实施三个阶段。其基本任务是理解并表达用户要求，建立系统结构，编程与测试软件。最终成果为系统说明书、设计报告、测试报告、使用说明等。

1）系统分析。系统分析由系统分析人员和用户协作完成。开发人员首先要了解用户现行系统运行机制及其要求，并在此基础上抽象、归纳出现行系统的逻辑模型。最后建立目标系统的逻辑模型，并形成系统说明书。

2）系统设计。在完成系统说明书后，程序员可据此设计出软件系统的结构。系统结构包括总体设计、详细设计和模块说明书。

3）系统实施。主要包括程序调试、系统的运行、编写使用说明书等。

（3）系统运行与系统维护。系统经过全面测试和试运行后便可正式运行。在系统运行阶段，总会存在一些问题，这就需要进行系统维护。系统维护是保证系统安全、准确、快速运行而不可缺少的部分。它包括五方面的内容，即系统设置、程序管理员、数据字典、数据维护、数据整理。

8.2.3 软件设计的两种方法

传统的系统开发方法是生命周期法与原型法，即所谓硬系统方法，而软系统方法是美国 LANCAST 大学 Chekland P 教授于 20 世纪 70 年代中期提出来的。

8.2.3.1 硬系统方法

（1）生命周期法。生命周期法产生于 20 世纪 80 年代中期，其核心是结构化分析与设计，采取“自上向下、逐步求精”的方法，即由全局出发，全面规划分析，从而确立了一种简明、易于导向的软件系统结构设计风格。

（2）原型法。原型法主要凭系统分析人员对用户要求的理解，在强有力的软件环境支持下，给出一个满足用户要求的交互式的初始模型系统，然后分析人员再对模型进行修改，直到满意为止。

8.2.3.2 软系统方法

软系统方法是在系统工程、系统分析方法和在大量实践的基础上开创出来的。它为解决诸如社会系统的非结构化系统或半结构系统问题提供了一种新的概念、观点、方法和模式。

8.3 系统程序的设计

8.3.1 系统的组成及系统主菜单设计

（1）系统的组成。系统由数据编辑、数据查询、数据统计、数据打印、系统维护、封面设计、联机帮助、程序安装等部分组成。

（2）系统主菜单设计。在 Visual FoxPro 3.0 系统中，提供了极为方便的菜单设计工具 Menu Designer。用该工具所设计的菜单具有下拉式分级处理、支持鼠标等诸多属性。

8.3.2 网络化程序设计

为达到“信息传递，分布计算”的目的，建筑业企业内部一般要建立局域网，如果要进行过程管理，还要建立广域网，如 Novell 公司的 Netware5.0 网络系统软件就是进行网络化程序设计的优秀工具之一。

8.3.3 封面设计、数据安全性与安装程序的设计

（1）封面设计。封面设计在 Windows 的附件中，有一个画笔软件，可以用它设计并绘出封面，并用 *.bmp 的格式进行存放。另外还可以用 Windows 中的 CLIPPER 功能，截取在运行 Windows 中的其他精美画面，如果截取的不是 *.bmp 的格式，则可用图像转化

软件，将其转化为＊. bmp 格式。

（2）数据库的安全。数据库可分为两个部分：一部分是数据库，按一定方式存储数据；另一部分是数据库管理系统，它为用户及应用程序提供数据访问，并具有面对数据库进行管理和维护的功能。数据库的安全包含两层含义：第一层是指系统的安全；第二层是指系统信息安全。

保证数据库的安全运行可采取以下措施：

1）用户口令字鉴别；

2）用户存取权限控制；

3）审计功能。

（2）数据加密。数据加密就是将明文数据经过一定变换（如变序或代替等）变成密文数据。在解密时进行逆变换，把密文数据转变成可见的明文数据。为此可以利用数据库的特点，采取全文加密或部分加密的方法对数据库文件进行加密。对较小的文件可以采取全文加密，对大型数据库则只能进行部分加密，如对数据库中的部分字段进行加密。

8.3.4　编译能独立运行的＊. EXE 文件

系统开发完毕后，可用 FoxPro 的可执行文件的编译程序 FoxPro Distribution Kit for MS－DOS 将其编译连接成独立可执行的文件＊. EXE。而＊. EXE 文件可分为以下三种类型：

（1）Compact。若编译成 Compact 型的＊. EXE 文件，则表示在执行＊. EXE 文件时，需要 FoxPro 运行时期支持函数库。当系统软件主要用于所开发的软件应用面很广，而又无法确定用户的硬件环境时，可以采用此种模式。

（2）Stand－alone。若编译成 Stand－alone 型的＊. EXE 文件，则表示它可以在 MS－DOS 下直接运行，且系统环境需求与标准版的 FoxPro 相同。当仅将单一程序文件 . prg 编译连接成＊. EXE 文件，且用户的硬件环境下能运行扩充版时，可采用此种模式。

（3）Stand－alone Extended。若编译成 Stand－alone Extended 型的＊. EXE 文件，则表示它可以在 MS－DOS 下直接运行，且系统环境需求与标准版的 FoxPro 相同。当仅将单一程序文件 . prg 编译连接成＊. EXE 文件，且明确知道用户的硬件环境可以运行扩充版时，才采用此种模式。

8.3.5　计算机在建筑工程概预算中应用的趋势

（1）软件操作图形化。用户主要采用形象直观的图形化方式而不是键入字符命令。由于已有概预算软件可从工程设计、识图并计算工程量开始，经常用到各种图形，故图形化技术对于概预算软件的发展越来越重要。

（2）软件 Windows（窗口）化。目前，部分软件可以将几个不同程序的结果同时显示在屏幕上的几个窗口中。例如，用户可以在计算工程量时，将工程的有关图形显示在同一屏幕的不同窗口中；在套定额计算的过程中显示和修改定额库和有关数据库，并可同时在不同窗口中观察这些操作的结果。

（3）软件集成化。许多软件集成了其他相关软件，并可输出或输入与其他软件直接接口的文件，甚至可建立不同软件之间的数据动态连接。这种集成化还在改进，且操作变得越来越容易。如设计软件与工程量自动计算软件、工程概预算软件、项目管理软件、财务管理软件进行集成。

（4）计算机联网。计算机联网后，使得不同的计算机、终端、工作站和中央处理器可以直接通信，从而使用户可以进入整个计算机网络的每个部分。目前主要是依托于国际互联网或企业局域网进行工作。

（5）计算机辅助CAD的应用与智能化预算。应用CAD可极大地提高工程设计的效率，同样，也可为建筑工程预算提供直接或间接的帮助。建筑工程预算所面对的最普遍和长期的挑战是在项目的设计阶段就开始进行工程的概预算。比较普遍的做法是仅仅控制设计本身的进度和成本，但却忽略了设计变更对项目成本的影响。目前集成考虑工程设计与概预算，把概预算软件与自动识图、自动计算工程量结合起来，通过改进设计以降低整个项目的成本，是计算机运用于建筑工程管理的发展趋势。

8.4　计算机辅助工程概预算系统的设计

8.4.1　系统思想

通过对前面各章的学习，读者已经掌握了编制建筑工程概预算的一般步骤，其大致可归结为如图8－1所示的过程。

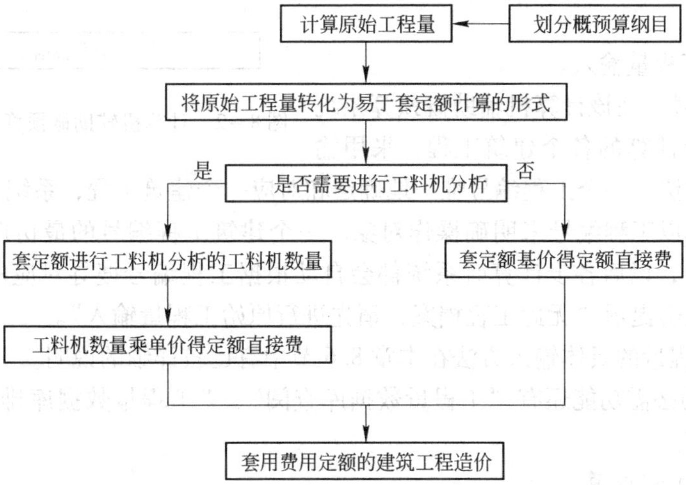

图8－1　编制建筑工程概预算的一般步骤

对上述编制建筑工程概预算的过程进行分析，不难发现：根据图纸计算出原始工程量之后的过程均是很有规律的纯计算工作，而且计算过程都是以建筑工程概预算定额为基础，主要是进行数据的加、减、乘、除工作。计算的数据和费用定额量非常大，套用定额计算也是固定的方式。人工手算时几乎都是机械地套用定额和计算过程，而且还会带来大量的重复计算工作。

利用计算机辅助编制建筑工程概预算，可以很好地解决上述纯人工编制概预算的问题，将概预算编制人员从大量重复性的计算工作中解放出来，提高编制速度，使编制的概预算能更准确地反映实际工程造价水平。

利用计算机辅助编制建筑工程概预算，须预先将概预算定额输入计算机内预先设定的定额数据库中，再输入原始工程量，计算机即可按规定的工作程序进行工程量数据套定额的计算，最后得出所需要的工程造价以及工料机汇总的数量。工程量数据输入完毕之后，计算机自动计算，一般只需几十秒即可得出结果，并将结果显示在屏幕上或打印输出。

8.4.2　系统模型

系统软件设计时，必须对数据处理算法如何程序化和语言种类的选用等有关问题进行综合考虑。本系统采用交互式调用数据处理程序的执行方式，设计成类似 WPS 中文字处理系统的下拉式菜单与弹出式菜单相结合的主控屏幕，屏幕形式简洁、美观，用户只需使用四个光标控制键和回车键即可完成对所有功能项的选择，如果配有鼠标，操作起来则更为方便。系统大部分操作保持在同一屏内进行，用户很快就可熟悉整个系统。这样的菜单设计展示了一个很好的人机界面，系统操作简便，易于开发。

根据以上所述计算机辅助概预算系统的思路，可以确定系统的物理模型如图 8－2 所示。

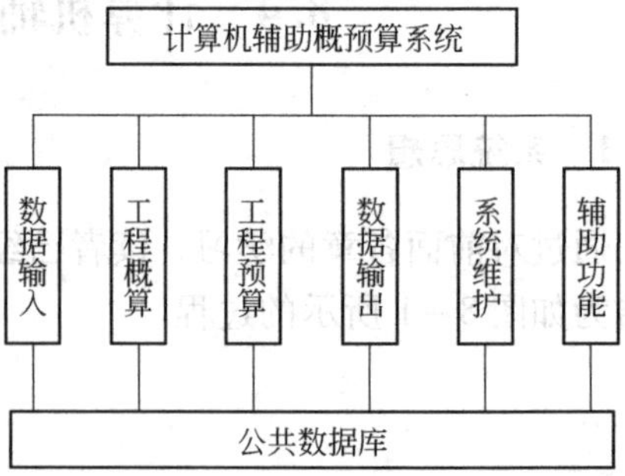

图 8－2　计算机辅助概预算系统的物理模型

8.4.2.1　数据输入

数据输入模块的功能主要是输入原始工程量，形成初始数据库，并对其进行处理后以供进行概预算分析和工料机分析。模块的主要内容包括：

（1）原始工程量输入。

1）工程编号。在该计算机辅助概预算系统中，为了区分所计算的各个建筑工程，采用输入工程编号的方法。一个工程编号唯一地确定和对应一个建筑工程，系统计算过程中形成的各类数据库都以工程编号来明确操作对象。一个建筑工程编号的最初选定是在“原始工程量输入”中，以后各步计算时系统都会自动根据工程编号搜寻对应的数据库，如果找不到，系统就会提示“无此工程档案，请先进行原始工程量输入”。

2）原始工程量的具体输入方法在本章 8.6 节中有比较详细的说明。

（2）对应的必需功能还有“工程量数据库查阅”、“工程量数据库排序”，其具体内容见本章 8.6 节。

8.4.2.2　工程概算

该系统中将工程概算和工程预算分为两个模块进行设计开发。这是因为建筑工程概算和预算所套用的定额不同，计算公式也有差异，必须分别设计单独的模块进行计算。由于建筑工程概算步骤与建筑工程预算十分相似，且程序设计比建筑工程预算部分更为简单，所以这里主要以建筑工程预算为例进行说明，就不再对该模块作具体介绍。

8.4.2.3　工程预算

工程预算模块是系统主要功能的实现部分，内容最多，程序设计也最为复杂。主要内容包括施工图预算分析和工料机分析，具体内容将在本章 8.7 节详细介绍。

8.4.2.4　数据输出

数据输出模块的功能是将系统分析计算的各种结果显示在屏幕上或打印输出。利用该模块，系统用户可以得到一份完整的、全部由计算机输出的建筑工程概预算书。根据需要，用户可有选择地输出部分计算结果，得到简易可用的工程概预算的计算书。

系统的数据输出结果形式主要采用易于翻查的表格形式，具体内容见本章8.8节。

8.4.2.5 系统维护

系统维护模块的功能实际上就是对公共数据库进行管理和维护，具体内容可见本章8.5节。

8.4.2.6 辅助功能

辅助功能模块设置的目的是为了方便计算机辅助概预算系统的使用。它是在以上各基本模块的基础上，提供一些辅助功能，完善整个系统。辅助功能模块包含三个子系统，如图8－3所示。

图8－3 辅助功能模块组成

（1）系统帮助子系统。其功能是针对不熟悉系统的用户，在使用过程中给出必要的提示和帮助，以便在短时间内熟悉直至熟练操作该辅助计价系统。

（2）实用工具子系统。提供诸如计算器、日历等功能。

（3）退出系统。这是该系统设计的一个出口，可分为几种情况退出系统。

8.5 公共数据库的建立与管理

公共数据库的建立工作主要是将定额库存放到计算机中去。公共数据库管理实际上就是上述系统物理模型中的系统维护功能。随着时间的推移，建筑工程概预算将会进行一定的调整，人工、材料、机械台班的价格也会发生变化，系统维护模块可以帮助用户通过简单的工作程序，将这些变化和调整准确及时地反映给计算机，使其对公共数据库作出相应的调整，使系统的计算结果能很好地符合当时的工程实际造价水平。

8.5.1 数据库的选用

计算机辅助概预算系统涉及的数据量非常大，对数据结构、数据单元的划分和定义有严格的要求。这就要求计算机内的数据系统，必须采用较复杂的结构来描述数据之间的关系，并以统一的格式和方式将各种数据存入计算机中，实现数据的统一管理和控制。选择数据库系统作为该系统的数据处理方式，支持其开发和应用，正是基于数据库系统是以集中化的控制和管理方式提供操作数据。其显著的优点是：

（1）减少存储数据的冗长量，节省存储空间，提高数据的一致性。

（2）可以实现多用户、多用途共享存储数据。

（3）便于实现数据的系统化和标准化。

（4）能提高数据的独立性，使数据和应用程序间保持相对的独立性，以提高应用的可靠性和可维护性。

（5）减少了应用程序对数据结构的描述，减少编程时花在数据处理程序设计与编制上的时间，以提高开发速度和质量。

该系统所使用的各种报表和基础数据都可以用二维表来表示，因此，用于开发该软件系统的数据库系统选用了关系型数据库，同时还进行了汉字化和微机化的处理。

8.5.2　计算机编程语言的选择

由美国 Ashton – Tate 公司研制开发的 DBASE 微机关系型数据库管理系统，是目前国内外最为流行的微机数据库管理系统。它的特点是语言简练灵活、功能强、效率高、操作简单方便，适应性好。其突出的优点还有：

（1）数据（包括数据结构）的修改比较容易，数据存储速度快，便于大量数据的处理。

（2）编程效率高，特别是对非数值型数据的处理。由于它的一条命令往往相当于其他一些程序的一段子程序，所以使用简单方便。

（3）许多命令可以使用“范围”、“条件”等限制条件，以及具有宏代换功能，使用非常灵活，形式多样化。

（4）留有和其他计算机程序语言的“接口”。根据需要，其他计算机程序语言，可通过接口调用数据库中的数据，也可以方便地向数据库中输送数据。这样可以利用其他计算机程序语言的优点，开发不同功能的管理软件，构成集成系统。

计算机辅助概预算系统选用的是美国 FOX 软件公司推出的最新版本的关系数据库软件 FOXBASE +（2.10 版）。它同美国 Ashton – Tate 公司的 DBASE + PLUS 完全兼容，而且在许多方面进行了补充，增加了数组、自定义函数等，软件的运行速度比 DBASE + PLUS 平均快 1.5 倍，其编程环境的提高与改善给用户带来了很大的方便。该系统建库及运行结果表明 FOXBASE + 是很有特色的数据库系统软件，用于该软件系统的开发是成功的。

8.5.3　定额库的建立

计算机辅助概预算系统数据库信息量极大，定额的形式均为综合形式的二维表。为了该系统关系数据库的维护和使用方便，在建库之前，要对定额二维表进行规范化、标准化的处理，其过程为：

（1）非规范化的综合形式定额数据二维表的原始形式如表 8 – 1 所示。

表 8 – 1　定额数据二维表原始形式

定额编号	工程项目	工程单位	基价	人工费	材料费	机械费	工料机名 1		工料机名 2		…
							单价	数量	单价	数量	

（2）消去组合项，化为第一范式关系，见表 8 – 2。

表 8 – 2　第一范式关系

定额编号	工程项目	工程单位	基价	人工费	材料费	机械费	工料机名 1	单价 1	数量 1	工料机名 2	单价 2	数量 2	…

（3）以“定额编号”为主关键字，进一步消去表内主属性对主关键字的非完全依赖性，化为第二范式关系，见表 8 – 3。

表8-3　第二范式关系

定额编号	工程项目	单位	单价	人工费	材料费	机械费	工料机名1	单价1	工料机名2	单价2	…

（4）此关系中，各属性间还存在传递依赖性，进一步分解成项目名称单价表和工料机名称单价表两个第三范式关系，其中工料机名称单价表以“工料机编号”为主关键字。最后，所分解的关系还要考虑到具体的数据库管理系统要求的限制条件及其数据处理效率。因此，综合形式的定额数据库，在FOXBASE+ 微机关系型数据库管理系统中定义为如表8-4、表8-5、表8-6所示的数据库形式。

表8-4　定额库形式（一）

定额编号	项目名称	单　位	基　价	人工费	材料费	机械费

表8-5　定额库形式（二）

工料机编号	工料机名称	单　位	单　价

表8-6　定额库形式（三）

定额编号	工料机编号1	数量1	工料机编号2	数量2	…	工料机编号8	数量8

必须说明，定额库形式（三）依然是一个第一范式关系，表中的工料机定额“数量”，不仅依赖于“定额编号”这一主关键字的确定，还依赖于“工料机编号”而定，这种双重依赖关系使套用定额更加明晰简练。由于每项定额所包含的工料机数量不尽相同，为了减少数据的冗余，用数理统计的方法，抽样决定每个记录包含8个工料机类型。多于这个数目的记录，则可在下一个记录中紧接着填写，其关键字仍然是一个定额编号。按照合理组织和设计关系数据库的原则，将综合形式的定额数据分解为上述关系后，便能满足定义数据库的要求。

其中定额表中的关键字“定额编号”的标准化编码如图8-4所示。

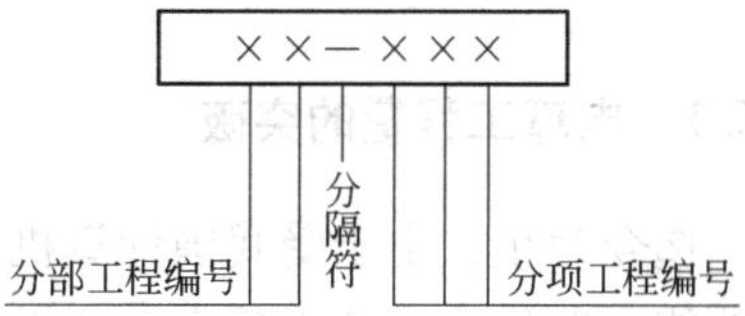

图8-4　定额编号的标准化编码

根据该系统设计的目的，可建立以下公共数据库：

（1）预算定额数据库。采用建筑安装工程定额管理站1994年编制的《建筑安装预算定额》。其中包括：

1）工料机名称单价库（GLJ.DBF）。由工料机代号、工料机名称、单位、单价组成。每一个工料机代号对应一种工料机类型，这样就可由工料机代号确定工料机名称、单位及单价。为了便于主要材料的统计，应尽量将这些材料的编号集中在一起。

2）定额项目名称单价库（DEM. DBF）。存放预算定额中全部工程项目的名称、单位、单价、人工费、材料费和机械费。该库中的单价、人工费、材料费和机械费是根据定额中的工料机数量乘其预算价格由计算机自动生成，也可以通过修改单价功能输入。

3）定额数据库（DE. DBF）。事先应查出每项定额内的工料机编号，然后将编号和定额数量按定额库形式（三）的方法填入定额数据库内。

4）定额换算库（HDE. DBF）。针对某些定额单价换算的需要，宜设专用换算库来解决单价的调用问题，如将定额附录中的砂浆和混凝土配合比表输入库中，以解决不同标号的换算问题。

5）补充定额库设计（BDE. DBF）。对于新材料、新工艺或定额上没有的项目，以及定额中须个别处理的换算项目，均要通过补充定额的办法解决。为了使新的定额数据一次输入后，可供其他工程调用，必须设计补充定额库来存放这些新的定额数据。

（2）资源价格数据库（GLJ1. DBF）。资源计划价格是物资供应部门所提供的挂牌价格，随市场情况的变化而波动，可以作为施工企业进行成本核算的计价依据之一。

（3）资源实际价格数据库（GLJ2. DBF）。指在施工过程中，进料时所发生的实际购买价格，可能是按国家牌价，也可能是按议价，取决于建设项目的供材方式。其可用于开口材料价差统计和工程成本核算。

8.5.4 定额库的管理

对定额库进行管理实际上就是对计算机辅助概预算系统的维护。FOXBASE + 系统自身有一套定额库的建立和维护命令，但为了简化用户操作，易于完成一系列的计算和按格式进行打印输出工作，在系统中设置了一套定额库的管理程序。该程序具有以下功能和要求：

（1）对各库内容进行查询。其查阅方式既可通过屏幕显示，又能按一定格式打印出来。

（2）对各库能够使用最简便的方法进行修改。当修改、插入或删除某一项或某一批（类）数据时，只需输入应修改的单项数据，而不必重复查找和修改同类数据，即具有“模糊查询”的功能。

8.6 初始数据库的形成与处理

8.6.1 电算工程量的突破

迄今为止，由于受我国计算机辅助设计发展水平的限制，电算工程量暂时还不能实现全功能自动化。在若干年内，还需依赖于专业人员去做从图纸至计算机的信息传递工作。尽管如此，单是使用计算机去套定额做出预算表和工料机分析汇总表，一般都比手算提高工效 40～50 倍，其准确性也是手算无法比拟的。

8.6.2 原始工程量的输入

原始工程量的输入采用人机对话的方式，用户所要做的只是在屏幕上选择相应的分部和定额项，再输入工程量数值即可，使用户的输入工作及出错机会都减少到最低程度。

原始工程量输入的具体方式是全屏幕的人机对话。首先选择“开始”进行原始工程量输入工作，然后输入本工程的编号，此时屏幕转换为四个区域，如图8－5所示。

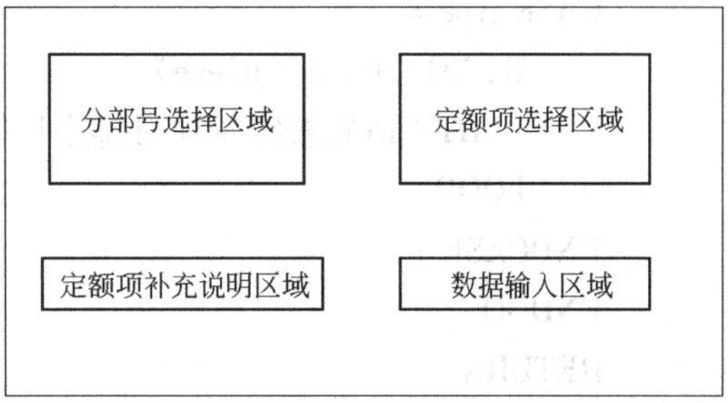

图8－5　原始工程量输入的屏幕显示

四个区域中的“补充说明”区域是对当前选择的定额项的补充说明，是不可进入的，只能阅读，其余三个区域可以进入。区域之间用TAB键切换。分部号可用上下光标键和翻页键选择，与此同时，定额项选择区域中的内容发生相应变化。与分部号选择方法相同，在确定定额项之后，即可进入数据输入区域输入数据。按此方法，就可以依次输入所有原始工程量。

在原始工程量输入完成之后进入下一步工作时，如发现需修改或增加工程量，操作方法仍与上面相同。对已输入的定额项，再选择出该项时，则数据输入区域的值不是空值，而是原已输入的数据，只需对其进行修改即可；增加数据项的输入与最初输入方法完全相同。

8.6.3　工程量数据库查阅

以上输入的工程量形成初始工程量数据库，简称工程量数据库（L# # # #. DBF），其中# # # #表示工程编号。查阅工程量数据库实际上只需设计程序调出该数据库，显示在屏幕上即可，在查阅时可以根据需要核对手稿并进行修改。

8.6.4　工程量数据库排序

用户在工程量输入过程中可以按任意次序输入，但必须将全部数据输入。经过查阅修改后的L工程量文件是不能直接用来分析的，必须经过排序功能的处理，才能为以后各项业务所调用。

经过分析，L工程量数据库经过两种形式的排序总方式，即可满足各种功能的需要。(1) 按定额分部分项的编排进行排序，形成J工程量数据库；(2) 以J工程量数据的顺序定额号为基础，自动按常规定额号进行排序汇总，形成GCB数据库文件，即可直接为施工图预算服务。

下面给出排序功能的程序清单：

```
NOTE   工程量数据库排序程序
DO WHILE. NOT. Type = “0”
     DO CASE
     CASE type = “1”
          SORT TO & jname ON 定额号/ A ALL FIELDS 序号，定额号，工程量
          WAIT“排序完毕！按任意键继续！”
          LOOP
```

```
CASE type = "3"
    IF. NOT. FILE (jname)
    WAIT"请先按定额项目排序! 按任意键继续!"
    LOOP
ENDCASE
ENDDO
RETURN
```

8.7 概预算分析程序的编制

8.7.1 建筑工程预算的计算机实现

施工图预算分析需要两种结果，一是工程造价，二是工料机数量，以便知道工程所需工料机数量及进行价差调整。因此，施工图预算分析主要包括两项功能：施工图预算基价分析和施工图预算工料机分析。

下面，对这两项功能的程序设计具体方法进行阐述。

8.7.2 施工图预算分析程序设计

计算机辅助概预算系统中的"施工图预算分析"是不含工料机分析的，将"工料机分析"另外作为子模块进行分析。实践证明，不含分析的预算应用面很广，其运行速度可高出两倍以上。"施工图预算分析"模块主要完成工程预算费用中的直接费、施工管理费等各项间接费和法定利润及税金以及工程造价等的计算和分析。值得注意的是，对于"定额说明及附注"、"砂浆、混凝土强度等级的换算"、"补充定额"等问题的处理，应在程序设计和建库上多下工夫，使用户不需掌握额外的输入条件。

"施工图预算分析"程序直接调用"GCL 工程量数据库"，根据各分项工程的"定额号"，找到相应的预算定额进行计算。

施工图预算分析功能是通过以下操作完成的。

(1) 形成定额直接费数据库，程序清单如下：

```
NOTE 形成定额直接费数据库程序
SELE 2
USE & YS
SELE 4
USE & CCLL
DO WHILE. NOT. EOF (  )
debh = 定额号
gcl = 工程量
SELE 3
USE DEM INDEX ADEM. IDX
xmmc = 项目名称
```

```
dw = 单位
jef = 基价 × gcl
rgd = 人工费
rgf = 人工费 × gcl
clf = 材料费 × gcl
jxf = 机械费 × gcl
SELE 2
REPLACE    定额号 WITH debh，项目名称 WITH xmme，单位 WITH dw，工程量
           WITH gel，基价 WITH jj，合价 WITH jef，人工单价 WITH rgd，人工
           费 WITH rgf，材料费 WITE clf，机械费 WITH jxf
SELE 4
SKIP
ENDDO
USE
SELE 3
USE
SELE 2
USE
WAIT“此工程施工图预算分析完毕！按任意键继续！”
RETURN
```

（2）按定额章号统计直接费，即根据定额手册的分部分项工程顺序，按各分部统计直接费，以及人工费、材料费、机械费，供施工图直接费表输出。

（3）开口材料价差分析。如果发生受建设单位委托代购的议价材料，须进行开口材料价差分析，关系式为：

价差 =（议价材料购买价 + 运杂费 + 预算价格中的采保费 - 包装回收费）- 材料预算价格

这部分程序的编写可以实现开口材料价差的自动计算，自行调整。如不发生此项费用可不计算。

（4）工程总信息输入。采用人机对话的方式进行，将工程性质、工程类别、企业性质及类别、承包方式、签证费用等取费信息输入，以定额直接费为基础，计算出工程总造价。人机对话的计算机屏幕显示分别如图 8 - 6 ~ 图 8 - 11 所示。

工程性质	
1—建筑市政工程	2—炉窑砌筑工程
3—金属构件制作安装	4—钢门钢窗安装
5—打桩工程（机械施工）	6—打桩工程（人工施工）
7—维修工程	8—安装工程
此工程性质为（1 - 8）：【 】	

图 8 - 6 工程性质输入显示屏

工程类别

1——一类工程　　2—二类工程

3—三类工程　　4—四类工程

此工程类别为（1－4）：【　　】

图 8－7　工程类别输入显示屏

企业性质及级别

1—国家一级企业　　2—国家二级企业

3—国家三级企业　　4—国家四级企业

5—三级及以上集体企业

施工企业的性质级别为（1－5）：【　　】

图 8－8　企业性质及级别输入显示屏

承包方式

1—包工包料　　2—包工不包料

此工程承包方式为（1－2）：【　　】

图 8－9　承包方式输入显示屏

实际发生费用统计

材料二次搬运费用（元）：【　　】

夜间施工增加工日：【　　】

流动施工工日：【　　】

外包工程定额费用（元）：【　　】

图 8－10　实际发生费用显示屏

工程总信息

工程编号：	工程名称：
结构类型：	建筑面积：
建筑单位：	施工单位：
上机日期：	
调整系数：	综合费率：
包干费率：	施工配合费率：
远地施工增加费率：	营业税率：

图 8－11　工程总信息输入显示屏

将上述信息分别存入索引库 1（SY1. DBF）和索引库 2（SY2. DBF）中。一部分提供直接费调整，间接费取费自动处理；一部分提供“已分析工程项目索引”功能调用，这部分内容加上以后分析的有关数据，即可得到包括工程类别、结构、直接费、总造价、平方造价、用工、主要材料耗用等的工程经济数据档案馆，用户可以对其检索、查询，作为工程估价的依据。

（5）根据建筑安装工程价格计算的取费标准和取费顺序，编制施工图预算费用计算程序，其中各项费率从“工程总信息”的输入中判断获得，输出结果为各项费用的数值和最终的含税工程造价。本含税工程造价系统把费用名称和费率放入索引数据库中，有关费用的计算公式则放在程序中，这样处理节省磁盘空间，适应性强，修改方便。

“施工图预算分析”完成后，即可进行各项表格数据的输出。

8.7.3　工料机分析程序设计

“工料机分析汇总”是“施工图预算”中必不可少的内容，把它单独作为一个功能来设计，是为了提高施工图预算分析的效率。

为了使工料机消耗的实物量和价值量同时得到反映，可根据工料机的代号在工料机单价库（GLJ. DBF）中查找相应的预算单价，根据定额编号在定额数据库（DE. DBF）中查找相应的定额数量，汇总计算出工料机的实物量和价值量，以及经济指标。

各类工料机消耗实物量 = $\sum$分项工程同类工料机消耗数量

工料机消耗价值量 = 工料机消耗实物量 × 预算单价

经济指标 = 工料机消耗价值量/建筑面积

“工料机分析汇总”即指完成上述工料机实物量、价值量和经济指标的计算，按这个

思路设计的程序清单如下:

```
NOTE  工料机分析汇总程序
DO WHILE. NOT. EOF ( )
    debh =定额号
    gcl =工程量
    SELE 1
    SEEK left (debh 6)
    S =. T.
    DO WHITE S
        i =1
        DO WHILE i < =8
        K =STR (i, 1, 0)
        name = “编号” +K
        num = “数量” +K
        IF &name = ”
          EXIT
        ENDIF
        mname = &name
        mnum = &num × gcl
        SELE 2
        GO TOP
        LOCATE ALL FOR 代号 = mname
        SELE 1
        i =VAL (K) +1
        ENDDO
        SKIP
        IF LEFT (定额号, 6) =LEFT (debh 6)
          LOOP
        ENDIF
        S =. F.
        ENDDO
        SELE 3
        SKIP
    ENDDO
    SELE 3
    SKIP
    ENDDO
    RETURN
```

“工料机分析汇总” 完成后，即可进行各项表格数据的输出。

8.8　概预算分析结构及文件输出

以上各节已对计算机辅助概预算的整个计算机计算过程作了详细的介绍，以下就可以把各个计算过程的计算结果在屏幕上显示或打印输出。

通过分析一套完整的预算书的组成，确定和设计了如下所述的几项输出功能。

8.8.1　施工图预算书封面输出

施工图预算书封面输出功能是根据“工程总信息”的内容，按标准格式输出实用、美观的施工图预算书封面，以便了解所计算工程的主要内容和指标。

8.8.2　工程量数据库输出程序设计

工程量数据库输出可设置屏幕显示和打印输出两种选择，以表格形式输出。在屏幕显示过程中具有暂停、敲回车键继续显示的功能。在打印过程中具有打印表头和自动换页的功能。在换页过程中具有暂停和让用户调整打印纸或改变输出方式的功能。

在工程量数据库输出功能中，有两个内容可供选择：

（1）原始工程量表。其是按工程量数据库的内容输出的，以便于用户核对原始数据。

（2）施工图预算工程表。其是按 GCL 工程量数据库的内容输出的，提供施工图预算调用的工程量数据库。

8.8.3　定额直接费输出

这项功能可分解为两个部分：

（1）定额直接费表。选择这一功能所输出的表格仅含有定额项的费价，表格内容简单，打印速度快，仅适用于计算工程总造价。

（2）定额直接费分析表。选择这一功能所输出的表格含有定额项的费价、人工费、材料费和机械费，对工料机三种费用的组成及所占比例有明显的表述，内容比上一种多。使用时可根据需要选用其中一种。

8.8.4　工料机分析结果输出

（1）工料机汇总价格表。以表格形式输出工料机分析汇总所得的工料机实物量、价值量和经济指标。

（2）主要材料汇总价格表。其是对钢材、木材、水泥等主材的实物量和价值量进行汇总输出。

（3）工料机代号对照表。其是对所有工料机进行编号，输出工料机编号和工料机名称的对照。

（4）价差分析汇总表。根据工料机分析所得工料机实物量，由资源预算价格数据库 GLJ. DBF、资源计划成本价格数据库 GLJ1. DBF 和资源实际价格数据库 GJL2. DBF 可以得到各工料机价差及汇总得到总的价差，以表格的形式输出。

8.8.5 施工图预算费用表

根据定额直接费表的结果，由“工程总信息”所确定的取费费率，以列清单的方式输出定额直接费、各项间接费及税金和工程总造价。

8.8.6 预算编制说明

本项功能对预算编制和工程量计算中所遇到的问题及解决办法，预算编制所参考的定额、标准图表等进行说明，使阅读预算的人对整个预算的编制有一个全面的了解。

依次全部或有选择地输出以上各个表格，就可以得到一份完整的工程预算书或是一份简单实用的工程造价计算书。

8.9 系统设计若干问题说明

本节就软件系统的设计原则和应具备的优点作如下说明：

（1）软件系统的设计思想已在第一节详细讨论，下面还需强调系统设计的如下原则：

1）系统要采用汉字提示，使初学者一看就懂，能在较短时间内掌握上机操作方法。

2）须考虑程序的适应性和灵活性，使程序系统尽可能适应各种不同的情况，满足不同用户的要求。

3）输入数据直观。

4）能够简便地对定额库、初始数据进行维护，即用最简便的方法进行查阅或修改、插入、删除。

5）系统设计有错误陷阱与提示，即具有防错和改错的功能。当操作出现差错时能自动进行处理，即让程序跳出错误操作，或屏幕显示处理的方法，避免用户出现差错时不知所措。

6）在满足功能要求和操作简便的前提下，努力提高运行速度和尽量压缩各种文件所占用的磁盘空间。为此在使用 FOXBASE + 编写程序时，采用了过程文件的编程方式，可以将多个过程存放在同一个文件中。程序执行时，只需打开过程文件，就能任意调用其中的任何过程，尽可能减少反复访问磁盘的次数，加快程序运行速度。

（2）在保证完成计算机辅助编制工程概预算基本工作的基础上，为提高其可用性，应注意使系统具有以下优点：

1）操作简便。主控屏幕采用下拉式菜单和弹出式菜单，屏幕形式简洁、美观，用户只需使用四个光标控制键和回车键即可完成对所有功能项的选择。大部分操作保持在同一显示屏内进行，使用户能很快熟悉系统。

2）及时帮助。即在软件运行的任意时刻，用户只需按一下 F1 键，就可得到相应的帮助信息。由于系统的这一功能，只要了解微机基本操作，普通用户在短时间内就可熟练地操作系统。

3）输入量少。原始工程量的输入采用人机对话方式，用户所要做的只是在屏幕上选择相应分部及定额项，再输入工程量数值即可，使用户的输入工作及出错机会减少到最低程度。

4）自动换算。在原始工程量的输入过程中，当工程中的项目内容与定额项不一致，例如工程所用的砂浆或混凝土标号与定额上不同或砌圆弧墙等，此时按定额规定需换算，用户只需根据屏幕自动出现的提示进行选择，系统将自行完成换算。

（3）除上面几项优点外，按照系统软件的商业化要求，还应使其具有以下优点：

1）自动检查更新。在一项工程的原始数据输入及预算分析完成之后，如用户又修改了原始工程量数据，则系统要自动提示用户重新进行预算分析，以免用户疏忽，仍将原结果输出打印。

2）容错能力强。对用户的误操作，系统均能作出恰当的反应，不致死机或造成系统的破坏和数据的丢失。

3）多项辅助功能。用户使用这些功能，可查阅有关的造价管理文件和定额说明，设定日历、时间，进行工程量的辅助计算，此外还有任意时刻均可被调出使用的计算器。这些内容的增加旨在更好地为用户服务。

4）速度快。采用最新数据库软件 FOXBASE +2.10 编程，并运用多种优化手段，使用户的等待时间几乎为零。

5）适应性强。适用于各种机型，只要求有 640K 基本内存。适用金山、213 等汉字系统软件。打印机可为任何类型的 24 针打印机。

6）投资少。软件须具有良好的适应性，用户完全可利用原有微机及打印机，不需添置任何设备。即使用户没有计算机，也只需花较低的费用购置一台最低配置的微机就能使系统运转良好。此外，系统操作简单，易学易用，不需专业操作员，也节约不少费用开支。

本章小结

（1）概预算应用软件是根据用户不同的目的和要求而编制的专用程序，它分为工程设计程序、过程控制程序、数据处理程序三类。

（2）计算机辅助工程预算系统的开发主要包括系统规划、系统开发、系统运行与维护三个过程。

（3）计算机辅助工程概预算系统的设计、公共数据库管理实际上就是系统物理模型中的系统维护功能。

思考题

8-1 运用计算机辅助编制概预算的意义是什么？
8-2 工程概预算原始数据输入有哪几种方法？
8-3 建立概预算数据库应注意什么问题？
8-4 为什么选择微机关系型数据库？
8-5 编制概预算分析程序应具备什么功能？
8-6 用计算机辅助编制概预算时你希望打出什么结果？
8-7 你认为概预算系统软件应具备哪些功能？

参 考 文 献

[1] 朱艳，邸芃，汤建华．建筑装饰工程概预算教程［M］．北京：中国建材工业出版社，2004.
[2] 张守健，许程洁．土木工程预算［M］．北京：高等教育出版社，2009.
[3] 张瑞红，赵艳超．建筑装饰工程概预算［M］．北京：化学工业出版社，2007.
[4] 中华人民共和国住房和城乡建设部．建筑工程建筑面积计算规范（GB/T 50353—2005）［S］．北京：中国计划出版社，2005.
[5] 中华人民共和国住房和城乡建设部．建设工程工程量清单计价规范（GB 50500—2008）［S］．北京：中国计划出版社，2008.
[6] 建设部标准定额研究所．全国统一建筑装饰装修工程消耗量定额（GYD－901—2002）［S］．北京：中国计划出版社，2002.
[7] 田永复．建筑装饰工程概预算［M］．北京：中国建筑工业出版社，2000.
[8] 叶霏，张寅．装饰装修工程概预算［M］．北京：中国水利水电出版社，2005.
[9] 许炳权．装饰装修工程概预算［M］．北京：中国建材工业出版社，2003.
[10] 肖伦斌．建筑装饰工程计价［M］．武汉：武汉理工大学出版社，2004.
[11] 栋梁工作室．全国统一建筑装饰装修工程消耗量定额应用手册［M］．北京：中国建筑工业出版社，2003.
[12] 彭红涛．造价工程师实务手册［M］．北京：中国建材工业出版社，2006.
[13] 唐明怡．建筑装饰工程定额与清单计价实务［M］．北京：中国水利水电出版社，2006.
[14] 张国栋．图解装饰装修工程清单与定额对照计算手册［M］．北京：机械工业出版社，2009.
[15] 本书编委会．装饰装修工程工程量清单计价编制与典型实例应用图解［M］．北京：中国建材工业出版社，2005.
[16] 建筑装饰材料手册编写组．建筑装饰材料手册［M］．北京：机械工业出版社，2002.
[17] 李宏扬．建筑装饰装修工程量清单计价与投标报价［M］．北京：中国建材工业出版社，2003.

冶金工业出版社部分图书推荐

书　　名	作　者		定价(元)
冶金建设工程	李慧民	主编	35.00
土木工程安全检测、鉴定、加固修复案例分析	孟　海	等著	68.00
历史老城区保护传承规划设计	李　勤	等著	79.00
老旧街区绿色重构安全规划	李　勤	等著	99.00
建筑工程经济与项目管理(第2版)(本科教材)	李慧民	主编	39.00
地下结构设计原理(本科教材)	胡志平	主编	46.00
高层建筑基础工程设计原理(本科教材)	胡志平	主编	45.00
工程经济学((本科教材)	徐　蓉	主编	30.00
工程造价管理(第2版)(本科教材)	高　辉	主编	55.00
岩土工程测试技术(第2版)(本科教材)	沈　扬	主编	68.50
现代建筑设备工程(第2版)(本科教材)	郑庆红	等编	59.00
土木工程材料(第2版)(本科教材)	廖国胜	主编	43.00
混凝土及砌体结构(本科教材)	王社良	主编	41.00
工程结构抗震(本科教材)	王社良	主编	45.00
工程地质学(本科教材)	张　荫	主编	32.00
建筑结构(本科教材)	高向玲	编著	39.00
土力学地基基础(本科教材)	韩晓雷	主编	36.00
建筑安装工程造价(本科教材)	肖作义	主编	45.00
高层建筑结构设计(第2版)(本科教材)	谭文辉	主编	39.00
土木工程施工组织(本科教材)	蒋红妍	主编	26.00
施工企业会计(第2版)(国规教材)	朱宾梅	主编	46.00
土木工程概论(第2版)(本科教材)	胡长明	主编	32.00
土力学与基础工程(本科教材)	冯志焱	主编	28.00
建筑装饰工程概预算(本科教材)	卢成江	主编	32.00
支挡结构设计(本科教材)	汪班桥	主编	30.00
建筑概论(本科教材)	张　亮	主编	35.00
Soil Mechanics(土力学)(本科教材)	缪林昌	主编	25.00
SAP2000 结构工程案例分析	陈昌宏	主编	25.00
理论力学(本科教材)	刘俊卿	主编	35.00
岩石力学(高职高专教材)	杨建中	主编	26.00
建筑设备(高职高专教材)	郑敏丽	主编	25.00
建筑施工企业安全评价操作实务	张　超	主编	56.00
现行冶金工程施工标准汇编(上册)			248.00
现行冶金工程施工标准汇编(下册)			248.00